"十四五"时期水利类专业重点建设教材（职

水利工程造价

主 编 陈桂梅
副主编 雷成霞 赵 倩 国 庆 吕 爽 吴煜楠 罗世永
参 编 车福通 赵 洋 李德成 张 仁

中国水利水电出版社
www.waterpub.com.cn
·北京·

内 容 提 要

本书坚持知行合一、工学结合,根据教学内容的内在联系、发展规律及学科专业特有的思维方式、中等职业院校学生的认识规律和水利造价管理的最新文件进行编写。本书以一个典型的综合性大案例贯穿全书,以能力培养(造价员等)为核心,以造价项目为单元,以典型工作任务设计学习任务,选用典型、实用、新型案例,通过设计不同的工程项目、阶段任务将理论知识与实践操作融为一体,融入水利学科、行业领域相关教学和科研最新进展,融合现代信息技术手段,激发学生学习兴趣及创新潜能,培养施工、监理、管理和运行维护等一线需要的造价技术人才。

本书重点介绍了水利工程造价编制的原理与方法,水利工程建设各阶段工程造价文件的内容与编制方法,以及工程招投标文件的主要内容和编制方法等。全书共分 8 个项目,主要内容有工程造价基本知识、工程定额、基础单价编制、建筑与安装工程单价编制、水利工程概算文件编制、其他阶段工程造价文件编制、水利工程招标与投标和水利工程计价软件应用。

本书可作为中职、高职高专、中高职衔接的水利专业造价教材,也可作为水利工程造价员岗位培训教材,还可供水利类专业教师及水利水电工程技术人员、工程造价人员参考。

图书在版编目(CIP)数据

水利工程造价 / 陈桂梅主编. -- 北京 : 中国水利水电出版社, 2023.12

"十四五"时期水利类专业重点建设教材. 职业教育

ISBN 978-7-5226-2058-9

Ⅰ.①水… Ⅱ.①陈… Ⅲ.①水利工程－工程造价－高等职业教育－教材 Ⅳ.①TV51

中国国家版本馆CIP数据核字(2024)第013918号

书　　名	"十四五"时期水利类专业重点建设教材(职业教育) **水利工程造价** SHUILI GONGCHENG ZAOJIA
作　　者	主　编　陈桂梅 副主编　雷成霞　赵　倩　国　庆　吕　爽　吴煜楠　罗世永 参　编　车福通　赵　洋　李德成　张　仁
出版发行	中国水利水电出版社 (北京市海淀区玉渊潭南路1号D座　100038) 网址:www.waterpub.com.cn E-mail:sales@mwr.gov.cn 电话:(010) 68545888 (营销中心)
经　　售	北京科水图书销售有限公司 电话:(010) 68545874、63202643 全国各地新华书店和相关出版物销售网点
排　　版	中国水利水电出版社微机排版中心
印　　刷	清淞永业(天津)印刷有限公司
规　　格	184mm×260mm　16开本　13.25印张　322千字
版　　次	2023年12月第1版　2023年12月第1次印刷
印　　数	0001—1500册
定　　价	**49.00元**

凡购买我社图书,如有缺页、倒页、脱页的,本社营销中心负责调换

版权所有·侵权必究

前 言

为深入贯彻全国职业教育大会和全国教材工作会议精神，以党的二十大精神为指引，为党育人、为国育才，用心打造培根铸魂、启智增慧的精品教材，为培养德智体美劳全面发展的社会主义建设者和接班人、建设教育强国作出新的更大贡献。落实新《中华人民共和国职业教育法》《职业教育国家教学标准体系》《国家职业教育改革实施方案》《职业院校教材管理办法》《关于推动现代职业教育高质量发展的意见》有关部署，做好"十四五"职业教育规划教材建设工作，以规划教材为引领，以建设中国特色高质量职业教育教材体系为目标，编制此教材。

本书根据水利部颁发的现行有关定额、概（估）算编制规定以及有关法律法规，结合当前水利工程造价的发展要求编写，内容新颖、实用。全书共分8个项目，主要有以下特点：

（1）教材编写团队由学校教师、企业专家共同组成，保证了教材内容的职业性与实用性。

（2）教学过程以一个典型的综合性大案例贯穿全书，各项目以典型工作任务为载体设计，根据学习任务阐述基本原理、基本理论和基本方法，并根据一定数量的典型案例和精选的课后习题，加强分析问题和解决问题能力的训练，便于"教、学、练、做"一体化。

（3）教学内容与工作实践相结合，注重培养学生的实操能力，使学生具备水利工程造价岗位能力，培养学生严谨的工作作风，提高学生的职业素质能力，达到让毕业生真正"零距离"上岗的目的。

（4）为了更好地适应工作岗位，本书介绍了工程造价软件的应用。

本书由黑龙江省水利学校陈桂梅任主编，编写项目5和项目6任务6.1、6.2、6.3，并负责全书统稿；山西水利职业技术学院雷成霞编写项目4；中国水利水电建设工程咨询渤海有限公司赵倩编写项目3；黑龙江农垦勘测设计研究院国庆编写项目2任务2.1、2.2和大案例；东北农业大学水利与土木工程学院在读博士吕爽编写项目1任务1.1和1.2；黑龙江省水利学校吴煜楠编写项目7任务7.1和7.2；四川锦瑞青山科技有限公司罗世永编写项目8；中水珠江规划勘测设计有限公司海南分公司车福通编写项目6任务6.4和6.5；黑龙江省水利监督保障中心赵洋编写项目7任务7.3和7.4；黑龙江省庆达水利水电工程有限公司李德成编写项目1任务1.3；黑龙江省水利学校张仁编写项目2任务2.3。

随着经济社会的发展和工程造价模式改革的深入，造价主管部门可能陆续颁布一些新的规定、定额和标准，各省（自治区、直辖市）的水利工程造价编制办法、规定和标准各异，有关人工、材料和机械等预算价格各异，各学校在采用本书授课时，应结合造价主管部门的新规定及本地区的造价实际情况予以补充和修正。

由于编者水平有限，编写时间紧张，书中难免存在不足之处，敬请广大师生及读者批评指正。

编者
2023年10月

扫码获取本书课件

目 录

前言

案例介绍：黑龙江省某河涝区治涝工程 1

项目 1　工程造价基本知识 4
 任务 1.1　基本建设 4
 任务 1.2　建设项目划分 9
 任务 1.3　水利工程造价概述 13
 拓展思考题 15

项目 2　工程定额 17
 任务 2.1　工程定额概述 17
 任务 2.2　工程定额的分类 18
 任务 2.3　工程定额的使用 22
 拓展思考题 26

项目 3　基础单价编制 28
 任务 3.1　人工预算单价 28
 任务 3.2　材料预算单价 30
 任务 3.3　施工用电、水、风预算单价 34
 任务 3.4　施工机械台时费 36
 任务 3.5　砂石料单价 38
 任务 3.6　混凝土材料单价 40
 拓展思考题 43

项目 4　建筑与安装工程单价编制 45
 任务 4.1　建筑及安装工程单价 45
 任务 4.2　土方开挖工程概算单价 51
 任务 4.3　石方工程概算单价 56
 任务 4.4　堆砌石工程概算单价 64
 任务 4.5　混凝土工程概算单价 70
 任务 4.6　模板工程概算单价 81
 任务 4.7　钻孔灌浆与锚固工程概算单价 87

  任务 4.8 设备安装工程概算单价 …………………………………………… 95
  拓展思考题 ……………………………………………………………………… 104

项目 5 水利工程概算文件编制 ………………………………………………… 108
  任务 5.1 水利水电工程工程量计算 ……………………………………… 108
  任务 5.2 设计概算文件概述 ………………………………………………… 112
  任务 5.3 分部工程概算编制 ………………………………………………… 116
  任务 5.4 分年度投资及资金流量 …………………………………………… 124
  任务 5.5 总概算编制 ………………………………………………………… 125
  拓展思考题 ……………………………………………………………………… 141

项目 6 其他阶段工程造价文件编制 …………………………………………… 143
  任务 6.1 投资估算 …………………………………………………………… 143
  任务 6.2 施工图预算 ………………………………………………………… 146
  任务 6.3 施工预算 …………………………………………………………… 148
  任务 6.4 竣工结算 …………………………………………………………… 151
  任务 6.5 竣工决算 …………………………………………………………… 154
  拓展思考题 ……………………………………………………………………… 156

项目 7 水利工程招标与投标 ……………………………………………………… 158
  任务 7.1 水利工程工程量清单 ……………………………………………… 158
  任务 7.2 水利工程工程量清单计价 ………………………………………… 161
  任务 7.3 水利工程招标 ……………………………………………………… 164
  任务 7.4 水利工程投标 ……………………………………………………… 173
  拓展思考题 ……………………………………………………………………… 179

项目 8 水利工程计价软件应用 …………………………………………………… 182
  任务 8.1 水利计价软件概述 ………………………………………………… 182
  任务 8.2 工程部分 …………………………………………………………… 193
  任务 8.3 独立费部分 ………………………………………………………… 199
  任务 8.4 报表输出 …………………………………………………………… 201

参考文献 …………………………………………………………………………………… 204

案例介绍

黑龙江省某河涝区治涝工程

一、概述

某河是黑龙江一级支流，流域位于三江平原东北部，流域总面积2825km²（防洪闸以上面积2598km²）。本次某河涝区治理工程项目治理面积22.6万亩❶。

建设内容：清淤排水沟道1条（青九干），总长度10.3km，设计流量1.98m³/s。建筑物工程9座，其中维修泵站1座，新建防排闸2座，新建排水泵站6座。

总工程量为70186m³，其中土方68342m³，混凝土1367m³、砂石方477m³、钢筋48.59t（工程量中砂石方为设计人员设计的工程量，如砂砾垫层等直接工程量；而材料量中所统计的砂石为含工程量中的损耗及混凝土中所用到的粗、细骨料所统计的材料量，因此材料量中的砂石料远大于工程量中所统计的砂石量）。

主要建筑材料及用工量为：水泥479t、钢筋51.98t、汽油1.61t、柴油103.47t、电22330kW·h、砂1133m³、碎石1361m³、块石568m³；用工量4.43万工时。

工程总投资1300万元，其中：工程投资1125.78万元（建筑工程投资379.22万元，机电设备及安装工程投资467.57万元，金属结构设备及安装工程投资35.24万元，施工临时工程投资62.23万元，独立费用投资127.91万元，基本预备费53.61万元），建设征地移民投资25.31万元，环境保护工程投资61.77万元，水土保持工程投资87.14万元。

二、编制原则和依据

1. 文件依据

概算编制依据水利部《水利工程设计概（估）算编制规定》（水总〔2014〕429号）、水利部《水利工程营业税改征增值税计价依据调整办法》（办水总〔2016〕132号）及2019年4月1日《水利部办公厅关于调整水利工程计价依据增值税计算标准的通知》（办财务函〔2019〕448号）文件进行编制，工程量计算标准依据《水利水电工程设计工程量计算规定》（SL 328—2005）。

2. 定额采用

建筑工程采用水利部水总〔2002〕116号颁发的《水利建筑工程预算定额》《水利建筑工程概算定额》，水总〔2005〕389号颁发的《水利工程概预算补充定额》；安装工程采

---

❶ 1亩≈666.67m²。

用水利部水建管〔1999〕523号颁发的《水利水电设备安装工程概算定额》；台时费定额采用水利部水总〔2002〕116号颁发的《水利工程施工机械台时费定额》，不足部分以其他相关地方行业定额、规定进行补充。

概算价格水平年按2021年第4季度。

3. 人工预算单价

人工预算单价：按水利部水总〔2014〕429号文规定，本工程属于二类地区，河道工程，人工工资标准为：工长8.31元/工时、高级工7.70元/工时、中级工6.46元/工时、初级工4.55元/工时。

4. 材料预算价格

（1）主要材料预算价格。主要建筑材料价格按2021年第4季度材料原价计取，汽、柴油按国家发改委最新发布的《国家发展改革委关于降低成品油价格的通知》中黑龙江省汽、柴油最高零售价计取；砂石材料预算价超过70元/m^3的，超过部分计取税金后列入相应部分之后。水泥基价255元/t、汽油基价3075元/t、柴油基价2990元/t、钢筋基价2560元/t、炸药基价5150元/t，材料预算价格超过基价部分计取税金后列在工程单价中。

（2）公路运费执行黑龙江省交通厅、物价局黑价联字〔1998〕280号文《黑龙江省汽车运价规则》计算；装卸费按黑价联字〔1996〕79号文和黑交〔1996〕326号文联合发布的"关于整顿装卸搬运价格的通知"的规定计算。依据水利部《水利工程营业税改征增值税计价依据调整办法》（办水总〔2016〕132号）调整。

（3）根据施工组织设计要求，依据水利部水总〔2014〕429号文颁发的《水利工程设计概（估）算编制规定》、水利部办水总〔2016〕132号文关于印发的《水利工程营业税改征增值税计价依据调整办法》及2019年4月1日水利部办公厅关于调整水利工程计价依据增值税计算标准的通知，即办财务函〔2019〕448号文件进行编制计算，计算风为0.46元/m^3，水为1.1元/m^3，电为2.87元/kW·h（自发电100%）。

（4）施工机械台时费按照水总〔2002〕116号文颁发的《水利工程施工机械台时费定额》进行计算及水利部办水总〔2016〕132号文《水利工程营业税改征增值税计价依据调整办法》调整。

5. 取费

本工程执行水利部水总〔2014〕429号文的工程费率标准。

（1）其他直接费。河道工程其他直接费计算基础为基本直接费，建筑工程其他直接费按基本直接费的7.6%计取，安装工程其他直接费按基本直接费的8.3%计取。

（2）间接费。间接费费率表（河道工程）见表0.1。

表0.1　　　　　　　　间接费费率表（河道工程）

序号	工程类别	计算基础	间接费费率/%
1	土方工程	直接费	4.5
2	石方工程	直接费	9.0
3	混凝土工程	直接费	8.0
4	模板工程	直接费	6.5

续表

序号	工程类别	计算基础	间接费费率/%
5	钻孔灌浆工程	直接费	9.25
6	其他工程	直接费	7.25
7	设备安装工程	人工费	70

（3）利润：按直接费和间接费之和的7%计算。

（4）税金：(直接费＋间接费＋利润＋材料价差)×9%。

6. 建筑工程

主体建筑工程采用单价乘工程量的计算方法。

7. 施工临时工程

河道工程：办公、生活及文化福利建筑按一至四部分建安工作量的1.5%计算，其他临时工程按一至四部分建安工作量之和的1%计算。

8. 独立费用

（1）建设管理费：按照水利部水总〔2014〕429号文中有关规定计算。

（2）工程建设监理费：参照《国家发展改革委、建设部关于印发〈建设工程监理与相关服务收费管理规定〉的通知》（发改价格〔2007〕670号）执行。

（3）联合试运转费：按照水利部水总〔2014〕429号文中有关规定计算。

（4）生产准备费。本工程按河道工程计取费用，因无大型建筑物，故未计取生产及管理单位提前进厂费。

1）生产职工培训费：按一至四部分建安工作量的0.35%计取。

2）管理用具购置费：按一至四部分建安工作量的0.02%计取。

3）备品备件购置费：按设备费合计的0.5%计取。

4）工器具及生产家具购置费：按设备费合计的0.15%计取。

（5）科研勘测设计费。

1）工程科学研究试验费：按一至四部分建安工作量的0.3%计取。

2）工程勘测设计费：参照执行国家发展改革委、建设部发改价格〔2006〕1352号文颁布的《水利、水电、电力建设项目前期工作工程勘察收费暂行规定》、国家计委计价格〔1999〕1283号文颁布的《印发建设项目前期工作咨询收费暂行规定》、国家计委、建设部计价格〔2002〕10号文颁布的《工程勘察设计收费标准》。

（6）其他。

9. 预备费

基本预备费按一至五部分投资的5%计取，不计价差预备费。

三、资金筹措

本工程工期一年，总投资1300万元，其中：国投60%，自筹40%，即国投780万元，自筹520万元。

项目 1

工程造价基本知识

学习目标：了解基本建设的含义、分类、内容及特点。理解基本建设的程序，掌握水利工程基本建设的程序和内容。理解基本建设项目的划分，掌握水利建设项目划分，理解水利工程造价的含义、特点和计算依据。

任务 1.1　基　本　建　设

1.1.1　基本建设的含义

基本建设是指国民经济各部门为了扩大再生产而增加的固定资产的建设，包括建筑、安装和购置固定资产的活动及其与之相联系的工作。水利工程建设是为了控制、利用和保护地表及地下的水资源与环境而修建的各项工程建设的总称。

基本建设的含义可以从以下几个方面来进行理解：

（1）基本建设是社会主义国家扩大再生产的重要方式，是我国进行四个现代化建设的物质基础。

（2）基本建设是进行固定资产生产的一种工业生产活动，而不是消费活动。

（3）基本建设是人们使用施工机具对建筑材料、设备进行建造、加工、安装形成固定资产的生产活动。

（4）基本建设是按照一定程序进行固定资产投资的一种经营方式。

1）基本建设主要形成固定资产投资，但不完全是形成固定资产。

2）基本建设一般有建筑安装工程和设备购置，但这些并不是基本建设投资的必要条件。如引进技术（软件）等，并没有建筑安装工程和设备购置，却同样属于基本建设。

3）固定资产扩大再生产往往采用基本建设的方式，但是简单再生产也要按照基本建设程序进行管理。

4）基本建设是固定资产投资，但不是全部的固定资产投资。

1.1.2　基本建设的分类

基本建设是由若干个基本建设项目组成，为了便于管理，建设项目可以从不同的角度进行分类。建设项目的分类对建设项目的管理有重要的意义。

1. 按建设项目的性质分类

（1）新建项目。指原来没有现在新开始的建设项目，有些建设项目是在原来薄弱的基础上经过扩建或者新增固定资产超过原来的固定资产上进行建设的项目。如三峡大坝建设项目。

（2）扩建项目。指在原有的基础上进行规模、资产和功能扩大的新建项目。

（3）改建项目。在原来的基础上为了提高生产率，扩大生产效益，改变原来产品的质量或方向，将原有的设备或者产品进行加工，改变其工艺流程从而达到设计的目标和效率。

（4）恢复项目。指受到自然灾害、战争等不可抵挡的外力因素，使原有固定资产全部或者大部分报废或损坏不能再次使用，以后又投资按原有的规模恢复建设的项目。

（5）迁建项目。指由于国家相关规定或者指令经批准搬迁到另一地方建设的项目。如三峡大坝建设中的迁建项目。

2. 按建设项目的用途分类

（1）生产性项目。指直接用于物质的生产或者满足物质生产的其他建设项目，如水利、工业、建筑、农业、气象、运输、邮电、商业、物质供应和地质勘测等建设项目。

（2）非生产性项目。指满足物质文化、精神文化或者是文化生活需要的建设项目，如住宅、文化、卫生等建设项目。

3. 按建设项目的规模或投资分类

基本建设项目按照规模或投资可分为三类，大型项目、中型项目和小型项目。在水利行业中，国家对各基本建设项目均有大小之分，如水库、水电站、堤防河道工程分为大、中和小型。

4. 按建设项目的隶属关系分类

基本建设项目按照隶属关系可以分为中央项目、地方项目、合建项目、企事业单位的自筹项目。

（1）中央项目：全部或部分使用中央预算内投资资金（含国债）、专项建设基金、国家主权外债资金和其他中央财政性投资资金的固定资产投资项目。

（2）地方项目：由省、市、县直接领导和管理的行政、企业、事业单位的建设项目。

（3）合建项目：由两个或两个以上投资主体共同投资兴建的建设项目。

（4）企事业单位的自筹项目：指中央或地方以外的投资项目，由企事业单位自己出资建设的项目。

5. 按建设项目的建设阶段分类

（1）预备项目。按照中长期的投资计划拟建而尚未开始立项的建设项目，只作初步可行性研究或者提出设想方案，不进行建设准备和施工准备工作。

（2）筹建项目。经批准立项，正在进行建设前期准备工作而还未开始施工的项目。

（3）施工项目。指按照计划安排进行建筑或者安装施工活动的项目。包括新开工项目和续建项目。

（4）建设投产项目。指按照计划建成主体工程和相应配套的辅助设施，形成生产能力或发挥工程效益，竣工后经验收合格投入生产使用的建设项目，包括了建设投产的单项工程、部分投产工程和全部投产工程。

（5）收尾项目。在建设投产项目后有部分工程影响其正常生产使用而后继续进行建设的项目。

1.1.3 基本建设的内容及特点

1. 基本建设的主要内容

基本建设的主要内容包括以下几个方面：

（1）建筑安装工程。指建筑工程和安装工程两部分，建筑工程包括永久性建筑物和临时性建筑物，金属结构的安装和设备基础的建造。设备安装工程包括生产、动力、起重、运输、输配电、实验等各种设备的安装、装配和调试等工作。

（2）设备及工器具购置。包括各种机电设备和工具、器具的购置，是建设单位为建设项目采购或自制的固定资产。

（3）其他基本建设。除以上两项的其他建设工作，包括勘测、设计、科学实验、筹建、征地、生产准备等工作。

2. 基本建设的特点

基本建设是扩大再生产，对加速现代化起着重要作用，有其特殊性质，具体特点如下：

（1）它是一种消耗大、周期长的经济活动，在建设期间只投入无收益。由于基本建设项目的工程整体性强，结构复杂，在建设过程中人工、材料、机械及资金的消耗量大且建设持续的时间长，所以在整个建设过程中必须按照相应的计划和安排进行。

（2）它是一门综合性较强、涉及多种学科的经济技术活动。在工程建设过程中需要多个部门配合并提供相应的产品、条件和服务，在建成之后还需要外部条件的帮助，才能充分发挥其预期的效益。

（3）建设单位需要介入整个建设过程。从项目建议、立项及方案的确定，工程从招标、工程质量、进度、投资的控制，到竣工验收和后期的投产使用，建设单位都要承担直接的责任。

（4）建设项目空间的不变性。当一个工程选址确定后，其后期的变动几乎为零，一般确定建设地址后就不再移动，它的不变性对工程的生产有其重要的影响，如果前期的选址不当，会给工程造成不可预料的后果。

（5）组织建设的复杂性。因工程是露天作业的特殊性质，会受季节、选址和气候的影响，对建设条件、建设资源都要做适当的调整和调配，使组织规划建设工作非常复杂。

1.1.4 基本建设的程序

1. 基本建设程序的含义

基本建设程序是指基本建设项目从决策、设计、施工到竣工验收整个工作进行过程中各阶段及其工作所必须遵循的先后次序与步骤。它所反映的是在基本建设过程中，按照一定的程序和先后次序依次进行，各有关部门之间一环扣一环的紧密联系和相互协调、相互配合的工作关系。基本建设程序是遵循客观规律、经济规律以获得最大效益的科学方法，必须严格地按基本建设程序办事。

2. 水利工程基本建设程序

根据我国基本建设实践，水利水电工程的基本建设程序为：根据资金条件和国民经济长远发展规划，进行流域或河段规划，提出项目建议书；进行可行性研究和项目评估，编制可行性研究报告；可行性研究报告批准后，进行初步设计；初步设计经过审批，项目列入国家基本建设年度计划；进行施工准备和设备订货；开工报告批准后正式施工；建成后进行验收投产；生产运行一定时间后，对建设项目进行后评价。

水利工程基本建设程序的具体工作内容如下：

（1）流域（或区域）规划。流域（或区域）规划就是根据该流域的水资源条件和国家长远的计划对该地区水利水电建设发展的要求，确定该地区的水资源的梯级开发和综合利用的最优方案。

（2）项目建议书。项目建议书又称立项报告，它是在流域规划的基础上，由主管部门（或建设单位）对准备建设的项目提出轮廓设想和建议，主要是从宏观上衡量分析项目建设的可行性和必要性，即分析项目前期准备是否符合标准，如建设条件是否具备、是否值得投入财力和物力。项目建议书是进行可行性研究的依据。

（3）可行性研究报告阶段。可行性研究的目的是研究该项目工程在经济上是否合理和技术上是否可行，对应的是项目估算。经批准的可行性研究报告，是项目决策和进行初步设计的依据。其主要任务有：

1）论证工程建设的必要性，确定该工程的建设任务和综合利用的顺序。

2）确定主要的水文数据和结果，了解影响该工程的地质条件和地质问题。

3）选定工程规模。

4）选定基本坝型和主要的建筑物形式，初步选定工程的总体布局。

5）初步选定水利工程管理方案，制定管理策略和方针。

6）初步确定在施工组织中可能发生的主要问题，提出应急预案和控制方式。

7）评价工程建设对环境、水土保持和周边生态生活的影响。

8）提出该工程主要的工程量和材料消耗量，估算该工程的投资。

9）明确工程效益，分析主要经济指标，评价该工程经济的合理性和可实施性。

（4）施工准备阶段。在主体工程开工前项目法人必须完成各项施工准备工作。本阶段主要工作由项目法人负责。其主要内容包括：

1）完成施工现场征地、拆迁等工作。

2）完成施工用水、用电、通信、道路和场地平整等工程。

3）必需的生产、生活临时建筑物。

4）组织咨询、设备和物资采购等工作。

5）组织监理和施工招标投标，并择优选定监理单位和施工承包队伍。

（5）初步设计阶段。在可行性研究报告经批准以后，项目法人应择优选择有相应资质的设计单位，对应的是项目概算。设计分阶段进行，即初步设计与施工图设计。对于有些大型工程和重要的中型工程一般采用三阶段设计，即初步设计、技术设计和施工图设计。

1）初步设计主要是解决建设项目的技术可靠性和经济合理性问题。初步设计主要包括工程的总体规划布置，工程规模和地质条件，主要建筑物的位置、结构形式和尺寸等，包括建筑物的施工方法、导流方法和对周边环境保护措施和应对方案等。

2) 技术设计是根据初步设计和所收集到的更完整、更详细的调查研究资料编制的,进一步解决过程所涉及的更大的技术问题,如工艺流程、建筑结构和设备的选用选型等,使项目的设计更完善、更具体。

3) 施工图设计是在技术设计和初步设计的基础上。根据该工程的建筑安装工作的需要,针对各项工程的具体施工,绘制施工详图。施工图纸是设计文件最终的方案,由设计单位完成。在交给施工单位时,须经过建设单位技术负责人的签字和审查。

(6) 建设实施阶段。当准备工作就绪后,应由项目法人提出申请开工报告,经主管部门严格审批后才能开工。施工是把设计变成具有使用价值的实体工程,必须按照前期的设计图纸进行,不得随意修改,如要修改变动,必须按照相应的程序进行,经批准方可更改。主体工程开工必须具备以下条件:

1) 前期工程各阶段文件已按规定批准,施工详图设计可满足初期主体工程施工需要。

2) 建设项目已列入国家或者地方水利水电建设投资年度计划(即建设项目已备案),年度建设资金已落实。

3) 主体工程招标已决标,工程承包合同已经签订,并已得到主管部门同意。

4) 现场施工准备和征地移民等建设外部条件能够满足主体工程开工需要。

5) 建设管理模式已经确定,投资主体与项目主体的管理关系已经理顺。

6) 项目建设所需全部投资来源已经明确,且投资结构合理。

(7) 生产准备阶段。生产准备是项目投产前要进行的一项重要工作,是建设阶段转入生产阶段的必要条件。项目法人应该按照建管结合和项目法人责任制的要求,适时做好关于生产的准备工作。不同类型的工程生产准备的要求也不同,一般包括以下内容:

1) 生产组织准备。建立相应的管理机构及管理制度。

2) 招收和培训人员。按照生产运营的要求,生产配备管理人员,并通过多种形式的培训,提高人员素质,满足运营要求。

3) 生产技术准备。主要包括技术资料的汇总、运行技术方案的制订、岗位操作过程的制订和新技术的准备。

4) 生产物资准备。主要落实投产运营所需要的原材料、协作产品、工器具、设备备件和其他协作配合条件的准备。

5) 正常的生活福利设施准备。

6) 及时具体落实产品销售合同协议的签订,提高生产经营效果,为偿还债务和资产的保值、增值创造条件。

(8) 竣工验收、交付使用阶段。竣工验收是工程完成建设目标的标志,是全面考核基本建设成果、检验设计和工程质量的重要步骤。竣工验收合格的项目即可从基本建设转入生产或使用。

当建设项目的建设内容全部完成,并经过单位工程验收,符合设计要求并按水利基本建设项目档案管理的有关规定,完成档案资料的整理工作及竣工报告、完工结算等必需文件的编制后,项目法人按照有关规定,向验收主管部门提出申请,根据国家和有关部门颁布的验收规程,组织验收。

完工结算编制完成后，须由审计机关组织完工审计，其审计报告作为完工验收的基本资料。

（9）后评价阶段。后评价是工程交付生产运行后一段时间，一般经过1~2年运行后，对项目的立项、决策、设计、施工、竣工验收和生产运行等全过程进行系统评估的一种技术经济活动，是基本建设程序的最后一环。通过后评价达到肯定成绩、总结经验、研究问题、提高项目决策水平和投资效果的目的。评价的主要内容包括：

1）影响评价。通过项目建成投入生产后对社会、经济、政治、技术和环境等方面所产生的影响来评价项目决策的正确性。

2）经济效益评价。通过项目建成投入生产后所产生的实际效益分析，评价项目是否合理、经营管理是否得当，并与可行性研究阶段的评价结果进行比较，找出两者之间的差异及原因，提出改进措施。

3）过程评价。过程评价是从项目的立项决策、设计、竣工、投产等全过程进行系统分析。

项目后评价工作必须遵循客观、公正、科学的原则，做到分析合理、评价公正。

任务1.2 建 设 项 目 划 分

1.2.1 基本建设项目划分

基本建设项目通常按项目本身的内部组成，划分为单项工程、单位工程、分部工程和分项工程。如图1.1所示。

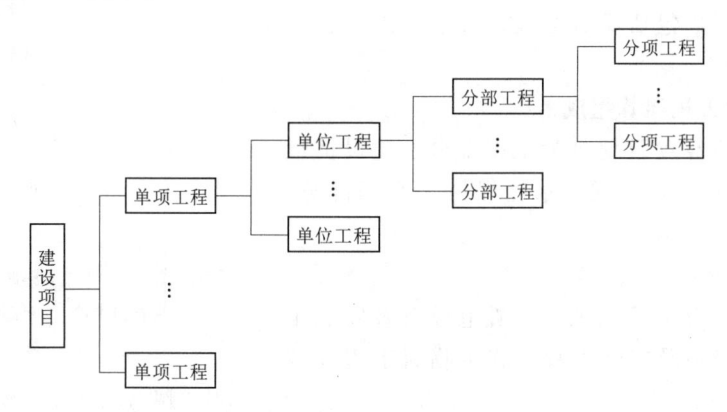

图1.1 建设项目分解示意图

1. 单项工程

单项工程是基本建设项目的组成部分，是一个建设项目中具有独立的设计文件、竣工后能够独立发挥生产能力和使用效益的工程。如一个水利枢纽工程的发电站、拦河大坝等。

2. 单位工程

单位工程是单项工程的组成部分，是指具有独立的设计文件、可以独立组织施工，但完工后不能独立发挥效益的工程。如灌区中的节制闸。它又可以划分为建筑工程和设备安装工程两大类单位工程。

3. 分部工程

分部工程是单位工程的组成部分，是按工程部位、设备种类和型号、使用的材料和工种的不同对单位工程所作的进一步划分。如建筑工程中的一般土建工程，按照不同的工种和不同的材料结构可划分为土石方工程、基础工程、砌筑工程、钢筋混凝土工程等分部工程。

4. 分项工程

分项工程是分部工程的组成部分，是通过较为简单的施工过程就能生产出来，并且可以用适当计量单位计算其工程量大小的建筑或设备安装工程产品。例如，每立方米砖基础工程、一台电动机的安装等。一般来说，它的独立存在是没有意义的，它只是建筑或设备安装工程中最基本的构成要素。

1.2.2 水利建设项目划分

根据水利部《水利工程设计概（估）算编制规定》（水总〔2014〕429号）（以下简称《编规》）的有关规定，结合水利工程的性质特点和组成内容进行项目划分。

1.2.2.1 水利工程分类

水利工程按工程性质和功能划分为三大类型，分别是枢纽工程、引水工程和河道工程。如图1.2所示。

（1）枢纽工程包括水库、水电站、大型泵站、大型拦河水闸和其他大型独立的建筑物。

（2）引水工程包括供水工程、灌溉工程（1）❶。

（3）河道工程包括堤防工程、河湖整治工程和灌溉工程（2）❷。

1.2.2.2 水利工程概算组成

水利工程概算项目划分为工程部分、建设征地移民补偿、环境保护工程、水土保持工程四部分。具体划分如图1.3所示。

1. 工程部分

工程部分划分为建筑工程、机电设备及安装工程、金属结构设备及安装工程、施工临时工程和独立费用五个部分。

（1）建筑工程。

1）枢纽工程。枢纽工程指水利枢纽建筑物、大型泵站、大型拦河水闸和其他大型独立建筑物（含引水工程中的水源工程），包括挡水工程、泄洪工程、引水工程、发电厂（泵站）工程、升压变电站工程、航运工程、鱼道工程、交通工程、房屋建筑工程、供电设施工程和其他建筑工程。其中，挡水工程等前七项为主体建筑工程。

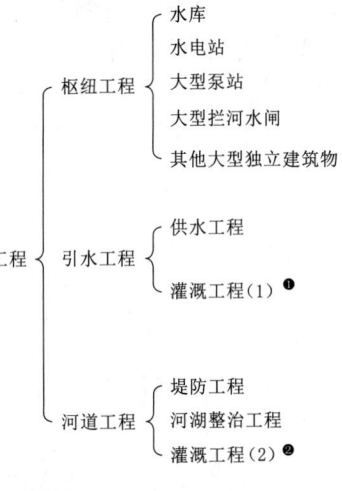

图1.2 水利工程分类

---

❶ 灌溉工程（1）指设计流量≥5m³/s的灌溉工程。
❷ 灌溉工程（2）指设计流量<5m³/s的灌溉工程和田间工程。

2）引水工程。引水工程指供水工程、调水工程和灌溉工程（1），包括渠（管）道工程、建筑物工程、交通工程、房屋建筑工程、供电设施工程和其他建筑工程。

3）河道工程。河道工程指堤防修建与加固工程、河湖整治工程以及灌溉工程（2），包括河湖整治与堤防工程、灌溉及田间渠（管）道工程、建筑物工程、交通工程、房屋建筑工程、供电设施工程和其他建筑工程。

（2）机电设备及安装工程。

1）枢纽工程。枢纽工程指构成枢纽工程固定资产的全部机电设备及安装工程。本部分由发电设备及安装工程、升压变电设备及安装工程和公用设备及安装工程三项组成。

- 水利工程概算
  - 工程部分
    - 建筑工程
    - 机电设备及安装工程
    - 金属结构设备及安装工程
    - 施工临时工程
    - 独立费用
  - 建设征地移民补偿
    - 农村部分补偿
    - 城(集)镇部分补偿
    - 工业企业补偿
    - 专业项目补偿
    - 防护工程
    - 库底清理
    - 其他费用
  - 环境保护工程
  - 水土保持工程

图 1.3　水利工程概算组成

2）引水工程及河道工程。引水工程及河道工程指构成该工程固定资产的全部机电设备及安装工程。一般由泵站设备及安装工程、水闸设备及安装工程、电站设备及安装工程、供变电设备及安装工程和公用设备及安装工程五项组成。

（3）金属结构设备及安装工程。金属结构设备及安装工程指构成枢纽工程、引水工程和河道工程固定资产的全部金属结构设备及安装工程，包括闸门、启闭机、拦污设备、升船机等设备及安装工程，水电站（泵站等）压力钢管制作及安装工程和其他金属结构设备及安装工程。金属结构设备及安装工程项目要与建筑工程项目相对应。

（4）施工临时工程。施工临时工程指为辅助主体工程施工所必须修建的生产和生活用临时性工程，包括导流工程、施工交通工程、施工场外供电工程、施工房屋建筑工程、其他施工临时工程。

（5）独立费用。独立费用由建设管理费、工程建设监理费、联合试运转费、生产准备费、科研勘测设计费和其他费用组成。

第一、二、三部分均为永久性工程，均构成生产运行单位的固定资产。第四部分施工临时工程的全部投资扣除回收价值后，第五部分独立费用扣除流动资产和递延资产后，均以适当的比例摊入各永久工程中，构成固定资产的一部分。

2. 建设征地移民补偿

建设征地移民补偿包括农村部分、城（集）镇部分、工业企业和专业项目的补偿，防护工程、库底清理及预备费和有关税费等其他费用。

3. 环境保护工程

环境保护工程包括环境保护设施、环境监测设施、设备及安装工程、环境保护临时设施和其他费用五项。

4. 水土保持工程

水土保持工程包括建筑工程、植物措施、设备及安装工程、水土保持临时设施和其他费用五项。

本书主要讲述工程部分概（估）算编制规定，建设征地移民补偿、环境保护工程、水土保持工程分别执行相应的编制规定，在编制时将结果汇总到工程总概算中。

1.2.2.3 工程项目划分

根据水利水电工程性质，工程项目分别按枢纽工程、引水工程和河道工程划分，工程各部分下设一、二、三级项目。其中一级项目相当于单项工程，二级项目相当于单位工程，三级项目相当于分部分项工程。如图1.4所示。

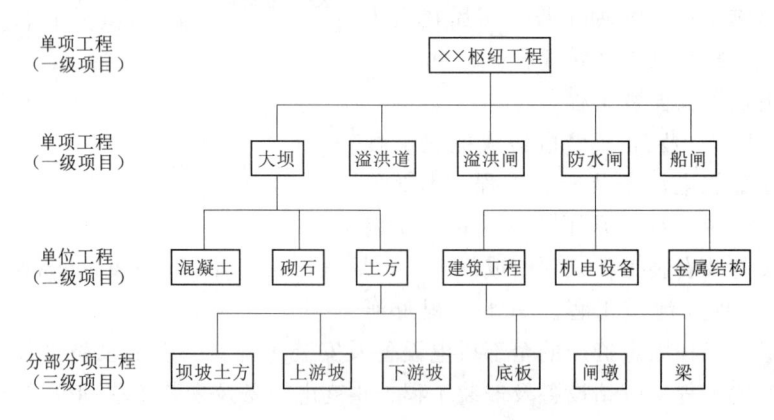

图1.4 水利水电工程项目划分示意

大中型水利水电基本建设工程概（估）算，按附录2的项目划分编制。其中，第二、三级项目中，仅列示了代表性子目，编制概算时，二、三级项目可根据水利工程初步设计编制规程的工作深度要求和工程情况增减或再划分，下列项目宜作必要的再划分。

1. 土方开挖工程

土方开挖工程，应将土方开挖与砂砾石开挖分列。

2. 石方开挖工程

石方开挖工程，应将明挖与暗挖，平洞与斜井、竖井分列。

3. 土石方回填工程

土石方回填工程，应将土方回填与石方回填分列。

4. 混凝土工程

混凝土工程，应将不同工程部位、不同强度等级、不同级配的混凝土分列。

5. 模板工程

模板工程，应将不同规格、形状和材质的模板分列。

6. 砌石工程

砌石工程，应将干砌石、浆砌石、抛石、铅丝（钢筋）笼块石等分列。

7. 钻孔工程

钻孔工程，应按使用不同钻孔机械及钻孔的不同用途分列。

8. 灌浆工程

灌浆工程，应按不同灌浆种类分列。

9. 机电、金属结构设备及安装工程

机电、金属结构设备及安装工程，应根据设计提供的设备清单，按分项要求逐一列出。

10. 钢管制作及安装工程

钢管制作及安装工程，应将不同管径的钢管、叉管分列。

对于招标工程，应根据已批准的初步设计概算，按水利水电工程业主预算项目划分进行业主预算（执行概算）的编制。

1.2.2.4 项目划分注意事项

(1) 现行的项目划分适用于估算、概算、施工图预算。对于招标文件和业主预算，要根据工程分标及合同管理的需要来调整项目划分。

(2) 建筑安装工程三级项目的设置除深度应满足《编规》的规定外，还必须与采用定额相适应。

(3) 对有关部门提供的工程量和预算资料，应按项目划分和费用构成正确处理。如施工临时工程，按其规模、性质，有的应在第四部分施工临时工程一至四项中单独列项，有的包括在"其他施工临时工程"中，不单独列项。

(4) 注意设计单位的习惯与概算项目划分的差异。如施工导流用的闸门及启闭设备大多由金属结构设计人员提供，但应列在第四部分施工临时工程内，而不是第三部分金属结构设备及安装工程内。

任务 1.3　水利工程造价概述

1.3.1　工程造价的含义

工程造价从字面理解就是工程的建造价格。水利水电工程造价是指各类水利水电建设项目从筹建到竣工验收交付使用全过程所需的全部费用。工程造价有以下两种含义：

(1) 工程造价是指建设项目的建设成本，即完成一个建设项目所需费用的总和，包括建筑工程费、安装工程费、设备费，以及其他相关的必需费用。这一含义是从投资者的角度来定义的，投资者选定一个投资项目，为了获得预期的效益，就要通过项目评估进行决策，然后进行设计招标、工程招标，直至竣工验收等一系列投资管理活动。在投资活动中所支付的全部费用形成了固定资产和无形资产，所有这些开支就构成了工程造价。从这个意义上说，工程造价就是工程投资费用，建设项目工程造价就是建设项目固定资产投资。

(2) 工程造价是指建设项目的工程价格。从承包商的角度出发，建设工程施工发包与承包工程价格是指按国家有关规定由甲乙双方在施工合同中约定的工程造价。

1.3.2　工程造价的特点

1. 工程造价的大额性

一项工程的造价可以达到上千万、上亿元人民币，特大的工程项目造价可达千亿元人民币。如长江三峡工程，初步设计静态总概算（1993年5月末价格）为900.9亿元，工程施工期长达17年，计入物价上涨及施工期贷款利息，估算动态总投资约为2000亿元。工程造价的大额性使它关系到有关各方面的重大经济利益，同时也会对宏观经济产生重大影响。

2. 工程造价的差异性

由于基本建设产品的单件性、露天性，建设地点的不固定性，并且用途、功能、规模一般也都不一样，这样就决定了工程造价的差异性。如二滩水电站和丹江口水利枢纽，一个以发电为主，另一个以防洪为主，并且所处地区、河流也不一样，工程的空间布置、建筑结构、机电设备配置等都有自己的具体特点，造成工程造价差别很大。

3. 工程造价的动态性

工程从决策到竣工交付使用，存在许多影响工程造价的动态因素，如工程变更，设备材料价格变动，工资标准以及费率、利率、汇率等发生变化。工程造价在整个建设期处于不确定状态，直至竣工决算后才能最终确定工程的实际造价。如黄河小浪底工程1994年主体工程开工，2001年全部竣工，总工期11年，静态总投资为253.49亿元（1997年），工程总概算经过调整并经国家计委批准为：动态总投资347亿元人民币。

4. 工程造价的层次性

造价的层次性取决于工程的层次性，一个建设项目往往含有多个能够独立发挥设计效能的单项工程，如一个水库工程项目由挡水工程、泄洪工程、引水工程等组成。一个单项工程又是由能够各自发挥专业效能的多个单位工程组成，如引水工程由进（取）水口工程、引水明渠工程、引水隧洞工程、调压井工程、高压管道工程等组成。与此相适应，工程造价也有三个层次，建设项目总造价、单项工程造价和单位工程造价。如果专业分工更细，单位工程的组成部分——分部分项工程也可以成为交易对象，如土方工程、基础工程、混凝土工程等，这样工程造价的层次就增加分部工程和分项工程而成为五个层次。

1.3.3 工程造价管理

水利工程造价管理是指对水利建设项目建议书、可行性研究报告、初步设计、施工准备、建设实施、生产准备、竣工验收、后评价等各阶段所对应的投资估算、设计概算、项目管理预算、标底价、合同价、工程竣工决算等工程造价文件的编制和招标进行规范指导和监督管理。

1.3.4 工程造价的计算依据

水利工程造价计算的主要依据是所从事的工程项目划分、工程定额、费用标准、造价文件编制办法、工程动态价差调整办法等水行政主管部门颁发的水利工程造价标准。

1. 投资决策阶段

投资决策阶段的估算和概算比较宏观，相对较粗，工程量计算不需要特别详细，有些项目可以用指标法，但是工程内容要全，资金预留要足，为后续工作做好铺垫。

2. 项目管理阶段

进入项目管理阶段，所做的施工图预算、标底、投标预算等工程造价应该详细。如施工图工程预算，工程量要严格按照施工图纸计算，工程套项要根据施工组织设计、施工程序、现场情况等做全，不能因漏项而影响工程的最终造价。工程预算单价的编制要按预算定额计算，材料单价的计算要准确，主要材料、设备要进行市场调查，次要材料可以根据当地建设管理部门提供的预算价格计算。

3. 施工阶段

在进行工程结算时，作为施工单位要注意以下几点：

(1) 充分理解合同条款。

(2) 收集相关的证据即建设监理单位的签证、影像资料等。

(3) 及时做好索赔工作。作为建设单位的造价审查人员在审查过程中要有责任心，审查时有理有据，不可任意压价。要认真审查施工单位所提供签证的合法性，认真鉴别真伪。

施工预算是施工企业内部编制的预算，这份预算可以参考预算定额，也可按照工料定额或者公司实际情况计算。

4. 竣工验收阶段

工程完工后要做竣工结算和竣工决算。竣工决算是由项目法人在工程完成后组织财务、计划、工程技术编制反映建设项目实际工程造价的技术性文件，总括反映建设项目的投资使用方向、投资效果和经济效益，是竣工验收报告的重要组成部分。

在基层编制财务竣工决算报告，基本上是由造价师完成，会计仅提供财务报表的基本情况。

拓 展 思 考 题

一、单项选择题

1. 在国家有关部门规定的基本建设程序中，各个步骤（　　）。
   A. 次序可以颠倒，但不能进行交叉
   B. 次序不能颠倒，但可以进行合理交叉
   C. 次序不能颠倒，也不能进行交叉
   D. 次序可以颠倒，同时也可以进行合理交叉

2. 根据现行部颁规定，水利工程项目一般划分为三级项目，其中二级项目相当于（　　）。
   A. 单位工程　　　B. 单项工程　　　C. 分部工程　　　D. 分项工程

3. 下列不属于后评价内容的是（　　）。
   A. 影响评价　　　B. 风险评价　　　C. 经济效益评价　　　D. 过程评价

4. 水利水电工程按工程性质可划分为三大类，下列（　　）不是。
   A. 枢纽工程　　　B. 河道工程　　　C. 建设工程　　　D. 引水工程

5. 下列属于引水工程的有（　　）。
   A. 泵站、水闸　　　B. 水库工程　　　C. 水电站工程　　　D. 堤防工程

二、多项选择题

1. 建设项目按照建设性质划分为（　　）。
   A. 新建项目
   B. 生产性建设项目
   C. 扩建、改建项目
   D. 恢复、迁建项目
   E. 公益性项目

2. 按照项目规模分类，基本建设项目可划分为（　　）。

A. 大型　　　　　　B. 限额以上　　　　C. 小型　　　　　　D. 限额以下

E. 中型

3. 下列属于新建项目的是（　　）。

A. 经批复，在某位置建设水利枢纽

B. 经扩大建设规模，新增固定资产价值是原有的 2 倍

C. 原来没有，现在开始建设的项目

D. 由于生产布局需要，迁往外地新建设的项目

E. 经扩大建设规模，新增加固定资产价值是原有的 5 倍

4. 按现行水利工程项目划分，下列（　　）属于枢纽工程。

A. 堤防工程　　　　B. 水库工程　　　　C. 水电站工程　　　D. 灌溉工程

E. 供水工程

5. 生产准备阶段一般包括的主要内容是（　　）。

A. 生产组织准备　　　　　　　　　　B. 招收和培训人员

C. 生产技术准备　　　　　　　　　　D. 生产物资准备

E. 正常的生活福利设施准备

三、简答

1. 基本建设的含义、分类、内容和程序。

2. 基本建设项目划分，水利水电建设工程项目划分。

项目 2

工 程 定 额

学习目标：理解定额的概念、特性和作用。掌握定额的分类、定额的组成及使用。

任务 2.1 工程定额概述

在生产过程中，为了完成某一单位合格产品，就要消耗一定的人工、材料、机具设备和资金。由于这些消耗受技术水平、组织管理水平及其他客观条件的影响，所以其消耗水平是不相同的。因此，为了统一考核其消耗水平，便于经营管理和经济核算，就需要有一个统一的平均消耗标准，于是便产生了定额。根据每一个项目的工料用量，制定出每一个项目的工料合价，按照不同类别，汇总成册，就是定额。

2.1.1 定额的概念

定额是指在一定的生产力水平下，预先规定完成某项合格产品所需的要素（人力、物力、财力、时间等）的数量标准。它反映一定时期的社会生产力水平。

工程定额是指在正常施工条件下，完成规定计量单位的合格建筑安装工程所消耗的人工、材料、施工机具台班、工期天数及相关费率等的数量标准，主要指国家、地方或行业或项目法人主管部门、工程企业制定的各种定额，包括工程消耗量定额和工程计价定额等。工程定额除了规定有数量标准外，也要规定出它的工作内容、质量标准、生产方法、安全要求和适用的范围等。工程消耗量定额主要是指完成规定计量单位的合格建筑安装产品所消耗的人工、材料、施工机具台班的数量标准。工程计价定额是指直接用于工程计价的定额或指标，包括预算定额，概算定额，概算指标和投资估算指标。此外，部分地区和行业造价管理部门还会颁布工期定额，工期定额是指在正常的施工技术和组织条件下，完成建设项目和各类工程建设所需工期的依据。

2.1.2 定额的作用

建筑工程、安装工程定额是建筑安装企业实行科学管理的必备条件。无论是设计、计划、生产、分配、估价和结算等各项工作，都必须以它作为衡量工作的尺度，具体地说定额主要有以下几方面的作用。

（1）定额是编制计划的基础。无论是国家计划还是企业计划；无论是中长期计划，还是短期计划；无论是综合性的技术经济计划，还是施工进度计划，都直接或间接地以各种定额为依据来计算人力、物力、财力等各种资源需要量，所以，定额是编制计划的基础。

（2）定额是确定基本建设产品成本的依据，是评比设计方案合理性的尺度。基本建设产品的价格是由其产品生产过程中所消耗的人力、材料、机械台班数量以及其他资源、资金的数量所决定的，而它们的消耗量又是根据定额计算的，因此定额是确定产品成本的依据。同时，同一基本建设产品的不同设计方案的成本，反映了不同设计方案的技术经济水平的高低。因此，定额也是比较和评价设计方案是否经济合理的尺度。

（3）定额是提高企业经济效益的重要工具。定额是一种法定的标准，具有严格的经济监督作用，它要求每一个执行定额的人，都必须严格遵守定额的要求，并在生产过程中尽可能有效地使用人力、物力、资金等资源，使之不超过定额规定的标准，从而提高劳动生产率，降低生产成本。

企业在计算和平衡资源需要量、组织材料供应、编制施工进度计划和作业计划、组织劳动力、签发任务书、考核工料消耗、实行承包责任制等一系列管理工作时，都要以定额作为标准。因此，定额是加强企业管理、提高企业经济效益的工具。

（4）定额是贯彻按劳分配原则的尺度。由于工时消耗定额反映了生产产品与劳动量的关系，因此可以根据定额来对每个劳动者的工作进行考核，从而确定他所完成的劳动量的多少，并以此来支付他的劳动报酬。多劳多得、少劳少得，体现了社会主义按劳分配的基本原则，这样企业的效益就同个人的物质利益结合起来了。

（5）定额是总结推广先进生产方法的手段。定额是在先进合理的条件下，通过对生产和施工过程的观察、实测、分析而综合制定的，它可以准确地反映出生产技术和劳动组织的先进合理程度。因此，可以用定额标定的方法，对同一产品在同一操作条件下的不同生产方法进行观察、分析，从而总结比较完善的生产方法，并经过试验、试点，在生产过程中予以推广，使生产效率得到提高。

合理制定并认真执行定额，对改善企业经营管理、提高经济效益具有重要的意义。

任务2.2　工程定额的分类

工程定额是一个综合概念，是建设工程造价计价和管理中各类定额的总称，包括许多种类的定额，可以按照不同的原则和方法对它进行分类。

2.2.1　按定额反映的生产要素消耗内容分类

1. 劳动消耗定额

劳动消耗定额简称劳动定额（也称为人工定额），是在正常的施工技术和组织条件下，完成规定计量单位合格的建筑安装产品所消耗的人工工日的数量标准。劳动定额的主要表现形式是时间定额，但同时也表现为产量定额，时间定额与产量定额互为倒数。

（1）时间定额。时间定额也称为工时定额，是指在合理的劳动组织与一定的生产技术条件下，某种专业、某种技术等级的工人班组或个人，为完成单位合格产品所必须消耗的工作时间。定额时间包括准备时间与结束时间、基本生产时间、辅助生产时间、不可避免的中断时间及工人必需的休息时间。

时间定额的单位一般以"工日""工时"表示，一个工日表示一个工人工作一个工作

班，每个工日工作时间按现行制度为 8h/人。其计算公式为

$$单位产品时间定额(工日或工时) = 1 \div 每工日或工时产量 \tag{2.1}$$

（2）产量定额。产量定额是指在合理的劳动组织与一定的生产技术条件下，某种专业、某种技术等级的工人班组或个人，在单位时间内完成的合格产品数量。其计算公式为

$$每工日或工时产量 = 1 \div 单位产品时间定额(工日或工时) \tag{2.2}$$

时间定额和产量定额互为倒数，使用过程中两种形式可以任意选择。在一般情况下，生产过程中需要较长时间才能完成一件产品，采用时间定额较为方便；若需要时间不长的，或者在单位时间内产量很多，则以产量定额较为方便。

例如人工挖土，挖土深度为 1.5m，上口宽超过 3m，土质属一类，每挖 $1m^3$ 土方需要 0.104 工日，每工日产量为 $9.62m^3$。

时间定额和产量定额分别为

$$时间定额 = \frac{1}{9.62} = 0.104 \text{ 工日}/m^3$$

$$产量定额 = \frac{1}{0.104} = 9.62 m^3/\text{工日}$$

2. 材料消耗定额

材料消耗定额简称材料定额，是指在正常的施工技术和组织条件下，完成规定计量单位合格的建筑安装产品所消耗的原材料、成品、半成品、构配件、燃料，以及水、电等动力资源的数量标准。

材料消耗量包括材料净耗量和材料损耗量两部分。

$$材料消耗量 = 净耗量 + 损耗量 \tag{2.3}$$

材料净耗量是指构成工程实体的材料用量。

材料损耗量是指材料在生产过程中不可避免的合理损耗量。它包括材料从现场仓库领出到产品完成过程中的施工损耗量、场内运输损耗量、加工制作损耗量。材料损耗量一般用材料损耗率来计算。

$$损耗率 = \frac{损耗量}{材料消耗量} \times 100\% \tag{2.4}$$

因此，材料消耗量可用下式计算：

$$材料消耗量 = \frac{净耗量}{1 - 损耗率} \tag{2.5}$$

材料净耗量和损耗量通常采用现场观察法、试验室实验法、统计计算法和理论计算法等方法来确定。

工程中使用的材料可分为直接性消耗材料和周转性消耗材料。直接性消耗材料是指直接构成工程实体的材料，如砂石料、钢筋、水泥等材料的消耗量，包括材料的净用量及施工过程中不可避免的合理损耗量。周转性消耗材料是指在工程施工过程中，能多次使用、反复周转并不断补充的工具性材料、配件和用具等。如脚手架、模板等。

材料消耗定额是加强企业管理和经济核算的重要工具，是确定材料需要量和储备量的依据，是施工企业对施工班组实施限额领料的依据，是减少材料积压、浪费，促进合理使

用材料的重要方法。

3. 机具消耗定额

机具消耗定额由机械消耗定额与仪器仪表消耗定额组成。机械消耗定额是以一台机械一个工作班为计量单位，所以又称为机械台班定额。机械消耗定额是指在正常的施工技术和组织条件下，完成规定计量单位合格的建筑安装产品所消耗的施工机械台班的数量标准，机械消耗定额的主要表现形式是机械时间定额，同时也以产量定额表现。仪器仪表消耗定额的表现形式与机械消耗定额类似。

机械台班定额的数量单位，一般用"台班""台时""机班组"表示。一个台班就是指一台机械工作一个工作班，即按现行工作 8h，一个台时是指一台机械工作 1h，一个机组班表示一组机械工作一个工作班。

（1）机械时间定额。机械时间定额就是在合理劳动组织和合理使用机械的正常施工条件下，由熟练工人或工人小组操纵施工机械，完成单位合格产品所必须消耗的工作时间，计量单位以"台班"或"台时"表示。

（2）机械产量定额。机械产量定额是指在合理劳动组织和合理使用机械的正常施工条件下，机械在单位时间内应完成的合格产品数量标准。计量单位以"m^3/台班""块/台班"等表示。

机械时间定额和机械产量定额互为倒数。

$$机械时间定额 = 1/机械产量定额 \tag{2.6}$$

2.2.2 按定额的编制程序和用途分类

在现行的水利工程定额体系中，主要有施工定额、预算定额和概算定额。

1. 施工定额

施工定额是完成一定计量单位的某一施工过程或基本工序所需消耗的人工、材料和施工机具台班数量标准。施工定额是施工企业（建筑安装企业）组织生产和加强管理在企业内部使用的一种定额，属于企业定额的性质。施工定额是以某一施工过程或基本工序作为研究对象，表示生产产品数量与生产要素消耗综合关系编制的定额。为了适应组织生产和管理的需要，施工定额的项目划分很细，是工程定额中分项最细、定额子项目最多的一种定额，也是工程定额中的基础性定额。

2. 预算定额

预算定额是在正常的施工条件下，完成一定计量单位合格分项工程或结构构件所需消耗的人工、材料和施工机具台班数量及其费用标准，是一种计价性定额。从编制程序上看，预算定额是以施工定额为基础综合扩大编制的，同时它也是编制概算定额的基础。

3. 概算定额

概算定额是完成单位合格扩大分项工程或扩大结构构件所需消耗的人工、材料和施工机具台班的数量及其费用标准，是一种计价性定额。概算定额是编制扩大初步设计概算、确定建设项目投资额的依据。概算定额的项目划分粗细，与扩大初步设计的深度相适应，一般是在预算定额的基础上综合扩大而成的，每一扩大分项概算定额都包含了数项预算定额。

4.概算指标

概算指标是以单位工程为对象,反映完成一个规定计量单位建筑安装产品的经济指标。概算指标是概算定额的扩大与合并,是以更为扩大的计量单位来编制的概算指标的内容,包括人工、材料、机械台班三个基本部分,同时还列出了分部工程量及单位工程的造价,是一种计价性定额。

5.投资估算指标

投资估算指标是以建设项目、单项工程、单位工程为对象,反映建设总投资及其各项费用构成的经济指标。它是在项目建议书和可行性研究阶段编制投资估算、计算投资需要量时使用的一种定额。它的概略程度与可行性研究阶段相适应。投资估算指标往往根据历史的预、决算资料和价格变动等资料编制,但其编制基础仍然离不开预算定额和概算定额。

2.2.3 按专业分类

由于工程建设涉及众多的专业,不同的专业所含的内容也不同,因此就确定人工、材料和机具台班消耗数量标准的工程定额来说,也需按不同的专业分别进行编制和执行。

(1)建筑工程定额按专业对象分为建筑及装饰工程定额、房屋修缮工程定额、市政工程定额、铁路工程定额、公路工程定额、矿山井巷工程定额等。

(2)安装工程定额按专业对象分为电气设备安装工程定额、机械设备安装工程定额、热力设备安装工程定额、通信设备安装工程定额、化学工业设备安装工程定额、工业管道安装工程定额、工艺金属结构安装工程定额等。

2.2.4 按主编单位和管理权限分类

工程定额可以分为全国统一定额、行业统一定额、地区统一定额、企业定额、补充定额等。

(1)全国统一定额是由国家建设行政主管部门综合全国工程建设中技术和施工组织管理的情况编制,并在全国范围内执行的定额。

(2)行业统一定额是考虑到各行业专业工程技术特点,以及施工生产和管理水平编制的。一般只在本行业和相同专业性质的范围内使用。

(3)地区统一定额包括省(自治区、直辖市)定额。地区统一定额主要是考虑地区性特点和全国统一定额水平作适当调整和补充编制的。

(4)企业定额是施工单位根据本企业的施工技术、机械装备和管理水平编制的人工、材料、机械台班等的消耗标准。企业定额在企业内部使用,是企业综合素质的标志。企业定额水平一般应高于国家现行定额,才能满足生产技术发展、企业管理和市场竞争的需要。在工程量清单计价方法下,企业定额是施工企业进行建设工程投标报价的计价依据。

(5)补充定额是指随着设计、施工技术的发展,现行定额不能满足需要的情况下,为了补充缺陷所编制的定额。补充定额只能在指定的范围内使用,可以作为以后修订定额的基础。

上述各种定额虽然适用于不同的情况和用途,但是它们是一个互相联系的、有机的整体,在实际工作中配合使用。

任务 2.3 工程定额的使用

2.3.1 水利工程设计概（估）算编制规定

1. 编制规定的发布

为适应经济社会发展和水利建设与投资管理的需要，进一步加强造价管理和完善定额体系，合理确定和有效控制水利工程基本建设项目投资，提高投资效益，由水利部编制的《水利工程设计概（估）算编制规定》在 2014 年 12 月正式发布并执行。另外水利部办公厅在 2016 年 7 月还发布了《关于印发〈水利工程营业税改征增值税计价依据调整办法〉的通知》（办水总〔2016〕132 号）。此规定包括工程部分概（估）算编制规定和建设征地移民补偿概（估）算编制规定。2002 年发布的《水利工程设计概（估）算编制规定》、2009 年发布的《水利水电工程建设征地移民安置规划设计规范》〔补偿投资概（估）算内容〕同时废止。

2. 编制规定的内容

现行水利工程设计概（估）算编制规定（工程部分）总共由七章组成：

(1) 工程分类及概算编制依据。
(2) 概算文件组成内容。
(3) 项目组成和项目划分。
(4) 费用构成。
(5) 编制方法及计算标准。
(6) 概算表格。
(7) 投资估算编制。

该规定主要用于在前期工作阶段确定水利工程投资，是编制和审批水利工程设计概（估）算的依据，是对水利工程实行静态控制、动态管理的基础。建设实施阶段，此规定是编制工程标底、投标报价文件的参考标准，施工企业编制投标文件时可根据企业管理水平，结合市场情况调整相关费用标准。

3. 与编制配套使用的相关现行水利工程定额

目前，全国水利行业与现行水利工程设计概（估）算编制规定配套使用的水利工程定额是在 2002 年发布的《水利建筑工程概算定额》《水利工程施工机械台时费定额》和 2005 年发布的《水利工程概预算补充定额》，以及在 1999 年发布的《水利水电设备安装工程概算定额》等。例如，现行《水利建筑工程概算定额》由总目录、总说明、分册分章目录、说明、定额表和附录组成。其中，主要内容是定额表，主要包括土方开挖工程、石方开挖工程、土石填筑工程、混凝土工程等九章内容。

2.3.2 定额的组成内容

水利水电工程建设中现行的各种定额一般由总说明、分册分章说明、目录、定额表和有关附录组成，其中定额表是各种定额的主要组成部分。

1. 水利建筑工程定额

(1) 水利建筑工程定额包括《水利水电建筑工程概算定额》（以下简称《概算定额》）

和《水利水电建筑工程预算定额》（以下简称《预算定额》），定额表内列出了各定额项目完成不同子目单位工程量所必需的人工、主要材料和主要机械台班消耗量。各定额项目的定额表上方注明该定额项目的适用范围和工作内容，在定额表内对完成不同子目单位工程量所必需耗用的零星用工、用料及机具费用，以"其他材料费"项列出，见表2.1的浆砌块石预算定额。《概算定额》定额表上方只注明该定额项目的工作内容，在定额表内对完成不同子目单位工程量所必需的零星材料和辅助机械使用费，以"零星材料费"或"其他材料费"列出。

表 2.1　　　　　　　　《水利水电建筑工程预算定额》（2002 版）

三－6　浆砌块石

工作内容：选修石、冲洗、拌浆、砌石、勾缝。　　　　　　　　　　　　　　　单位：100m³

项　目	单位	护 坡		护底	基础	挡土墙	桥闸墩
		平面	曲面				
工长	工时	16.8	19.2	14.9	13.3	16.2	17.7
高级工	工时						
中级工	工时	346.1	423.5	284.1	236.2	329.5	376.5
初级工	工时	475.8	515.7	443.9	415	464.6	490
合计	工时	838.7	958.4	742.9	664.5	810.3	884.2
块石	m³	108.00	108.00	108.00	108.00	108.00	108.00
砂浆	m³	35.30	35.30	35.30	34.00	34.40	34.80
其他材料	%	0.5	0.5	0.5	0.5	0.5	0.5
砂浆搅拌机 0.4m³	台时	6.35	6.35	6.35	6.12	6.19	6.26
胶轮车	台时	158.68	158.68	158.68	155.52	156.49	157.46
编号		30017	30018	30019	30020	30021	30022

（2）《概算定额》和《预算定额》的项目及工程量的计算应与定额项目的设置、定额单位相一致。

（3）现行概算定额中，已按现行施工规范和有关规定，计入了不构成建筑工程单价实体的各种施工操作损耗，允许的超挖及超填量，合理的施工附加量及体积变化等所需人工、材料及机械台时消耗量，编制设计概算时，工程量应按设计结构几何轮廓尺寸计算。而现行预算定额中均未计入超挖超填量、合理施工附加量及体积变化等使用预算定额应按有关规定进行计算。

（4）定额中其他材料费、零星材料费、其他机械费均以百分率（%）形式表示，其计算基数为：①其他材料费以主要材料费之和为计算基数；②零星材料费以人工费、机械费之和为计算基数；③其他机械费以主要机械费之和为计算基数。

2. 水利水电设备安装工程定额

（1）水利水电设备安装工程定额包括《水利水电设备安装工程概算定额》（以下简称《安装工程概算定额》）和《水利水电设备安装工程预算定额》（以下简称《安装工程预算定额》），定额表的项目列出形式与《水利水电建筑工程概算定额》和《水利水电建筑工程预算定额》相统一，格式基本上是一样的，均按照人工、材料、机械和其他材料的消耗量四项指标归类列出，见表2.2拦污栅安装工程预算定额。

（2）定额中人工工时、材料、机械台时等以实物量表示。其中材料和机械仅列出主要品种的型号、规格及数量，如品种、型号、规格不同，均不作调整。其他材料和一般小型机械及机具分别按占主要材料费和主要机械费的百分率计列。

（3）安装费率定额中以设备原价作为计算基础，安装工程人工费、材料费、机械使用费和装置性材料费均以费用（％）率形式表示，除人工费用外，使用时均不作调整。

表2.2 《水利水电设备安装工程预算定额》（2002版）

十二－5 拦污栅

定 额 编 号		12074	12075
项　　目	单位	栅体	栅槽
工长	工时	2	6
高级工	工时	8	33
中级工	工时	14	58
初级工	工时	8	33
合计	工时	32	130
型钢	kg		40
氧气	m^3		8
乙炔气	m^3		3.5
电焊条	kg		14
油漆	kg	2	2
黄油	kg	1	
其他材料费	％	15	15
门式起重机 10t	台时	0.9	1.4
电焊机 20～30kVA	台时		14
其他机械费	％	15	15

（4）装置性材料根据设计确定品种、型号、规格和数量，并计入规定的操作损耗量。

（5）使用电站主厂房桥式起重机进行安装工作时，桥式起重机台时费不计基本折旧费和安装拆卸费。

（6）定额中零星材料费，以人工费、机械费之和为计算基数。

3. 水利水电建筑安装工程统一劳动定额

按各种建筑工程和设备安装工程分册计算，各册的定额表内列有各定额项目的不同子目的劳动定额或机械台班定额，均以时间定额与产量定额双重表示，一般横线上方为时间定额，横线下方为产量定额，见表2.3的人工挖装土方定额。

如某人工挖三类土装斗车的每工日产量定额是3.77m^3/工日，时间定额（工时）＝1/每工日产量＝1/3.77＝0.265工日/m^3。

表 2.3　　　　　　　　　人工挖装土方 1m³ 自然方的劳动定额

项目	土质级别			
	1	2	3	4
挖装筐、双轮车	$\dfrac{0.0925}{10.80}$	$\dfrac{0.144}{6.94}$	$\dfrac{0.241}{4.15}$	$\dfrac{0.370}{2.70}$
挖装斗车、机动翻斗车	$\dfrac{0.102}{9.8}$	$\dfrac{0.158}{6.33}$	$\dfrac{0.265}{3.77}$	$\dfrac{0.407}{2.46}$
挖装汽车	$\dfrac{0.122}{8.20}$	$\dfrac{0.190}{5.26}$	$\dfrac{0.318}{3.14}$	$\dfrac{0.490}{2.04}$

2.3.3 定额的使用

定额在水利水电工程建设经济管理工作中起着重要作用，设计单位的造价工作人员和施工企业的经济管理人员都必须熟练准确地使用定额。为此，必须做到以下几点：

1. 专业专用

水利水电工程项目建设除水工建筑物及水利水电设备外，还有房屋建筑工程、公路、铁路、输变电线路、通信工程等。水利工程应采用水利电力部门颁发的定额，其他工程分别采用所属主管部门颁发的定额。如公路工程采用交通部门颁发的公路工程定额，房屋建筑工程采用工业与民用建筑工程定额。

2. 工程定额要与费用定额配套使用

在计算水利水电工程投资的过程中，除采用工程定额外，还应结合现行的有关文件颁发的费用定额。如其他直接费定额、现场经费标准、间接费定额等。

3. 选用的定额应与设计阶段和定额的作用相适应

可行性研究编制投资估算采用投资估算指标；初设阶段编制设计概算应采用概算定额；施工图预算应采用预算定额。如因本阶段定额缺项，需用下阶段定额时，应按规定乘以过渡系数。现行规定，用概算定额编制投资估算时，应乘以 1.10 的过渡系数，采用预算定额编制概算时应乘以 1.03 的过渡系数。

4. 熟悉定额中的有关内容

(1) 首先要认真阅读定额的总说明和分册分章说明。对说明中指出的编制原则、依据、适用范围、使用方法、已经考虑和没有考虑的因素以及有关问题的说明等，都要通晓和熟悉。

(2) 要了解定额项目的工作内容。能根据工程部位、施工方法、施工机械和其他施工条件正确地选用定额项目，做到不错项、不漏项、不重项。

(3) 要学会使用定额的各种附录。例如，对于建筑工程要掌握土壤和岩石分级、砂浆与混凝土配合材料用量的确定；对于安装工程要掌握安装费调整、各种装置性材料用量和概算指标的确定等。

(4) 要注意定额修正的各种换算关系。当施工条件与定额项目规定条件不符时，应按定额说明和定额表附注中有关规定换算修正。例如，人力运输定额除注明者外，运距均指水平距离，对有坡度的施工场地，应按表 2.4～表 2.6 将实际斜距乘以折算系数折算为水平距离。各种系数换算，除特殊注明者外，一般均按连乘计算。使用时还要区分修正系数是全面修正还是只乘在人工工日、材料消耗或机械台班的某一项或几项上。

表2.4　　　　　　　　　　　人力挑抬运输折算系数表

项　目	上坡坡度/%		下坡坡度/%	
	5～30	>30	16～30	>30
系　数	1.8	3.5	1.3	1.9

表2.5　　　　　　　　　　　人力胶轮车运输折算系数表

项　目	上坡坡度/%		下坡坡度/%	
	3～10	>10	≤10	>10
系　数	2.5	4.0	1.0	2.0

表2.6　　　　　　　　　　　人力推斗车运输折算系数表

项　目	上坡坡度/%	
	0.4～1.5	>1.5
系　数	1.7	2.4

（5）要注意定额单位和定额中数字表示的适用范围。概预算工程项目的计算单位要和定额项目的计量单位一致。要注意区分土石方工程的自然方和压实方；砂石备料中的成品方、自然方与堆石码方；砌石工程中的砌体方与石料码方；沥青混凝土的拌和方与成品方等。定额中凡数字后用"以上""以外"表示的都不包括数字本身；凡数字后用"以下""以内"表示的都包括数字本身。凡用数字上下限表示的，如1000～2000，相当于1000以上至2000以下。

拓 展 思 考 题

一、选择题

1. 下列属于定额特性的是（　　）。
A. 科学性　　　　B. 先进性　　　　C. 权威性　　　　D. 群众性
E. 时间性

2. 概算定额一般由（　　）组成。
A. 文字说明　　　B. 图文说明　　　C. 目录　　　　　D. 定额表
E. 附录

二、判断题

1. 定额是指在一定的技术和组织条件下，预先规定完成某项合格产品所需的要素（人力、物力、财力、时间等）的标准额度。（　　）

2. 初步设计阶段编制设计概算和施工图设计阶段编制施工图预算均应采用预算定额。（　　）

3. 概算定额是由预算定额综合扩大编制而成的。（　　）

4. 施工定额和预算定额都是概算定额的编制基础。（　　）

5. 时间定额与产量定额互为倒数。（　　）

6. 劳动定额形成的基础是工序定额。（　　）

7. 机械产量定额是指在合理劳动组织和合理使用机械的特殊的施工条件下，机械在单位时间内应完成的合格产品数量标准。（　　）

8. 劳动消耗定额、施工机械消耗定额和材料消耗定额均具有时间定额和产量定额两种表现形式。（　　）

三、简答题

1. 定额的概念、特性和作用。
2. 定额的分类。
3. 定额的组成及使用。

项目 3

基础单价编制

学习目标：理解基础单价的概念、组成，掌握人工预算单价、材料预算单价、施工用电、水、风预算单价、施工机械台时费、砂石料单价、混凝土及砂浆单价等的编制方法。

基础单价是编制工程单价的基本要素之一，也是编制工程概预算的最基本资料，主要包括人工预算单价、材料预算价格、施工机械台时费、砂石料单价、混凝土及砂浆单价，施工用电、水、风单价等。基础单价的计算依据是现行水利部〔2014〕429号文颁布的《水利工程设计概（估）算编制规定》（以下简称《编规》），结合水利行业的有关规定、施工技术、材料来源、工程所在地的具体情况进行确定。

任务 3.1 人工预算单价

人工预算单价，是在确定工程造价时计算各类生产工人人工费时采用的人工费单价，是计算建筑安装工程中人工费的基础，也是计算施工机械使用费中人工费的基础。根据水利部现行编制规定，人工按技术等级划分为工长、高级工、中级工、初级工四类。

3.1.1 人工预算单价的组成

人工费指直接从事建筑安装工程施工的生产工人开支的各项费用，内容包括：

1. 基本工资

基本工资由岗位工资和年应工作天数内非作业天数的工资组成。

（1）岗位工资。指按照职工所在岗位各项劳动要素测评结果确定的工资。

（2）生产工人年应工作天数以内非作业天数的工资，包括生产工人开会学习、培训期间的工资，调动工作、探亲、休假期间的工资，因气候影响的停工工资，女工哺乳期间的工资，病假在6个月以内的工资及产、婚、丧假期的工资。

2. 辅助工资

辅助工资指在基本工资之外，以其他形式支付给生产工人的工资性收入，包括根据国家有关规定属于工资性质的各种津贴，主要包括艰苦边远地区津贴、施工津贴、夜餐津贴、节假日加班津贴等。

3.1.2 人工预算单价计算

根据《编规》，人工预算单价应根据水利工程的性质、工程所在地区的工资区类别及生产工人的等级计算，人工预算单价计算标准详见表3.1。

表 3.1　　　　　　　　　人工预算单价计算标准　　　　　　　　单位：元/工时

类别与等级	一般地区	一类区	二类区	三类区	四类区	五类区 西藏二类区	六类区 西藏三类区	西藏四类区
枢纽工程								
工长	11.55	11.80	11.98	12.26	12.76	13.61	14.63	15.40
高级工	10.67	10.92	11.09	11.38	11.88	12.73	13.74	14.51
中级工	8.90	9.15	9.33	9.62	10.12	10.96	11.98	12.75
初级工	6.13	6.38	6.55	6.84	7.34	8.19	9.21	9.98
引水工程								
工长	9.27	9.47	9.61	9.84	10.24	10.92	11.73	12.11
高级工	8.57	8.77	8.91	9.14	9.54	10.21	11.03	11.40
中级工	6.62	6.82	6.96	7.19	7.59	8.26	9.08	9.45
初级工	4.64	4.84	4.98	5.21	5.61	6.29	7.10	7.47
河道工程								
工长	8.02	8.19	8.31	8.52	8.86	9.46	10.17	10.49
高级工	7.40	7.57	7.70	7.90	8.25	8.84	9.55	9.88
中级工	6.16	6.33	6.46	6.66	7.01	7.60	8.31	8.63
初级工	4.26	4.43	4.55	4.76	5.10	5.70	6.41	6.73

查用人工预算单价时必须注意：

（1）艰苦边远地区划分执行人事部、财政部《关于印发〈完善艰苦边远地区津贴制度实施方案〉的通知》（国人部发〔2006〕61号）及各省（自治区、直辖市）关于艰苦边远地区津贴制度实施意见。一至六类地区的类别划分参见编规附录7，执行时应根据最新文件进行调整。一般地区指编规附录7之外的地区。

（2）西藏地区的类别执行西藏特殊津贴制度相关文件规定，其二至四类区划分的具体内容见编规附录8。

（3）跨地区建设项目的人工预算单价可按主要建筑物所在地确定，也可按工程规模或投资比例进行综合确定。

【工程实例分析3-1】

项目背景：见大案例基本资料，按水利部水总〔2014〕429号文规定，本工程属于二类地区。

工作任务：计算该河道工程的人工预算单价。

分析与解答：已知该工程属于二类地区的河道工程，查表3.1可知，工长8.31元/工时、高级工7.70元/工时、中级工6.46元/工时、初级工4.55元/工时。

任务 3.2 材料预算单价

材料费指用于建筑安装工程项目上的消耗性材料、装置性材料和周转性材料摊销费。包括定额工作内容规定应计入的未计价材料和计价材料。

材料预算价格一般包括材料原价、运杂费、运输保险费和采购及保管费四项。

3.2.1 主要材料预算价格

对于用量多、影响工程投资大的主要材料,如钢材、木材、水泥、粉煤灰、油料、火工产品、电缆及母线等,一般需编制材料预算价格。计算公式:

$$材料预算价格=(材料原价+运杂费)\times(1+采购及保管费率)+运输保险费$$

(3.1)

1. 材料原价

材料原价按工程所在地区就近大型物资供应公司、材料交易中心的市场成交价或设计选定的生产厂家的出厂价计算。

一般水利水电工程的主要材料的原价可按下述方法确定。

(1) 水泥:由生产企业根据生产成本和市场供求情况自主定价,一般采用市场价。袋装水泥的包装费按规定计入原价,不计回收,不计押金。如设计采用早强水泥,可按设计确定的比例计入。在可行性研究阶段编制投资估算时,水泥原价可统一按袋装水泥价格计算。

(2) 木材:凡工程所需木材可由林区贮木场直供的,原则上均应执行设计所选定的贮木场的大宗市场批发价;由工程所在地区木材公司供应的,执行地区木材公司规定的大宗市场批发价。

(3) 油料:汽油、柴油的原价全部按工程所在地区石油公司的批发价计算。汽油代表规格为93号,柴油代表规格按工程所在地区气温条件确定。其中Ⅰ类气温区0号柴油比例占75%~100%,−10号~−20号柴油比例占0~25%;Ⅱ类气温区0号柴油比例占55%~65%,−10号~−20号柴油比例占35%~45%;Ⅲ类气温区0号柴油比例占40%~55%,−10号~−20号柴油比例占45%~60%。Ⅰ类气温区包括广东、广西、云南、贵州、四川、江苏、湖南、浙江、湖北、安徽;Ⅱ类气温区包括河南、河北、山西、山东、陕西、甘肃、宁夏、内蒙古;Ⅲ类气温区包括青海、新疆、西藏、辽宁、吉林、黑龙江。

(4) 炸药:按国家及地方有关规定计算其价格。代表规格有2号铵梯炸药,4号铵梯炸药,1~9kg/包。一般石方明挖用2号岩石铵梯炸药,洞挖用4号抗水岩石铵梯炸药,边坡、坑槽、基础石方开挖用2号岩石铵梯炸药与4号抗水岩石铵梯炸药各半作为代表规格。

(5) 钢材:包括钢筋、钢板及型钢,按市场价计算。钢筋代表规格采用碳素结构钢直径为16~18mm,低合金钢采用20MnSi直径为20~25mm,两者比例由设计确定。如果设计提供品种规格有困难时,钢筋可采用普通A3光面钢筋Φ16~18mm占70%的比例、低合金钢20MnSiΦ20~25mm占30%的比例进行计算。各种型钢、钢板的代表规格、型号和比例,根据设计要求确定。

上述5种建筑材料是水利水电工程概预算编制中一般必须编制预算价格的主要材料,

在具体工程中需根据工程项目进行增删。

一种材料的原价同时有几种价格时,或者一种材料有不同的来源地时,要用加权平均法进行确定。

$$加权平均原价 = K_1C_1 + K_2C_2 + \cdots + K_nC_n / K_1 + K_2 + \cdots + K_n \tag{3.2}$$

式中 $K_1,K_2,\cdots,K_n$——各不同供应地点的供应量或各不同使用地点的需要量。

$C_1,C_2,\cdots,C_n$——各不同供应地点的原价。

2. 运杂费

铁路运输按铁道部现行《铁路货物运价规则》及有关规定计算其运杂费。公路及水路运输,按工程所在省(自治区、直辖市)交通部门现行规定或市场价计算。

在计算材料运费时,应注意以下几点:

(1) 编制材料预算价格时,应先绘制运输流程示意图,避免在计算中发生遗漏和重复。

(2) 确定运量比例。一个工程若有两种以上的对外交通方式,要确定各运输方式在工程材料运输中所占比例。采用铁路专线,在施工初期往往不能通车,要采用公路等其他方式。因此,在确定运量比例时,应充分重视施工初期的运输方式。

(3) 整车与零担比。整车与零担比是指火车运输中整车和零担货物的比例,又叫整零比。汽车运输不考虑整零比。在铁路运输方式中,要确定每一种材料运输中的整车与零担比例,据以计算其运费。根据已建大、中型水利水电工程实际情况,水泥、木材、炸药、汽油和柴油等可以全部按整车计算;钢材可考虑一部分零担,其比例,大型水利水电工程可按10%~20%、中型工程可按20%~30%选取,如有实际资料,应按实际资料选取。

整零比在实际计算时多以整车或零担所占百分率表示。计算时,按整车和零担所占的百分率加权平均法计算运价。计算公式为

$$实际运价 = 整车运价 \times 整车量(\%) + 零担运价 \times 零担量(\%) \tag{3.3}$$

(4) 装载系数。材料实际运输时,因批量运输可能装不满一辆车而不能满载;或虽已满载,但由于材料重度小,而其运输量达不到车皮的标记吨位;或为保证行车安全,对炸药类危险品不允许满载。这就存在实际运输质量与车辆标记质量不同的问题,而交通运输部门在整车运输时按标重收费,超过标重按实际运输质量计算费用。因此应考虑装载系数。

$$装载系数 K = 实际运输质量 \div 运输车辆标记质量 \tag{3.4}$$

$$实际运价 = 规定运价 \div 装载系数 \tag{3.5}$$

只有火车整车运输钢材、木材等时,才考虑装载系数(表3.2)。

表 3.2 火车整车运输装载系数

序号	材料名称		单位	装载系数
1	水泥、油料		t/车皮 t	1.00
2	木材		m³/车皮 t	0.90
3	钢材	大型工程	t/车皮 t	0.90
4		中型工程	t/车皮 t	0.80~0.85
5	炸药		t/车皮 t	0.65~0.70

(5) 毛重系数。材料毛重指包括包装品重量的材料运输重量。运输部门不是以物资的实际重量计算运费，而是按毛重计算运费的，所以材料运输费中要考虑材料的毛重系数。

$$毛重系数 = 毛重 \div 净重 = (材料实际重量 + 包装品重量) \div 材料实际重量 \quad (3.6)$$

水泥、钢材、油料的单位毛重与材料单位质量基本一致；木材的单位质量与材质有关，一般为 $0.6\sim0.8t/m^3$，毛重系数为 1.0；炸药的毛重系数为 1.17；油料自备油桶运输时其毛重系数：汽油为 1.15，柴油为 1.14。

(6) 铁路运价的计算。综合考虑以上因素，铁路运价可按下式计算：

$$铁路运价 = 整车规定运价 \div 装载系数 \times 毛重系数 \times 整车比例$$
$$+ 零担规定运价 \times 毛重系数 \times 零担比例 \quad (3.7)$$

3. 运输保险费

运输保险费按工程所在省（自治区、直辖市）或中国人民保险公司的有关规定计算。计算公式：

$$运输保险费 = 材料原价 \times 材料运输保险费率 \quad (3.8)$$

4. 采购及保管费

采购及保管费指材料在采购、供应和保管过程中所发生的各项费用。主要包括材料的采购、供应和保管部门工作人员的基本工资、辅助工资、职工福利费、劳动保护费、养老保险费、失业保险费、医疗保险费、工伤保险费、生育保险费、住房公积金、教育经费、办公费、差旅交通费及工具用具使用费；仓库、转运站等设施的检修费、固定资产折旧费、技术安全措施费；材料在运输、保管过程中发生的损耗等。

材料采购及保管费按材料运到工地仓库价格（不包括运输保险费）作为计算基数。采购及保管费计算公式：

$$材料采购及保管费 = (材料原价 + 运杂费) \times 采购及保管费率 \quad (3.9)$$

采购及保管费率见表 3.3。

表 3.3 采购及保管费率表

序号	材料名称	费率/%
1	水泥、碎（砾）石、砂、块石	3.3
2	钢材	2.2
3	油料	2.2
4	其他材料	2.75

水利部办水总〔2016〕132号文颁发的《水利工程营业税改征增值税计价依据调整办法》中材料原价、运杂费、运输保险费和采购及保管费等分别按不含增值税进项税额的价格计算。

材料价格可以采用将含税价格除以调整系数的方式调整为不含税价格，调整方法如下：

(1) 主要材料除以 1.17 调整系数，主要材料指水泥、钢筋、柴油、汽油、炸药、木材、引水管道、安装工程的电缆、轨道、钢板等未计价材料，以及其他占工程投资比例高的材料。

（2）次要材料除以 1.03 调整系数。

（3）购买的砂、石料、土料暂按除以 1.02 调整系数。

（4）商品混凝土除以 1.03 调整系数。

（5）按原金额标准计算的运杂费除以 1.03 调整系数，按费率计算运杂费时费率乘以 1.10 调整系数。

3.2.2　次要材料预算价格

次要材料是指除了主要材料之外的其他材料。次要材料一般是指在工程中用量少、对工程投资影响小的材料。在编制材料预算价格时，一般对次要材料采用简化的方法计算。

次要材料一般包括电焊条、铁钉、铁件等。

次要材料是相对于主要材料而言的，两者之间并没有严格的界限，要根据工程对某种材料用量的多少及其在工程投资中的比重来确定。如大量采用沥青混凝土防渗的工程，可将沥青视为主要材料；而对石方开挖量很小的工程，则炸药可不作为主要材料。

预算价格可参考工程所在地区的工业与民用建筑安装工程材料预算价格或信息价格。

3.2.3　材料补差

为避免材料市场价格起伏变化，造成间接费、利润相应的变化，按照《编规》和水利部办水总〔2016〕132 号文颁发的《水利工程营业税改征增值税计价依据调整办法》的规定，应按基价计入工程单价参与取费，预算价与基价的差值以材料补差形式计算，材料补差列入单价表中并计取税金。

主要材料预算价格低于基价（表 3.4）时，按预算价计入工程单价。

计算施工用电、风、水价格时，按预算价参与计算。

表 3.4　　　　　　　　　主 要 材 料 基 价 表

序号	材料名称	单位	基价/元
1	柴油	t	2990
2	汽油	t	3075
3	钢筋	t	2560
4	水泥	t	255
5	炸药	t	5150

【工程实例分析 3-2】

项目背景：见大案例基本资料，水泥强度等级 42.5MPa 袋装水泥 517.7 元/t（不含税价），公路运输 75km，农路运输 8km，汽车公路运输运价 0.55 元/(t·km)，公路运输上浮 10%，农路运输上浮 30%，装卸费为 16.8 元/t，运杂费除以 1.03。

运输保险费率：1‰。

采购及保管费 3%，按现行计算标准乘以 1.10 调整系数。

工作任务：计算该河道工程的主要材料水泥强度等级 42.5MPa 袋装水泥的预算价格。

分析与解答：水泥原价＝517.7 元/t

运杂费＝（0.55×75×1.1＋0.55×8×1.3＋16.8）/1.03＝65.92（元/t）

运输保险费＝517.7×1‰＝0.52（元/t）

采购及保管费＝（517.7＋65.92）×3‰×1.1＝19.26（元/t）

水泥预算价格＝（材料原价＋运杂费）×（1＋采购及保管费率）＋运输保险费

＝原价＋运杂费＋运输保险费＋采购及保管费

＝517.7＋65.92＋0.52＋19.26＝603.4（元/t）

任务 3.3 施工用电、水、风预算单价

在编制电、水、风预算单价时，要根据施工组织设计所确定的电、水、风供应方式、布置形式、设备情况和施工企业已有的实际资料分别计算其单价。水利部办水总〔2016〕132 号文颁发的《水利工程营业税改征增值税计价依据调整办法》，施工用电、水、风价格中的机械组（台）时总费用应按调整后的施工机械台时费定额和不含增值税进项税额的基础价格计算。

3.3.1 施工用电预算价格

水利工程施工用电，按来源划分，一般有两种供电方式：一种是由国家、地方电网或其他电厂供电，叫外购电，其中国家电网供电电价低廉，电源可靠，是施工时的主要电源；另一种是由施工单位自建发电厂或柴油发电厂供电，叫自发电，自发电一般为柴油发电机组供电，成本较高，一般作为施工单位的备用电源或高峰用电时使用。

电网电价计算公式：

$$电网供电价格＝基本电价÷(1－高压输电线路损耗率)$$
$$÷(1－35kV 以下变配电设备及配电线路损耗率)$$
$$+供电设施维修摊销费 \quad (3.10)$$

柴油发电机供电（自设水泵冷却）计算公式：

$$柴油发电机供电价格=\frac{柴油发电机组(台)时费＋水泵组(台)时费}{柴油发电机额定容量之和×发电机出力系数 K×(1－厂用电率)}$$
$$÷(1－变配电设备及配电线路损耗率)+供电设施维修摊销费 \quad (3.11)$$

柴油发电机供电（循环冷却水）计算公式：

$$柴油发电机供电价格=\frac{柴油发电机组(台)时费}{柴油发电机额定容量之和×发电机出力系数 K×(1－厂用电率)}$$
$$÷(1－变配电设备及配电线路损耗率)+供电设施维修摊销费$$
$$+单位循环冷却水费 \quad (3.12)$$

式中 K——发电机出力系数，一般取 0.8～0.85。

厂用电率取 3%～5%，高压输电线路损耗率取 3%～5%，变配电设备及配电线路损耗率取 4%～7%，供电设施维修摊销费取 0.04～0.05 元/（kW·h），单位循环冷却水费取 0.05～0.07 元/（kW·h）。

如果工程为自发电与外购电共用，则按外购电与自发电电量比例加权平均法计算综合电价。

【工程实例分析 3-3】

项目背景：见大案例基本资料，电网供电比例为 0%，自备柴油发电机移动式 60kW 1 台，循环冷却水，发电机出力系数 0.8，厂用电率取 3%，变配电设备及配电线路损耗率取 4%，循环冷却水费 0.05 元/(kW·h)，供电设施维修摊销费 0.04 元/(kW·h)，柴油发电机台时费 124.29 元/台时。

工作任务：计算该河道工程的施工用电价格。

分析与解答：自发电电价

$$\text{柴油发电机供电价格} = \frac{\text{柴油发电机组（台）时费}}{\text{柴油发电机额定容量之和} \times \text{发电机出力系数} \times (1-\text{厂用电率})} \div (1-\text{变配电设备及配电线路损耗率}) + \text{供电设施维修摊销费} + \text{单位循环冷却水费}$$

$$= \frac{124.29}{60 \times 0.8 \times (1-3\%) \times (1-4\%)} + 0.04 + 0.05$$

$$= 2.87 [\text{元}/(kW \cdot h)]$$

综合电价 = 电网供电价格 × 0% + 自发电电价 × 100% = 2.87[元/(kW·h)]

3.3.2 施工用水预算价格

施工用水价格由基本水价、供水损耗和供水设施维修摊销费组成，根据施工组织设计所配置的供水系统设备组（台）时总费用和组（台）时总有效供水量计算。水价计算公式：

$$\text{施工用水价格} = \frac{\text{水泵组（台）时总费用}}{\text{水泵额定容量之和}(m^3/h) \times \text{能量利用系数} K} \div (1-\text{供水损耗率}) + \text{供水设施维修摊销费} \quad (3.13)$$

式中 K——能量利用系数，取 0.75~0.85；

供水损耗率取 6%~10%；

供水设施维修摊销费取 0.04~0.05 元/m^3。

注：(1) 施工用水为多级供水且中间有分流时，要逐级计算水价。

(2) 施工用水有循环用水时，水价要根据施工组织设计的供水工艺流程计算。

【工程实例分析 3-4】

项目背景：见大案例基本资料，自备潜水泵 7.0kW 1 台，能量利用系数 0.75，供水损耗率 6%，供水设施维修摊销费 0.04 元/m^3，水泵台时总费用 29.82 元/台时，水泵额定容量之和 40m^3/h。

工作任务：计算该河道工程的施工用水价格。

分析与解答：

$$\text{施工用水水价} = \frac{\text{基本水价}}{1-\text{损耗率}} + \text{供水设施维修摊销费}$$

$$= \frac{\text{水泵组（台）时总费用}}{\text{水泵额定容量之和}(m^3/h) \times \text{能量利用系数} K \times (1-\text{供水损耗率})}$$

$$+ \text{供水设施维修摊销费} = \frac{29.82}{40 \times 0.75 \times (1-6\%)} + 0.04$$

$$= 1.10(元/m^3)$$

3.3.3 施工用风预算价格

水利水电工程施工用风主要指在水利水电工程施工过程中用于石方开挖、混凝土振捣、基础处理、金属结构和机电设备安装工程等风动机械所需的压缩空气，如风钻、潜孔钻、振动器、凿岩台车等。施工用风价格是计算各种风动机械台时费的依据。

施工用风价格（水泵供水冷却）计算公式：

$$施工用风价格 = \frac{空压机组（台）时费 + 水泵组（台）时费}{空压机额定容量之和(m^3/min) \times 60(min) \times 能量利用系数K} \div (1 - 供水损耗率) + 供风设施维修摊销费 \tag{3.14}$$

施工用风价格（循环水冷却）计算公式：

$$施工用风价格 = \frac{空压机组（台）时费}{空压机额定容量之和(m^3/min) \times 60(min) \times 能量利用系数K} \div (1 - 供风损耗率) + 供风设施维修摊销费 + 单位循环冷却水费 \tag{3.15}$$

式中 K——能量利用系数，取 0.70~0.85；

供风损耗率取 6%~10%；

单位循环冷却水费取 0.007 元/m^3；

供风设施维修摊销费取 0.004~0.005 元/m^3。

同一工程中有两个或两个以上供风系统时，综合风价应根据供风比例加权平均计算。

【工程实例分析 3-5】

项目背景：见大案例基本资料，自备空压机移动式 6.0m^3/min 1 台，能量利用系数 0.7，供风损耗率 6%，循环冷却水费 0.007 元/m^3，供风设施维修摊销费 0.004 元/m^3，空压机额定容量之和 6.0m^3/min，空压机台时总费用 105.34 元/台时。

工作任务：计算该河道工程的施工用风价格。

分析与解答：

$$施工用风价格 = \frac{空压机组（台）时费}{空压机额定容量之和(m^3/min) \times 60(min) \times 能量利用系数K} \div (1 - 供风损耗率) + 供风设施维修摊销费 + 单位循环冷却水费$$

$$= \frac{105.34}{6 \times 60 \times 0.7 \times (1 - 6\%)} + 0.004 + 0.007 = 0.46(元/m^3)$$

任务 3.4 施工机械台时费

施工机械台时费是指一台施工机械在一个小时内正常运行所损耗和分摊的各项费用之和。施工机械台时费根据施工机械台时费定额进行编制，它是计算建筑安装工程单价中施工机械使用费的基础单价。

水利部办水总〔2016〕132号文颁发的《水利工程营业税改征增值税计价依据调整办法》按调整后的施工机械台时费定额和不含增值税进项税额的基础价格计算。施工机械台时费定额的折旧费除以 1.15 调整系数，修理及替换设备费除以 1.11 调整系数，安装拆卸费不变。

掘进机及其他由建设单位采购、设备费单独列项的施工机械，台时费中不计折旧费，设备费除以 1.17 调整系数。

3.4.1 施工机械台时费的组成

施工机械台时费由一类、二类费用组成。

1. 一类费用

一类费用由折旧费、修理及替换设备费（含大修理费、经常性修理费、替换设备费）、安装拆卸费组成。一类费用在施工机械台时费定额中以金额表示，其大小是按定额编制年的物价水平确定的，现行部颁定额是按 2000 年物价水平。

（1）折旧费。折旧费指施工机械在规定使用年限（寿命期）内收回原值的台时折旧摊销费用。

（2）修理及替换设备费。修理及替换设备费是指机械使用过程中，为了使机械保持正常功能而进行修理所需的费用、日常保养所需的润滑油料费、擦拭用品费、机械保管费以及替换设备、随机使用的工具附具等所需的台时摊销费。

（3）安装拆卸费。安装拆卸费是指机械进出工地的安装、拆卸、试运转和场内转移及辅助设施的摊销费用。

不需要安装拆卸的施工机械，台时费中不计列此项费用，例如，自卸汽车、船舶、拖轮等。现行施工机械台时费定额中，凡备注栏内注有"※"的大型施工机械，表示该项定额未计列安装拆卸费，其费用在临时工程中的"其他施工临时工程"中计算。

2. 二类费用

二类费用是指机上人工费和机械所消耗的动力费、燃料费，在施工机械台时费定额中以实物量形式表示，其定额数量一般不允许调整，其费用按国家规定的人工工资计算办法和工程所在地的物价水平分别计算。

（1）机上人工费。机上人工费是指施工机械使用时应配备的机上操作人员预算工资所需的费用。机上人工在台时费定额中以工时数量表示，它包括机械运转时间、辅助时间、用餐、交接班以及必要的机械正常中断时间。机下辅助人员预算工资一般列入工程人工费，不包括在内。

（2）动力费、燃料费。动力费、燃料费是指施工机械正常运转时所耗用的各种动力、燃料及各种消耗性材料，包括风（压缩空气）、水、电、汽油、柴油、煤和木柴等所需的费用。定额中以实物消耗量表示。

3.4.2 施工机械台时费的编制

机械使用费应根据《水利工程施工机械台时费定额》及有关规定计算。对于定额缺项的施工机械，可补充编制台时费定额。

1. 一类费用

根据施工机械型号、规格、吨位等参数，查阅定额可得一类费用。现行部颁定额中一类费用以金额形式表示。

根据《水利部办公厅关于调整水利工程计价依据增值税计算标准的通知》（办财务函

〔2019〕448号），按调整后的施工机械台时费定额和不含增值税进项税额的基础价格计算。施工机械台时费定额的折旧费除以1.13调整系数，修理及替换设备费除以1.09调整系数，安装拆卸费不变。

掘进机及其他由建设单位采购、设备费单独列项的施工机械，台时费中不计折旧费，设备费除以1.17调整系数。

2. 二类费用

将定额中的人工工时、燃料、动力消耗数量分别乘以本工程的人工预算单价、材料预算价格，其值进行合计得出二类费用。其中机上人工按中级工考虑。计算公式如下：

$$二类费用 = 机上人工费 + 动力费、燃料费 \quad (3.16)$$

$$其中：机上人工费 = 定额机上人工工时数 \times 中级工人工预算单价 \quad (3.17)$$

$$动力费、燃料费 = \Sigma(定额动力、燃料消耗量 \times 动力、燃料预算价格) \quad (3.18)$$

两类费用之和即为施工机械台时费。

【工程实例分析3-6】

项目背景：见大案例基本资料，柴油预算价格是6.626元/t。

工作任务：计算该河道工程的1m³单斗液压挖掘机的台时费。

分析与解答：查《水利工程施工机械台时费定额》单斗液压挖掘机1.0m³，折旧费35.63元，修理及替换设备费25.46元，安装拆卸费2.18元；人工2.7工时，柴油14.9kg。

一类费用＝35.63÷1.13＋25.46÷1.09＋2.18＝57.07（元）
二类费用＝2.7×6.46＋14.9×2.99＝61.99（元）
1m³单斗液压挖掘机的台时费＝一类费用＋二类费用＝57.07＋61.99＝119.06（元/台时）
材料补差＝14.9×（6626÷1000－2.99）＝54.18（元/台时）

任务3.5 砂石料单价

广义的砂石料是砂、卵（砾）石、碎石、块石、条石、料石等的统称。按其来源不同可分为天然砂石料和人工砂石料两种。天然砂石料是岩石经风化和水流冲刷而形成的，有河砂、山砂、海砂（一般不能使用，如使用须进行相应处理）以及河卵石、山卵石和海卵石等；人工砂石料是采用爆破等方式开采岩体，经机械设备的破碎、筛洗、碾磨加工而成的碎石和人工砂。

水利部办水总〔2016〕132号文颁发的《水利工程营业税改征增值税计价依据调整办法》自采砂石料单价根据料源情况、开采条件和工艺流程按相应定额和不含增值税进项税额的基础价格进行计算，并计取间接费、利润和税金。

3.5.1 自行采备砂石料的单价编制

水利工程砂石料由施工企业自行采备时，砂石料单价应根据料源情况、开采条件和工艺流程进行计算，并计取间接费、利润及税金。

1. 料场情况

料场情况主要包括料场的位置、分布、地形条件、工程地质和水文地质特性、岩石类别及物理力学特性等；料场的储量与可开采数量，设计砂石料用量；砂石料场的天然级配组成与设计级配，级配平衡计算成果；各料场覆盖层的清除厚度、数量及其占毛料开采量的比例与清除方式；毛料的开采、运输方式及堆存方法；砂石料加工工艺流程、成品堆放、运输方式与弃渣处理方式。

2. 砂石料生产的工艺流程

（1）覆盖层清除。天然砂石料场或采石场表面的杂草、树木、腐殖土或风化与弱风化岩石及夹泥层等覆盖物，在毛料开采前必须清理干净。该工序单价应根据施工组织设计确定的施工方法，套用一般土石方工程概预算定额计算，然后摊入砂石料成品单价中。

（2）毛料开采运输。指毛料从料场开采、运输到筛分厂毛料堆的整个过程。该工序费用应根据施工组织设计确定的施工方法，选用概预算定额进行计算。

（3）毛料的破碎、筛分、冲洗加工。

1）天然砂石料的破碎、筛分、冲洗加工。一般包括预筛分、超径石破碎、筛洗、中间破碎、二次筛分、堆存及废弃料清除等工序。

筛洗是指将毛料和碎石半成品通过各级筛分机与洗砂机筛分、冲洗成设计需要的质量合格的不同粒径粗骨料与细骨料的过程。

破碎加工一般包括超径石破碎和中间破碎。

2）人工砂石料的破碎、筛分、冲洗加工一般包括破碎（分为粗碎、中碎、细碎）、筛分（分为预筛、初筛、复筛）、清洗等工序。当人工砂石料加工的碎石原料含泥量超过5％时，需增加预洗工序。

（4）成品骨料的运输。成品骨料运输是指将经过筛分、冲洗加工后的成品骨料，由筛分楼（场）成品料仓（场）运至混凝土拌和楼（站）骨料仓（场）的过程。

（5）弃料处理。弃料处理是指因天然砂砾料中的自然级配组合与设计采用级配组合不同而产生的弃料处理的过程。

以上各工序可根据料场天然级配和混凝土生产需要，在施工组织设计中确定其取舍与组织。

3. 自行采备砂石料的单价计算

自行采备砂石料按不含税金的单价参与工程费用计算。

自行采备砂石料单价计算常用的方法有两种，即系统单价法和工序单价法。

（1）系统单价法。系统单价法是以整个砂石料生产系统［从料源开采运输起到骨料运至拌和楼（站）骨料仓（场）的生产全过程］为计算单元，用系统的班（或时）生产总费用除以系统班（或时）骨料产量，求得骨料单价。计算公式：

$$骨料单价 = 系统的班(或时)生产总费用 \div 系统班(或时)骨料产量 \quad (3.19)$$

（2）工序单价法。工序单价法是按骨料生产流程分解成若干个工序，以工序为计算单元，按现行概算相应定额计算各工序单价，再计入施工损耗，求得骨料单价。按计入损耗的方式分为综合系数法及单价系数法两种。

1）综合系数法。

骨料单价＝覆盖层清除摊销费＋弃料处理摊销费＋各工序单价之和乘以综合系数

(3.20)

2) 单价系数法。

骨料单价＝覆盖层清除摊销费＋弃料处理摊销费＋∑(工序单价×单价系数)

(3.21)

3.5.2 外购砂石料的单价

外购砂、碎石、块石、料石等预算价格超过 70 元/m^3 时，按基价 70 元/m^3 计入工程单价参与取费，预算价格与基价的差额以材料补差形式进行计算，材料补差列入单价表中并计取税金。

任务 3.6 混凝土材料单价

3.6.1 混凝土、砂浆材料单价的概述

根据设计确定的不同工程部位的混凝土强度等级、级配和龄期，分别计算出每立方米混凝土材料单价，计入相应的混凝土工程概算单价内。混凝土材料单价按混凝土配合比中各项材料的数量和不含增值税进项税额的材料价格进行计算。其混凝土配合比的各项材料用量，应根据工程试验提供的资料计算，若无试验资料时，也可参照《水利建筑工程概算定额》中附录"混凝土材料配合表"计算。

当采用商品混凝土时，其材料单价应按基价 200 元/m^3 计入工程单价参加取费，预算价格与基价的差额以材料补差形式进行计算，材料补差列入单价表中并计取税金。

在查用附录时应注意以下说明：

(1) 除碾压混凝土材料配合参考表外，水泥混凝土强度等级均以 28d 龄期用标准试验方法测得的具有 95% 保证率的抗压强度标准值确定，如设计龄期超过 28d，按表 3.5 中的系数换算。计算结果如介于两种强度等级之间，应选用高一级的强度等级。

表 3.5 系 数 换 算

设计龄期/d	28	60	90	180
强度等级折合系数	1	0.83	0.77	0.71

(2) 混凝土配合比表系卵石、粗砂混凝土，如改用碎石或中、细砂，按表 3.6 中的系数换算。

表 3.6 系 数 换 算

项 目	水泥	砂	石子	水
卵石换为碎石	1.10	1.10	1.06	1.10
粗砂换为中砂	1.07	0.98	0.98	1.07
粗砂换为细砂	1.10	0.96	0.97	1.10
粗砂换为特细砂	1.16	0.90	0.95	1.16

注 水泥按重量计，砂、石子、水按体积计。

(3) 混凝土细骨料的划分标准为：细骨料是指粒径在 0.16～4.75mm 之间的石料颗粒。在混凝土中，细骨料的作用主要是填充水泥砂浆中的空隙，提高混凝土的密实度和强度。

砂的粒径与细度模数对照关系如下：
1) 粗砂：细度模数为 3.1～3.7。
2) 中砂：细度模数为 2.3～3.0。
3) 细砂：细度模数为 1.6～2.2。
4) 特细砂：细度模数为 0.7～1.5。

(4) 混凝土粗骨料的划分标准。普通混凝土常用的粗骨料有碎石和卵石（砾石）。碎石是由天然岩石或大卵石经破碎、筛分而得的粒径大于 4.75mm 的岩石颗粒。卵石是由天然岩石经自然风化、水流搬运和分选、堆积形成的粒径大于 4.75mm 的岩石颗粒，按其产源可分为河卵石、海卵石、山卵石等几种。粗骨料按粒径分为小石（5～20mm）、中石（20～40mm）、大石（40～80mm）、特大石（80～150mm）。

(5) 埋块石混凝土，应按配合比表的材料用量，扣除埋块石实体的数量计算。

1) 埋块石混凝土材料量＝配合比表列材料用量×（1－埋块石率）　　　　　(3.22)

1 块石实体方＝1.67 码方

码方是指人工将材料碎块逐一码放在一起而形成的堆筑体的体积，片石、块石、大卵石按码方计算。

2) 因埋块石增加的人工见表 3.7。

表 3.7　　　　　　　　　埋块石增加的人工

埋块石率/%	5	10	15	20
每 100m³ 埋块石混凝土增加人工工时	24.0	32.0	42.4	56.8

注　不包括块石运输及影响浇筑的工时。

(6) 有抗冻要求时，按表 3.8 水灰比选用混凝土强度等级。

表 3.8　　　　　　　　　水灰比选用混凝土强度等级

抗渗等级	一般水灰比	抗冻等级	一般水灰比
W4	0.60～0.65	F50	<0.58
W6	0.55～0.60	F100	<0.55
W8	0.50～0.55	F150	<0.52
W12	<0.50	F200	<0.50
		F300	<0.45

(7) 除碾压混凝土材料配合参考表外，混凝土配合表的预算量包括场内运输及操作损耗在内。不包括搅拌及（熟料的）运输和浇筑损耗，搅拌后的运输和浇筑损耗已根据不同浇筑部位计入定额内。

(8) 水泥用量按机械拌和拟定，若为人工拌和，水泥用量增加 5%。当工程采用的水泥强度等级与配合比表中不同时，应对配合比表中的水泥用量进行调整，见表 3.9。

表3.9 水泥强度等级换算系数参考表

原强度等级	代换强度等级		
	32.5	42.5	52.5
32.5	1.00	0.86	0.76
42.5	1.16	1.00	0.88
52.5	1.31	1.13	1.00

3.6.2 混凝土、砂浆材料单价的计算

1. 混凝土材料单价计算

混凝土材料单价计算公式：

$$混凝土材料单价 = \sum (某材料用量 \times 某材料预算价格) \quad (3.23)$$

混凝土材料单价按混凝土配合比中各项材料的数量和不含增值税进项税额的材料价格进行计算。在混凝土组成材料中，若水泥、外购骨料的预算价格超过基价时，超出部分以材料补差形式列入工程单价表中并计取税金。

当采用商品混凝土时，其材料单价应按基价 200 元/m³ 计入工程单价参与取费，预算价格与基价的差额以材料补差形式进行计算，材料补差列入单价表中并计取税金。

【工程实例分析 3-7】

项目背景：见大案例基本资料，已知工程采用 C20 混凝土（2 级配），各组成材料的预算价格为：42.5 级普通硅酸盐水泥 557 元/t，中砂 142.87 元/m³，碎石 147.93 元/m³，水 1.04 元/m³。水泥限价 255 元/t，中砂限价 70 元/m³，碎石限价 70 元/m³，工程中实际采用的是碎石和中砂。

工作任务：计算该河道工程的 C20 混凝土（2 级配）的预算单价。

分析与解答：查《水利建筑工程概算定额》附录表 7-7 得：参考配合比水泥 261kg；中砂 0.51m³；卵石 0.81m³；水 0.15m³。

工程中实际采用的是碎石和中砂，卵石换碎石，根据表3.6，对混凝土各材料用量进行换算，换算如下：

水泥：$261 \times 1.1 = 287.1$（kg）

中砂：$0.51 \times 1.1 = 0.561$（m³）

碎石：$0.81 \times 1.06 = 0.8586$（m³）

水：$0.15 \times 1.1 = 0.165$（m³）

则混凝土材料预算基价 = $\sum$（某材料用量 × 某材料限价价格）= $287.1 \times 0.255 + 0.561 \times 70 + 0.8586 \times 70 + 0.165 \times 1.04 = 172.75$（元/m³）

混凝土材料补差 = $\sum$（某材料用量 × 某材料差价价格）= $287.1 \times (0.557 - 0.255) + 0.561 \times (142.87 - 70) + 0.8586 \times (147.93 - 70) = 194.49$（元/m³）

混凝土材料预算单价 = $172.75 + 194.49 = 367.24$（元/m³）

2. 砂浆材料单价计算

砂浆材料单价计算方法除配合比中无石子外，计算方法同混凝土单价计算。应根据工程试验提供的资料确定砂浆的各组成材料及相应用量，若无试验资料，可参照定额附录

砂浆材料配合比表中各组成材料预算量,进而计算出砂浆材料的单价。但应注意砌筑砂浆、接缝砂浆两者的区分。

砂浆材料单价计算公式:砂浆材料单价＝∑(某材料用量×某材料预算价格)

(3.24)

【工程实例分析 3-8】

项目背景:见大案例基本资料,已知工程采用砌筑砂浆 M10,各组成材料的预算价格为:32.5 级普通硅酸盐水泥 510 元/t,中砂 142.87 元/m³,水 1.04 元/m³。水泥限价 255 元/t,中砂限价 70 元/m³。

工作任务:计算该河道工程的砌筑砂浆 M10 的预算单价。

分析与解答:查《水利建筑工程概算定额》附录表 7-15 得:参考配合比水泥 305kg;中砂 1.1m³;水 0.183m³。

砌筑砂浆 M10 材料基价＝305×0.255+1.1×70+0.183×1.04＝154.97(元/m³)

砌筑砂浆 M10 材料补差＝305×(0.51-0.255)+1.1×(142.87-70)+0.183×(147.93-70)＝172.19(元/m³)

砌筑砂浆 M10 材料预算单价＝154.97+172.19＝327.16(元/m³)

拓 展 思 考 题

一、单项选择题

1. 设备运杂费指设备由厂家运至( )所发生的一切运杂费用。
   A. 工地仓库　　　B. 卸货地点　　　C. 工地安装现场　　　D. 合同规定地点
2. 以下材料中,不必考虑材料基价的有( )。
   A. 沥青　　　　　B. 柴油　　　　　C. 水泥　　　　　　　D. 钢筋
3. 根据《水利工程营业税改征增值税计价依据调整办法》(办水总〔2016〕132 号),以下采购及保管费费率错误的是( )。
   A. 水泥及砂的费率为 3.3%　　　　　B. 油料的费率为 2.2%
   C. 钢材的费率为 2.2%　　　　　　　D. 其他材料的费率为 2.5%
4. 材料预算价格的组成中,不包括( )。
   A. 材料原价　　　B. 运杂费　　　　C. 材料押金　　　　　D. 采购及保管费
5. 材料采购及保管费的计算基数是( )。
   A. 材料原价
   B. 运杂费
   C. 材料原价和运杂费两项之和
   D. 材料原价、运杂费、运输保险费三项之和
6. 机上人工费等于定额机上人工工时数乘以( )人工预算单价。
   A. 初级工　　　　B. 中级工　　　　C. 高级工　　　　　　D. 工长

二、计算题

1. 某水利枢纽工程水泥由工地附近甲乙两个水泥厂供应。两厂水泥供应的基本资料如下:

(1) 甲厂 42.5 散装水泥出厂价 290 元/t；乙厂 42.5 水泥出厂价袋装 330 元/t，散装 300 元/t。两厂水泥均为车上交货。

(2) 袋装水泥汽车运价 0.55 元/(t·km)，散装水泥在袋装水泥运价基础上上浮 20%；袋装水泥装车费为 6.00 元/t，卸车费 5.00 元/t，散装水泥装车费为 5.00 元/t，卸车费 4.00 元/t。其运输路径如下图，均为公路运输；

(3) 运输保险费率：2‰；

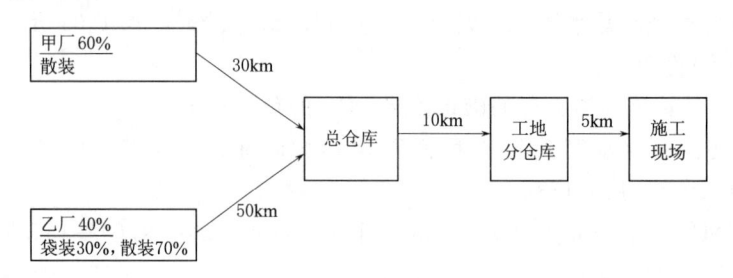

```
甲厂60%
散装      ──30km──↘
                    总仓库 ──10km──→ 工地分仓库 ──5km──→ 施工现场
乙厂40%    ──50km──↗
袋装30%，散装70%
```

(4) 计算该水泥的综合预算价格。

主要材料预算价格计算表

编号	名称及规格	单位	原价依据	单位毛重/t	每吨运费/元	价格/元				
						原价	运杂费	采购及保管费	保险费	预算价格

2. 某埋石混凝土工程，埋石率为 10%，混凝土为 C20 三级配，混凝土用 P.O 32.5 普通硅酸盐水泥。已知混凝土各组成材料的预算价格为：P.O 32.5 普通硅酸盐水泥 430 元/t，中砂 95 元/m³、碎石 70 元/m³、水 0.80 元/m³，块石 90 元/m³。试计算该埋石混凝土的材料预算单价。

3. M7.5 砌筑砂浆单价的计算，已知水泥 380 元/t，中砂 75 元/m³、水 0.80 元/m³。计算该砌筑砂浆的材料预算单价及材料价差。

项目 4

建筑及安装工程单价编制

学习目标：掌握建筑及安装工程单价计算的方法和步骤，掌握土方开挖工程、石方开挖工程、堆砌石工程、混凝土工程、模板工程、钻孔灌浆与锚固工程及设备安装工程概算单价的编制方法。

任务 4.1 建筑及安装工程单价

4.1.1 概述

水利工程概（估）算工程单价分为建筑和安装工程单价两类，它是编制水利水电工程建筑与安装费用的基础，它直接影响工程投资的准确程度。本项目主要讲解概算单价的编制方法。

建筑、安装工程单价，简称工程单价，指完成单位工程量（如 $1m^3$，$1t$，$1m^2$，1台等）所消耗的全部费用，包括直接费、间接费、利润、材料补差和税金等。工程单价由"量、价、费"三要素组成。

（1）量，指完成单位基本构成要素所需的人工、材料和施工机械台时数量。根据设计图纸及施工组织设计方案等资料，通过查定额的方法，正确选用定额相应子目确定。

（2）价，指人工预算单价、材料预算价格和机械台时费等基础单价。

（3）费，指按规定计入工程单价的其他直接费、间接费、利润和税金的取费标准。需按《水利工程设计概（估）算编制规定》（水总〔2014〕429 号）、《水利工程营业税改征增值税计价依据调整办法》（办水总〔2016〕132 号）、《水利部办公厅关于调整水利工程计价依据增值税计算标准的通知》（办财务函〔2019〕448 号）等的取费标准确定。

4.1.2 建筑工程单价编制

建筑工程主要包括土方开挖工程、石方开挖工程、堆砌石工程、混凝土工程、模板工程、钻孔灌浆和锚固工程及设备安装工程等内容。

4.1.2.1 编制步骤

（1）了解工程概况，熟悉设计文件与设计图纸，收集编制依据（如定额、基础单价、费用标准等）。

（2）根据施工组织设计确定的施工方法，结合工程特征、施工条件、施工工艺和设备配备情况，正确选用定额子目。

(3) 将本工程人工、材料、机械等的基础单价分别乘以定额的人工、材料、机械设备的消耗量，计算所得人工费、材料费、机械使用费相加可得基本直接费。

(4) 根据基本直接费和各项费用标准计算其他直接费、间接费、利润和税金，并汇总求得工程单价。当存在材料价差时，应将材料价差考虑税金后作为材料补差费计入工程单价。

4.1.2.2 工程单价计算

建筑工程单价由直接费、间接费、利润、材料补差和税金组成。

1. 直接费

直接费指施工过程中直接消耗在工程项目上的活劳动和物化劳动。由基本直接费、其他直接费组成。

(1) 基本直接费。基本直接费包括人工费、材料费、施工机械使用费。

$$人工费 = \Sigma[定额劳动量（工时）\times 人工预算单价（元/工时）] \quad (4.1)$$

$$材料费 = \Sigma[定额材料用量 \times 材料预算单价] \quad (4.2)$$

$$施工机械使用费 = \Sigma[定额机械使用量（台时）\times 施工机械台班费（元/台时）] \quad (4.3)$$

(2) 其他直接费。

$$其他直接费 = 基本直接费 \times 其他直接费费率之和 \quad (4.4)$$

其他直接费包括冬雨季施工增加费、夜间施工增加费、特殊地区施工增加费、临时设施费、安全生产措施费和其他。

1) 冬雨季施工增加费。根据不同地区，按基本直接费的百分率计算。西南区、中南区、华东区取 0.5%～1.0%，华北区取 1.0%～2.0%，西北区、东北区取 2.0%～4.0%，西藏自治区取 2.0%～4.0%。

西南区、中南区、华东区中，按规定不计冬季施工增加费的地区取小值，计算冬季施工增加费的地区可取大值；华北区中，内蒙古等较严寒地区可取大值，其他地区取中值或小值；西北区、东北区中，陕西、甘肃等省取小值，其他地区可取中值或大值。各地区包括的省（自治区、直辖市）如下：

 a. 华北地区：北京、天津、河北、山西、内蒙古等 5 个省（自治区、直辖市）。

 b. 东北地区：辽宁、吉林、黑龙江等 3 个省。

 c. 华东地区：上海、江苏、浙江、安徽、福建、江西、山东等 7 个省（直辖市）。

 d. 中南地区：河南、湖北、湖南、广东、广西、海南等 6 个省（自治区）。

 e. 西南地区：重庆、四川、贵州、云南等 4 个省（直辖市）。

 f. 西北地区：陕西、甘肃、青海、宁夏、新疆等 5 个省（自治区）。

2) 夜间施工增加费。按基本直接费的百分率计算。

 a. 枢纽工程：建筑工程 0.5%，安装工程 0.7%。

 b. 引水工程：建筑工程 0.3%，安装工程 0.6%。

 c. 河道工程：建筑工程 0.3%，安装工程 0.5%。

3) 特殊地区施工增加费。特殊地区施工增加费指在高海拔、原始森林、沙漠等特殊地区施工而增加的费用，其中高海拔地区施工增加费已计入定额，其他特殊地区施工增加费应按工程所在地区规定标准计算，地方没有规定的不得计算此项费用。

4) 临时设施费。按基本直接费的百分率计算。

a. 枢纽工程：建筑及安装工程 3.0%。

b. 引水工程：建筑及安装工程 1.8%～2.8%。若工程自采加工人工砂石料，费率取上限；若工程自采加工天然砂石料，费率取中值；若工程采用外购砂石料，费率取下限。

c. 河道工程：建筑及安装工程 1.5%～1.7%。灌溉田间工程取下限，其他工程取中、上限。

5) 安全生产措施费。按基本直接费的百分率计算。

a. 枢纽工程：建筑及安装工程 2.0%。

b. 引水工程：建筑及安装工程 1.4%～1.8%。一般取下限标准，隧洞、渡槽等大型建筑物较多的引水工程、施工条件复杂的引水工程取上限标准。

c. 河道工程：建筑及安装工程 1.2%。

6) 其他。按基本直接费的百分率计算。

a. 枢纽工程：建筑工程 1.0%，安装工程 1.5%。

b. 引水工程：建筑工程 0.6%，安装工程 1.1%。

c. 河道工程：建筑工程 0.5%，安装工程 1.0%。

特别说明：

a. 砂石备料工程其他直接费费率取 0.5%。

b. 掘进机施工隧洞工程其他直接费费率执行以下规定：土石方类工程、钻孔灌浆及锚固类工程。其他直接费费率为 2%～3%。掘进机由建设单位采购、设备费单独列项时，台时费中不计折旧费，土石方类工程、钻孔灌浆及锚固类工程其他直接费费率为 4%～5%。敞开式掘进机费率取低值，其他掘进机取高值。

2. 间接费

$$间接费＝直接费×间接费费率 \tag{4.5}$$

间接费指施工企业为建筑安装工程施工而进行组织与经营管理所发生的各项费用。间接费构成产品成本，由规费和企业管理费组成。

规费指政府和有关部门规定必须缴纳的费用，包括社会保险费和住房公积金。社会保险费包括养老保险费、失业保险费、医疗保险费、工伤保险费和生育保险费。

企业管理费指施工企业为组织施工生产和经营管理活动所发生的费用，包括管理人员工资、差旅交通费、办公费、固定资产使用费、工具用具使用费等。

根据工程性质不同，间接费标准分为枢纽工程、引水工程及河道工程三部分，同时根据水利部办公厅关于印发《水利工程营业税改征增值税计价依据调整办法》（办水总〔2016〕132号）的通知规定，间接费费率标准按表4.1执行。

引水工程：一般取下限标准，隧洞、渡槽等大型建筑物较多的引水工程、施工条件复杂的引水工程取上限标准。

河道工程：灌溉田间工程取下限，其他工程取上限。

工程类别划分说明：

表 4.1　　　　　　　　　　　间 接 费 费 率 表

序号	工程类别	计算基础	间接费费率/%		
			枢纽工程	引水工程	河道工程
一	建筑工程				
1	土方工程	直接费	8.5	5~6	4~5
2	石方工程	直接费	12.5	10.5~11.5	8.5~9.5
3	砂石备料工程（自采）	直接费	5	5	5
4	模板工程	直接费	9.5	7~8.5	6~7
5	混凝土浇筑工程	直接费	9.5	8.5~9.5	7~8.5
6	钢筋制安工程	直接费	5.5	5	5
7	钻孔灌浆工程	直接费	10.5	9.5~10.5	9.25
8	锚固工程	直接费	10.5	9.5~10.5	9.25
9	疏浚工程	直接费	7.25	7.25	6.25~7.25
10	掘进机施工隧洞工程（1）	直接费	4	4	4
11	掘进机施工隧洞工程（2）	直接费	6.25	6.25	6.25
12	其他工程	直接费	10.5	8.5~9.5	7.25
二	机电、金属结构设备安装工程	人工费	75	70	70

(1) 土方工程。包括土方开挖与填筑等。

(2) 石方工程。包括石方开挖与填筑、砌石、抛石工程等。

(3) 砂石备料工程（自采）。包括天然砂砾料和人工砂石料的开采加工。

(4) 模板工程。包括现浇各种混凝土时制作及安装的各类模板工程。

(5) 混凝土浇筑工程。包括现浇和预制各种混凝土、伸缩缝、止水、防水层、温控措施等。

(6) 钢筋制安工程。包括钢筋制作与安装工程等。

(7) 钻孔灌浆工程。包括各种类型的钻孔灌浆、防渗墙、灌注桩工程等。

(8) 锚固工程。包括喷混凝土（浆）、锚杆、预应力锚索（筋）工程等。

(9) 疏浚工程。指用挖泥船、水力冲挖机组等机械疏浚江河、湖泊的工程。

(10) 掘进机施工隧洞工程（1）。包括掘进机施工土石方类工程、钻孔灌浆及锚固类工程等。

(11) 掘进机施工隧洞工程（2）。指掘进机设备单独列项采购并且在台时费中不计折旧费的土石方类工程、钻孔灌浆及锚固类工程等。

(12) 其他工程。指除表中所列 11 类工程以外的其他工程。

3. 利润

$$利润 = （直接费 + 间接费） \times 利润率 \tag{4.6}$$

利润指按规定应计入建筑安装工程费用中的利润。利润按直接费和间接费之和的 7% 计算，也就是利润率不分建筑工程和安装工程，均按 7% 计算。

4. 材料补差

$$材料补差 = \sum[(材料预算价格 - 材料基价) \times 材料消耗量] \quad (4.7)$$

材料补差指根据主要材料消耗量、主要材料预算价格与材料基价之间的差值，计算的主要材料补差金额。材料基价是指计入基本直接费的主要材料的限制价格。

5. 税金

$$税金 = (直接费 + 间接费 + 利润 + 材料补差) \times 税率 \quad (4.8)$$

税金指国家对施工企业承担建筑、安装工程作业收入所征收的营业税、城乡维护建设税和教育费附加。税金应计入建筑安装工程费用内的增值税销项税额。按办财务函〔2019〕448号文件，现行的税金税率为9%，自采砂石料税率为3%。

国家对税率标准调整时，可以相应调整计算标准。

建筑工程单价按以下公式计算：

$$建筑工程单价 = 直接费 + 间接费 + 利润 + 材料补差 + 税金 \quad (4.9)$$

4.1.2.3 编制方法

水利部现行规定的建筑工程单价计算程序如表4.2所示。

表4.2　　　　　　　　　　建筑工程单价计算程序表

序　号	项　　　目	计　算　方　法
（一）	直接费	（1）＋（2）
（1）	基本直接费	①＋②＋③
①	人工费	Σ（定额人工工时数×人工预算单价）
②	材料费	Σ（定额材料用量×材料预算价格）
③	机械使用费	Σ（定额机械台时用量×机械台时费）
（2）	其他直接费	（1）×其他直接费费率
（二）	间接费	（一）×间接费费率
（三）	企业利润	［（一）＋（二）］×企业利润率
（四）	材料补差	Σ［定额材料用量×（材料预算价格－材料基价）］
（五）	税金	［（一）＋（二）＋（三）＋（四）］×税率
（六）	工程单价	（一）＋（二）＋（三）＋（四）＋（五）

建筑工程单价在实际工程中一般采用表格法，按照水利部水总〔2014〕429号文中所用表格形式，如表4.3所示。

表4.3　　　　　　　　　　建筑工程单价表

单价编号		项目名称			
定额编号		定额单位			
施工方法		（填写施工方法、土或岩石类别、运距等）			
编号	名称及规格	单位	数量	单价/元	合计/元

（1）按定额编号、工程名称、单位、数量等分别填入表中相应栏内。其中："名称及规格"一栏，应填写详细和具体，如混凝土要分强度等级和级配等。

（2）将定额中的人工、材料、机械等消耗量，以及相应的人工预算单价、材料预算价格和机械台时费分别填入表中相应各栏。

（3）按"消耗量×单价"的方法，得出相应的人工费、材料费和机械使用费，相加得出基本直接费。

（4）根据规定的费率标准，计算其他直接费、间接费、利润、材料补差和税金，汇总即得出该工程单价。

4.1.3 建筑工程单价编制应注意的问题

（1）严格执行《水利工程设计概（估）算编制规定》（水总〔2014〕429 号）、《水利工程营业税改征增值税计价依据调整办法》（办水总〔2016〕132 号）、《水利部办公厅关于调整水利工程计价依据增值税计算标准的通知》（办财务函〔2019〕448 号）。

（2）了解工程的地质条件及建筑物的结构形式和尺寸等。熟悉施工组织设计，了解主要施工条件、施工方法和施工机械等，且必须熟读定额的总说明、章节说明、定额表附注及附录的内容，熟悉各定额子目的适用范围、工作内容及有关的定额系数的使用方法，正确选用相应的定额子目。

（3）现行定额指标是按目前水利水电工程的平均先进水平列出的，编制单价时，除定额中规定允许调整外，均不得对定额中的人工、材料、施工机械、台时数量以及施工机械的名称、规格、型号进行调整。定额是按一日三班作业，每班八小时工作制拟定，如采用一日一班或二班制，定额不作调整。

（4）定额中的人工是指完成定额子目工作内容所需要的人工耗用量。包括基本工作和辅助工作，并按其所需技术等级，分别列示出工长、高级工、中级工、初级工的工时及其合计数。定额中的材料是指完成该定额子目工作内容所需的全部材料耗用量，包括主要材料（以实物量形式在定额中列出）及其他材料、零星材料。定额中的机械，是指完成该定额子目工作内容所需的全部机械耗用量。包括主要机械和其他机械。其中，主要机械以台（组）时数量在定额中列出。

（5）定额中凡一组材料（或机械）名称之后，同时并列几种不同型号、规格的，表示这种材料（或机械）只能选用其中一种进行计价。凡一种材料（或机械）分几种型号规格与材料（或机械）名称同时并列的，则表示这些名称相同而规格不同的材料或机械应同时计价。

（6）定额中其他材料费、零星材料费、其他机械费均以费率（％）形式表示，其计算基数是：其他材料费以主要材料费之和为计算基数，零星材料费以人工费、机械费之和为计算基数，其他机械费以主要机械费之和为计算基数。

（7）定额只用一个数字表示的，仅适用于该数字本身。当所求值介于两个相邻子目之间时，可采用内插法调整，调整方法如下：

$$A = B + \frac{(C-B)(a-b)}{c-b} \quad (4.10)$$

式中　A——所求定额数；

B——小于 A 而最接近 A 的定额数;

C——大于 A 而最接近 A 的定额数;

a——A 项定额参数;

b——B 项定额参数;

c——C 项定额参数。

(8) 注意定额总说明、分章说明、各子目下的"注"和附录等有关调整系数。如海拔超过 2000m 的调整系数、土方类别调整系数等。

(9)《水利建筑工程概算定额》已按现行施工规范计入了合理的超挖量、超填量、施工附加量及施工损耗量所需增加的人工材料和机械使用量;《水利建筑工程预算定额》一般只计施工损耗量所需增加的人工材料和机械使用量。所以在编制工程概(估)算时,应按工程设计几何轮廓尺寸计算工程量。编制工程预算时,工程量中还应考虑合理的超挖、超填和施工附加量。

(10) 凡定额中缺项或虽有类似定额,但其技术条件有较大差异时,应根据本工程施工组织设计编制补充定额,计算工程单价。补充定额应与现行定额水平及包含内容一致。对于非水利水电专业工程,按照专业专用的原则,执行有关部门颁发的相应定额,如公路工程执行交通运输部《公路工程设计概算定额》《公路工程设计预算定额》等。但费用标准仍执行水利部现行取费标准,对于选定的定额子目内容不得随意更改或删除。

4.1.4 安装工程单价编制

安装工程单价的详细计算方法见本项目任务 4.8,这里不再赘述。

任务 4.2　土方开挖工程概算单价

土方工程包括土方开挖、土方填筑两大类。土方工程定额一般是按影响土方工程工效的主要因素,如土的级别、取(运)土距离、施工方法、施工条件、质量要求等参数来划分节和子目的。

4.2.1　项目划分和定额选用

4.2.1.1　项目划分

(1) 按组成内容分。土方开挖工程由开挖和运输两个主要工序组成。计算土方开挖工程单价时,应计算土方开挖和运输工程综合单价。

(2) 按施工方法分。土方开挖工程可分为机械施工和人力施工,人力施工效率低而且成本高,只有工作面狭窄或施工机械进入困难的部位才采用,如小断面沟槽开挖、陡坡上的小型土方开挖等。

(3) 按开挖尺寸分。土方开挖工程可分为一般土方开挖、渠道土方开挖、沟槽土方开挖、柱坑土方开挖、平洞土方开挖、斜井土方开挖、竖井土方开挖等。在编制土方开挖工程单价时,应按下述规定来划分项目。

1) 一般土方开挖工程是指一般明挖土方工程和上口宽大于 16m 的渠道及上口面积大于 80m^2 的柱坑土方工程。

2) 渠道土方开挖工程是指上口宽不大于 16m 的梯形断面、长条形、底边需要修整的渠道土方工程。

3）沟槽土方开挖工程是指上口宽不大于 8m 的矩形断面或边坡陡于 1∶0.5 的梯形断面、长度大于宽度 3 倍的长条形、只修底不修边坡的土方工程，如截水墙、齿墙等各类墙基和电缆沟等。

4）柱坑土方开挖工程是指上口面积不大于 80m^2、长度小于宽度 3 倍、深度小于上口短边长度或直径、四侧垂直或边坡陡于 1∶0.5、不修边坡只修底的坑挖工程，如集水坑工程。

5）平洞土方开挖工程是指水平夹角不大于 6°、断面面积大于 2.5m^2 的洞挖工程。

6）斜井土方开挖工程是指水平夹角为 6°～75°、断面面积大于 2.5m^2 的洞挖工程。

7）竖井土方开挖工程是指水平夹角大于 75°、断面面积大于 2.5m^2、深度大于上口短边长度或直径的洞挖工程，如抽水井、通风井等。

(4) 按土质级别和运距分。不同的土质和运距均应分别列项计算工程单价。

4.2.1.2　定额选用

(1) 了解土类级别的划分：土类的级别是按开挖的难易程度来划分的，除冻土外，现行部颁定额均按土石 16 级分类法划分，土类级别共分为 Ⅰ～Ⅳ 级。

(2) 熟悉影响土方工程工效的主要因素。主要影响因素有土的级别、取（运）土的距离、施工方法、施工条件、质量要求。例如，土的级别越高，其密度（t/m^3）越大，开挖的阻力也越大，土方开挖、运输的工效就会降低。再如，水下土方开挖施工、开挖断面小深度大的沟槽及长距离的土方运输等都会降低施工工效，相应的工程单价也就会提高。

(3) 正确选用定额子目：因为土方定额大多是按影响工效的参数来划分节和子目的，所以了解工程概况，掌握现场的地质条件和施工条件，根据合理的施工组织设计确定的施工方法及选用的机械设备来确定影响参数，才能正确地选用定额子目，这是编好土方开挖工程单价的关键。

4.2.2　采用现行定额编制土方开挖工程概算单价的注意事项

(1) 土方工程定额中使用的计量单位有自然方、松方和实方三种类型。

1）自然方是指未经扰动的自然状态的土方。

2）松方是指自然方经人工或机械开挖松动过的土方或备料堆置土方。

3）实方是指土方填筑（回填）并经过压实后的符合设计干密度的成品方。

4）在计算土方开挖、运输工程单价时，计量单位均按自然方计算。

(2) 在计算砂砾（卵）石开挖和运输工程单价时，应按 Ⅳ 类土定额进行计算。

(3) 当采用推土机或铲运机施工时，推土机的推土距离和铲运机的铲运距离是指取土中心至卸土中心的平均距离；推土机推松土时，定额中推土机的台时数量应乘以 0.8 的系数。

(4) 当采用挖掘机、装载机挖装土料自卸汽车运输的施工方案时，定额中是按挖装自然方拟定的；挖装松土时，定额中的人工工时及挖装机械的台时数量应乘以 0.85 的系数。

(5) 在查机械台时数量定额时，应注意以下两个问题：

1）凡一种机械名称之后，同时并列几种型号规格的，如压实机械中的羊足碾、运输定额中的自卸汽车等，表示这种机械只能选用其中一种型号规格的机械定额进行计价。

2) 凡一种机械分几种型号规格与机械名称同时并列的,则表示这些名称相同而规格不同的机械定额都应同时进行计价。

(6) 定额中的其他材料费、零星材料费、其他机械费均以费率(%)形式表示,其计量基数如下:

1) 其他材料费:以主要材料费之和为计算基数。

2) 零星材料费:以人工费、机械费之和为计算基数。

3) 其他机械费:以主要机械费之和为计算基数。

(7) 当采用挖掘机或装载机挖装土方自卸汽车运输的施工方案时,定额子目是按土类级别和运距来划分的。关于运距计算和定额选用有下列几种情况:

1) 当运距小于5km且又是整数运距时,如1km、2km、3km,直接按表中定额子目选用。若遇到如0.6km、4.3km时,可采用内插法计算其定额值,计算公式见式(4.10)。

2) 当运距为5~10km时,其定额值计算如下:

$$\text{定额值}=5\text{km}值+(运距-5)\times 增运1\text{km}值 \tag{4.11}$$

3) 当运距大于10km时,其定额值计算如下:

$$\text{定额值}=5\text{km}值+5\times 增运1\text{km}值+(运距-10)\times 增运1\text{km}值\times 0.75 \tag{4.12}$$

当使用定额编制土方开挖工程预算单价时,应根据《水利建筑工程预算定额》第一章土方工程的说明。需要说明的是挖掘机、轮斗挖掘机或装载机挖装土(含渠道土方)自卸汽车运输各节,适用于Ⅲ类土。Ⅰ、Ⅱ类土和Ⅳ类土按定额说明中所列系数进行调整。

【工程实例分析4-1】

项目背景: 山西省吕梁市柳林县某河道工程,基础土方为Ⅲ类土,其基础土方开挖工程采用1m³挖掘机挖装、10t自卸汽车运2.8km至弃料场弃料。

工作任务: 计算该河道工程基础土方开挖运输的概算单价。

分析与解答: 第一步:分析基本资料,确定取费费率。

其他直接费费率,由题意得知该工程地处华北地区,冬雨季施工增加费费率1%~2%,本例中取1%计算,其他直接费费率=1%+0.3%+0%+1.7%+1.2%+0.5%=4.7%;

间接费费率,查间接费费率表(表4.1),河道土方工程的间接费费率为4%~5%,本例间接费费率取上限5%;利润率为7%;税金率取9%。

第二步:套定额,选定额子目。

根据该工程特征和施工组织设计确定的施工条件、施工方法、土类级别及采用的机械设备情况,选用水利部2002年《水利建筑工程概算定额》(上册)第一—36节,定额见表4.4,运距2.8km,在2km与3km之间,选用定额子目10623、10624。

第三步:编制基础单价。

(1) 分析人工预算单价。山西省吕梁市柳林县属于一类区,根据《水利工程设计概(估)算编制规定》(水总〔2014〕429号)的人工预算单价计算标准,一类地区河道工程的四个档次人工预算单价为:工长8.19元/工时,高级工7.57元/工时,中级工6.33元/工时,初级工4.43元/工时。

表 4.4　　　　　　1m³ 挖掘机挖土自卸汽车运输（Ⅲ类土）定额值　　　　　单位：100m³

项目	单位	运距/km					增运 /km
		1	2	3	4	5	
工长	工时						
高级工	工时						
中级工	工时						
初级工	工时	7.0	7.0	7.0	7.0	7.0	
合计	工时	7.0	7.0	7.0	7.0	7.0	
零星材料费	%	4	4	4	4	4	
挖掘机（液压 1m³）	台时	1.04	1.04	1.04	1.04	1.04	
推土机（59kW）	台时	0.52	0.52	0.52	0.52	0.52	
自卸汽车（5t）	台时	10.23	13.39	16.30	19.05	21.68	2.42
自卸汽车（8t）	台时	6.76	8.74	10.56	12.28	13.92	1.52
自卸汽车（10t）	台时	6.29	7.97	9.51	10.96	12.36	1.28
编号		10622	10623	10624	10625	10626	10627

（2）确定材料预算价格。经市场调查：柴油预算价格 6000 元/t，施工用水价格 1.32 元/m³，施工用电价格 1.07 元/(kW·h)，施工用风价格 0.15 元/m³。

（3）计算施工机械台时费基价。查水利部 2002 年《水利工程施工机械台时费定额》，结合《水利工程营业税改征增值税计价依据调整办法》（办水总〔2016〕132 号）和《水利部办公厅关于调整水利工程计价依据增值税计算标准的通知》（办财务函〔2019〕448 号）文件，得到土石方机械的台时费基价，详细计算方法见项目 3 任务 3.4。

经计算得，1m³ 液压挖掘机台时费基价为 118.25 元/台时，柴油消耗量 14.9kg；59kW 推土机台时费基价为 61.89 元/台时，柴油消耗量 8.4kg；10t 自卸汽车台时费基价为 84.07 元/台时，柴油消耗量 10.8kg。

（4）计算 10t 自卸汽车运距 2.8km 时的定额值。因汽车运距 2.8km，介于定额子目 10623 和 10624 之间，所以自卸汽车的台时数量需要采用内插法计算，采用式（4.10）计算为

$$定额值（运距 2.8km）=7.97+\frac{9.51-7.97}{3-2}\times(2.8-2)=9.20（台时）$$

第四步：将定额中查出的人工、材料、机械台时消耗量填入表 4.5 的"数量"栏中。将相应的人工预算单价、材料预算价格和机械台时费填入表 4.5 的"单价"栏中。按"消耗量×单价"得出相应的人工费、材料费和机械使用费填入"合计"栏中，相加得出基本直接费。

第五步：根据已取定的各项费率，计算出其他直接费、间接费、利润、税金等，汇总后即得出该工程项目的工程单价。

土方开挖运输工程概算单价的计算见表 4.5，计算结果为 16.71 元/m³。

表 4.5　　　　　　　　　　　　土方开挖运输工程单价表

单价编号		项目名称		土方开挖运输工程	
定额编号		10623+10624		定额单位	100m³
施工方法		采用1m³挖掘机挖装10t自卸汽车运2.8km,土的级别为Ⅲ级			
编号	名称及规格	单位	数量	单价/元	合计/元
一	直接费				1044.9
(一)	基本直接费				997.99
1	人工费				31.01
	初级工	工时	7	4.43	31.01
2	材料费				38.38
	零星材料费	%	4	959.61	38.38
3	机械使用费				928.6
	挖掘机　液压　1m³	台时	1.04	118.25	122.98
	推土机　59kW	台时	0.52	61.89	32.18
	自卸汽车　10t	台时	9.2	84.07	773.44
(二)	其他直接费	%	4.7	997.99	46.91
二	间接费	%	5	1044.9	52.25
三	利润	%	7	1097.15	76.8
四	材料补差				358.85
(1)	柴油	kg	119.22	3.01	358.85
五	税金	%	9	1532.8	137.95
	合计				1670.75
	单价	元/m³			16.71

注　柴油的数量=14.9×1.04+8.4×0.52+10.8×9.20=119.22（kg）。

【工程实例分析 4-2】

项目背景：见大案例基本资料，排水沟土方开挖工程，土方为Ⅲ类土，采用1m³挖掘机挖土,8t自卸汽车运输5km至弃料场弃料。

工作任务：列表计算该河道工程土方开挖运输的概算单价。

分析与解答：

表 4.6　　　　　　　　　　　河道工程土方开挖运输单价表

单价编号		项目名称		挖方（外运5km）	
定额编号		10626		定额单位	100m³
施工方法		1m³挖掘机挖土自卸汽车运输（Ⅲ类土）运距5km			
编号	名称及规格	单位	数量	单价/元	合计/元
一	直接费				1321.59
(一)	基本直接费				1228.24

续表

单价编号	项目名称				挖方（外运5km）
1	人工费				31.85
（1）	初级工	工时	7.00	4.55	31.85
2	材料费				47.24
（1）	零星材料费	%	4.00	1181.00	47.24
3	机械使用费				1149.15
（1）	单斗挖掘机 液压 1m³	台时	1.04	119.06	123.82
（2）	推土机 59kW	台时	0.52	62.62	32.56
（3）	自卸汽车 8t	台时	13.92	71.32	992.77
（二）	其他直接费	%	7.600	1228.24	93.35
二	间接费	%	4.50	1321.59	59.47
三	利润	%	7.00	1381.06	96.67
四	材料补差				673.61
（1）	柴油	kg	161.848	4.162	673.61
五	税金	%	9.00	2151.34	193.62
	合计				2344.96
	单价	元/m³			23.45

任务4.3 石方工程概算单价

水利水电工程石方工程量很大，且多为基础、洞井及地下厂房工程。采用先进技术，合理安排施工，并充分利用弃渣作块石、碎石原料，可降低工程造价。石方工程包括各类石方开挖、运输和支撑等。

4.3.1 项目划分

4.3.1.1 石方开挖项目划分

1. 按施工条件分

石方开挖按施工条件分为明挖石方和暗挖石方两大类。

2. 按施工方法分

石方开挖按施工方法主要分为风钻钻孔爆破开挖、浅孔钻钻孔爆破开挖、液压钻钻孔爆破开挖和掘进机开挖等几种。钻孔爆破方法一般有浅孔爆破法、深孔爆破法、洞室爆破法和控制爆破法（定向、光面、预裂、静态爆破等）。掘进机是一种新型的开挖专用设备，掘进机开挖是对岩石进行纯机械的切割或挤压破碎，并使掘进与出渣、支护等作业能平行连续地进行，施工安全、工效较高。但掘进机一次性投入大，费用高。

3. 按开挖形状及对开挖面的要求分

石方开挖按开挖形状及对开挖面的要求主要分为一般石方开挖、一般坡面石方开挖、沟槽石方开挖、坡面沟槽石方开挖、坑挖石方开挖、基础石方开挖、平洞石方开挖、斜井石方开挖、竖井石方开挖、地下厂房石方开挖等。在编制石方开挖工程概算单价时,应按《概算定额》石方开挖工程的章说明来具体划分,介绍如下:

(1) 一般石方开挖定额,适用于一般明挖石方和底宽超过7m的沟槽石方、上口面积大于160m²的坑挖石方,以及倾角小于或等于20°并垂直于设计面平均厚度大于5m的坡面石方等开挖工程。

(2) 一般坡面石方开挖定额,适用于设计倾角大于20°、垂直于设计面的平均厚度小于或等于5m的石方开挖工程。

(3) 沟槽石方开挖定额,适用于底宽小于或等于7m、两侧垂直或有边坡的长条形石方开挖工程,如渠道、截水槽、排水沟、地槽等。

(4) 坡面沟槽石方开挖定额,适用于槽底轴线与水平夹角大于20°的沟槽石方开挖工程。

(5) 坑挖石方开挖定额,适用于上口面积小于或等于160m²,深度小于或等于上口短边长度或直径的石方开挖工程,如墩基、柱基、机座、混凝土基坑、集水坑等。

(6) 基础石方开挖定额,适用于不同开挖深度的基础石方开挖工程,如混凝土坝、水闸、溢洪道、厂房、消力池等基础石方开挖工程。其中潜孔钻钻孔定额系按100型潜孔钻拟定,使用时不作调整。

(7) 平洞石方开挖定额,适用于水平夹角小于或等于6°的洞挖工程。

(8) 斜井石方开挖定额,适用于水平夹角为6°~75°的井挖工程。水平夹角为6°~45°的斜井,按斜井石方开挖定额乘以0.9系数计算。

(9) 竖井石方开挖定额,适用于水平夹角大于75°,上口面积大于5m²,深度大于上口短边长度或直径的洞挖工程,如调压井、闸门井等。

(10) 地下厂房石方开挖定额,适用于地下厂房或窑洞式厂房的开挖工程。

4.3.1.2 石渣运输项目划分

1. 按施工方法划分

按施工方法主要分为人力运输和机械运输。

(1) 人力运输即人工装双胶轮车、轻轨斗车运输等,适用于工作面狭小、运距短、施工强度低的工程。

(2) 机械运输即挖掘机(或装载机)配自卸汽车运输,它的适应性较大,故一般工程都可采用;电瓶机车可用于洞井出渣,内燃机车适用于较长距离的运输。

2. 按作业环境划分

按作业环境主要分为洞内运输与洞外运输。在各节运输定额中,一般都有"露天""洞内"两部分内容。

4.3.2 定额选用和工程单价

4.3.2.1 定额选用

1. 了解岩石级别的分类

岩石级别的分类是按其成分和性质划分级别的,现行部颁定额是按土石16级分类法划分的,其中Ⅴ~ⅩⅥ级为岩石。

2. 熟悉影响石方开挖工效的因素

石方开挖的工序由钻孔、装药、爆破、撬移、翻渣、清面、修整断面、安全处理等组成。影响开挖工序的主要因素如下。

(1) 岩石级别。因为岩石级别越高，其强度越高，钻孔的阻力越大，钻孔工效越低；同时对爆破的抵抗力也越大，所需炸药也越多。所以，岩石级别是影响开挖工效的主要因素之一。

(2) 石方开挖的施工方法。石方开挖所采用的钻孔设备、爆破的方法、炸药的种类、开挖的部位不同，都会对石方开挖的工效产生影响。

(3) 石方开挖的形状及设计对开挖面的要求。根据工程设计的要求，石方开挖往往需开挖成一定的形状，如沟、槽、坑、洞、井等，其爆破系数（每平方米工作面上的炮孔数）较没有形状要求的一般石方开挖要大得多，爆破系数越大，爆破效率越低，耗用爆破器材（炸药、雷管、导线）也越多。为了防止不必要的超挖、欠挖，工程设计对开挖面有基本要求（如爆破对建基面的损伤限制、对开挖面平整度的要求等）时，钻孔、爆破、清面等工序必须在施工方法和工艺上采取措施。例如，为了限制爆破对建基面的损伤，往往在建基面以上设置一定厚度的保护层（保护层厚度一般以1.5m计），保护层开挖大多采用浅孔小炮，爆破系数很高，爆破效率很低，有的甚至不允许放炮，采用人工开挖。

3. 正确选用定额

石方运输定额与土方运输定额类似，也按装运方法和运输距离等划分节和子目。

石方开挖定额大多按开挖形状及部位来分节的，各节再按岩石级别来划分定额子目，所以在编制石方工程单价时，应根据施工组织设计确定的施工方法、运输线路、建筑物施工部位的岩石级别及设计开挖断面的要求等来正确选用定额子目。

4.3.2.2 工程单价

1. 石渣运输单价

石渣运输分露天（洞外）运输和洞内运输。挖掘机或装载机装石渣汽车运输各节定额，露天与洞内的区分，按挖掘机或装载机装车地点确定。洞内运距按工作面长度的一半计算，当一个工程有几个弃渣场时，可按弃渣量比例计算加权平均运距。

编制石方运输单价，当有洞内外连续运输时，应分别套用不同的定额子目。洞内运输部分，套用"洞内"运输定额的"基本运距"及"增运"子目；洞外运输部分，套用"露天"定额的"增运"子目，并且仅选用运输机械的台时使用量。洞内和洞外为非连续运输（如洞内为斗车，洞外为自卸汽车）时，洞外运输部分应套用"露天"定额的"基本运距"及"增运"子目。

2. 石方开挖工程综合单价

石方开挖工程综合单价是指包含石渣运输费用的开挖单价。《概算定额》石方开挖定额各节子目中均列有"石渣运输"项目，该项目的数量，已包括完成定额单位所需增加的超挖量和施工附加量。编制概算单价时，将石方运输的基本直接费代入开挖定额中，便可计算石方开挖工程综合单价。《预算定额》石方开挖定额中没有列出石渣运输量，应分别计算开挖与出渣单价，并考虑允许的超挖量及合理的施工附加量的费用分摊，再合并计算开挖综合预算单价。

4.3.3 使用现行定额编制石方开挖工程概算单价的注意事项

(1) 在编制石方开挖及运输工程单价时,均以自然方为计量单位。

(2) 石方开挖各节定额中,均包括了允许的超挖量和合理的施工附加量所增加的人工、材料及机械台时消耗量。使用本定额时,不得在工程量计算中另计超挖量和施工附加量。

(3) 各节石方开挖定额,均已按各部位的不同要求,根据规范规定,分别考虑了保护层开挖等措施。如预裂爆破、光面爆破等,编制概算单价时一律不作调整。

(4) 石方开挖定额中的炸药,一般根据不同施工条件和开挖部位,采用不同的品种,其价格按1~9kg包装的炸药计算。炸药代表型号规格见表4.7。

表4.7　　　　　　　　　炸药代表型号规格表

项　　目	代表型号
一般石方开挖	2号岩石铵梯炸药
边坡、沟槽、坑、基础、保护层石方开挖	2号岩石铵梯炸药和4号抗水岩石铵梯炸药各半
平洞、斜井、竖井、地下厂房石方开挖	4号抗水岩石铵梯炸药

(5) 平洞、斜井、竖井等各节石方开挖定额的开挖断面,系指设计开挖断面。

(6) 石方开挖定额中所列"合金钻头",系指风钻(手持式、气腿式)所用的钻头;"钻头"系指液压履带钻或液压凿岩台车所用的钻头。

(7) 当岩石级别高于XIV级时,按各节XIII~XIV级岩石开挖定额乘以表4.8中的系数进行调整。

表4.8　　　　　　　　　岩石级别调整系数

项　　目	系　　数		
	人工	材料	机械
风钻为主各节定额	1.30	1.10	1.40
潜孔钻为主各节定额	1.20	1.10	1.30
液压钻、多臂钻为主各节定额	1.15	1.10	1.15

(8) 洞井石方开挖定额中通风机台时量系指按一个工作面长度400m拟定。如工作面长度超过400m时,应按表4.9中的系数调整通风机台时定额数量。

表4.9　　　　　　　　　通风机台时定额调整系数

工作面长度/m	系数	工作面长度/m	系数	工作面长度/m	系数
400	1.00	1000	1.80	1600	2.50
500	1.20	1100	1.91	1700	2.65
600	1.33	1200	2.00	1800	2.78
700	1.43	1300	2.15	1900	2.90
800	1.50	1400	2.29	2000	3.00
900	1.67	1500	2.40		

(9) 在查石方开挖定额中的材料消耗量时,应注意下列两个问题:

1) 凡一种材料名称之后,同时并列几种不同型号规格的,如石方开挖工程定额导线中的火线和电线,表示这种材料只能选用其中一种型号规格的定额进行计价。

2) 凡一种材料分几种型号规格与材料名称同时并列的,如石方开挖工程定额中同时并列的导火线和导电线,则表示这些名称相同而型号规格不同的材料都应同时计价。

4.3.4 石方开挖工程概算单价编制

【工程实例分析4－3】

项目背景：某灌溉工程位于山西省运城市某县城镇之外,设计引用流量为 $6.0m^3/s$,水源来源地为某水库。该工程由供水平洞、闸室、渠道连接段等单位工程组成,工程所处地理位置,交通便利,施工用水、电方便可靠,施工临时住房可就近租用附近民房。一般石方段开挖采用80型潜孔钻钻孔,岩石的级别为Ⅹ级,平均孔深4.5m；石渣运输采用 $1m^3$ 挖掘机装5t自卸汽车运6km弃渣。

工作任务：计算该引水工程一般石方开挖工程概算单价。

分析与解答：第一步：分析基本资料,确定取费费率。

(1) 其他直接费费率,由题意得知该工程地处华北地区,冬雨季施工增加费费率1%～2%,本例中取1%计算,其他直接费费率＝1%＋0.3%＋0%＋1.8%＋1.4%＋0.6%＝5.1%。

(2) 间接费费率,查间接费费率表(表4.1),引水石方工程的间接费费率为10.5%～11.5%,本例间接费费率取下限10.5%。

(3) 利润率为7%。

(4) 税金率取9%。

第二步：套定额,选定额子目。

该一般石方开挖的施工方法为采用80型潜孔钻钻孔,岩石级别为Ⅹ级,平均孔深4.5m,选用水利部2002年《水利建筑工程概算定额》(上册)第二－2节20006子目,定额见表4.10。

表4.10 　　　　　一般石方开挖－80型潜孔钻钻孔(孔深≤6m)

项　目	单位	岩石级别			
		Ⅴ～Ⅷ	Ⅸ～Ⅹ	Ⅺ～Ⅻ	ⅩⅢ～ⅩⅣ
工长	工时	1.6	1.9	2.2	2.6
高级工	工时				
中级工	工时	10.1	12.7	14.9	17.5
初级工	工时	41.1	49.3	57.5	67.7
合计	工时	52.8	63.9	74.6	87.8
合金钻头	个	0.11	0.19	0.26	0.36
潜孔钻头80型	个	0.29	0.44	0.63	0.88
冲击器	套	0.03	0.04	0.06	0.09
炸药	kg	46	53	60	67

续表

项　目	单位	岩石级别			
		V～Ⅷ	Ⅸ～Ⅹ	Ⅺ～Ⅻ	XⅢ～XⅣ
火雷管	个	13	15	18	20
电雷管	个	12	14	15	17
导火线	m	26	32	37	42
导电线	m	72	82	91	101
其他材料费	%	22	22	22	22
风钻手持式	台时	1.55	2.32	2.94	3.56
潜孔钻80型	台时	4.13	5.95	8.21	11.49
其他机械费	%	10	10	10	10
石渣运输	m³	104	104	104	104
编　号		20005	20006	20007	20008

石渣运输采用 1m³ 挖掘机装 5t 自卸汽车运 6km 弃渣。则石渣运输定额选用第二－34节 20461＋20462 子目，定额见表 4.11。

表 4.11　　　　　1m³ 挖掘机装石渣汽车运输（露天）

项　目	单位	运距/km					增运/km
		1	2	3	4	5	
工长	工时						
高级工	工时						
中级工	工时						
初级工	工时	18.7	18.7	18.7	18.7	18.7	
合计	工时	18.7	18.7	18.7	18.7	18.7	
零星材料费	%	2	2	2	2	2	
挖掘机　1m³	台时	2.82	2.82	2.82	2.82	2.82	
推土机　88kW	台时	1.41	1.41	1.41	1.41	1.41	
自卸汽车　5t	台时	16.5	21.24	25.61	29.72	33.65	3.64
8t	台时	11.2	14.15	16.87	19.43	21.88	2.27
编　号		20457	20458	20459	20460	20461	20462

第三步：编制基础单价

（1）分析人工预算单价。山西省运城市夏县属于一般地区，根据《水利工程设计概（估）算编制规定》（水总〔2014〕429 号）的人工预算单价计算标准，一类地区引水工程的四个档次人工预算单价为：工长 9.27 元/工时，高级工 8.57 元/工时，中级工 6.62 元/工时，初级工 4.64 元/工时。

（2）确定材料预算价格。经市场调查：柴油预算价格 7000 元/t，施工用水价格 0.835

元/m³，施工用电价格 1.208 元/(kW·h)，施工用风价格 0.125 元/m³，合金钻头 40 元/个，潜孔钻钻头 80 型 55 元/个，冲击器 60 元/套，炸药 5.8 元/kg，火雷管 1 元/个，电雷管 0.8 元/个，导火线 0.85 元/m，导电线 1 元/m。

（3）计算施工机械台时费。查水利部 2002 年《水利工程施工机械台时费定额》，结合《水利工程营业税改征增值税计价依据调整办法》（办水总〔2016〕132 号）和《水利部办公厅关于调整水利工程计价依据增值税计算标准的通知》（办财务函〔2019〕448 号）文件，得到石方机械的台时费基价，详细计算方法见项目 3 任务 3.4。

经计算得，1m³ 液压挖掘机台时费基价为 118.52 元/台时，柴油消耗量 14.9kg；88kW 推土机台时费基价为 104.05 元/台时，柴油消耗量 12.6kg；5t 自卸汽车台时费基价为 49.98 元/台时，柴油消耗量 9.1kg，手持式风钻的台时费为 24.94 元/台时，潜孔钻 80 型的台时费为 120.25 元/台时。

（4）计算 5t 自卸汽车运距 6km 时的定额值。因汽车运距 6km，需增运 1km，采用定额子目 20461+20462，所以自卸汽车的台时数量：

定额值（运距 6km）＝33.65＋3.64＝37.29（台时）

第四步：计算石渣运输单价（只计算基本直接费）。将定额中（20461＋20462）查出的人工、材料、机械台时消耗量填入表 4.12 的"数量"栏中。将相应的人工预算单价、材料预算价格和机械台时费填入表 4.12 的"单价"栏中。按"消耗量×单价"得出相应的人工费、材料费和机械使用费填入"合计"栏中，相加得出石渣运输的基本直接费，计算过程详见表 4.12，石渣运输单价计算结果为 24.80 元/m³。

表 4.12   石渣运输工程单价表

单价编号		项目名称		石渣运输	
定额编号		20461＋20462		定额单位	100m³
施工方法		石渣运输采用 1m³ 挖掘机装 5t 自卸汽车运 6km 弃渣			
编号	名称及规格	单位	数量	单价/元	合计/元
（一）	基本直接费				2480.09
1	人工费				86.77
（1）	初级工	工时	18.70	4.64	86.77
2	材料费				48.63
（1）	零星材料费	％	2.00	2431.46	48.63
3	机械使用费				2344.69
（1）	挖掘机 1m³	台时	2.82	118.52	334.23
（2）	推土机 88kW	台时	1.41	104.05	146.71
（3）	自卸汽车 5t	台时	37.29	49.98	1863.75

第五步：计算石方开挖运输综合单价。将已知的各项基础单价、取定的费率及定额子目 20006 中的各项数值填入表 4.13 中，其中石渣运输单价为表 4.12 中的计算结果。计算过程详见表 4.13，石方开挖运输综合单价的结果为 76.76 元/m³。

表 4.13　　　　　　　　　　　　石方开挖运输工程单价表

单价编号		项目名称		一般石方开挖		
定额编号		20006		定额单位		100m³
施工方法		一般石方段开挖采用80型潜孔钻钻孔，岩石的级别为Ⅹ级，平均孔深4.5m				
编号	名称及规格	单位	数量	单价/元		合计/元
一	直接费					4519.54
（一）	基本直接费					4300.23
1	人工费					330.43
(1)	工长	工时	1.90	9.27		17.61
(2)	中级工	工时	12.70	6.62		84.07
(3)	初级工	工时	49.30	4.64		228.75
2	材料费					539.91
(1)	合金钻头	个	0.19	40.00		7.60
(2)	潜孔钻钻头　80型	个	0.44	55.00		24.20
(3)	冲击器	套	0.04	60.00		2.40
(4)	炸药	kg	53.00	5.15		272.95
(5)	火雷管	个	15.00	1.00		15.00
(6)	电雷管	个	14.00	0.80		11.20
(7)	导火线	m	32.00	0.85		27.20
(8)	导电线	m	82.00	1.00		82.00
(9)	其他材料费	%	22.00	442.55		97.36
3	机械使用费					850.69
(1)	风钻手持式	台时	2.32	24.94		57.86
(2)	潜孔钻　80型	台时	5.95	120.25		715.49
(3)	其他机械费	%	10.00	773.35		77.34
4	石渣运输	m³	104.00	24.80		2579.20
（二）	其他直接费	%	5.10	4300.23		219.31
二	间接费	%	10.50	4519.54		474.55
三	利润	%	7.00	4994.09		349.59
四	材料补差					1698.96
(1)	炸药	kg	53.00	0.65		34.45
(2)	柴油	kg	415.09	4.01		1664.51
五	税金	%	9.00	7042.64		633.84
六	合计					7676.48
	工程单价	元/m³				76.76

注　柴油用量＝（14.9×2.82＋12.6×1.41＋9.1×37.29）×1.04＝415.09（kg）。

任务4.4　堆砌石工程概算单价

堆砌石工程包括堆石、砌石、抛石等，因其具有就地取材、施工技术简单、造价较低等优点，在水利工程中应用普遍。

4.4.1　堆石坝填筑单价

堆石坝填筑可分为石料开采、运输、压实等工序，编制工程单价时，应采用不同子目定额计算各工序单价，然后再编制填筑综合单价。

4.4.1.1　堆石坝填筑料单价

堆石坝物料按其填筑部位的不同，分为反滤料区、过渡料区和堆石区等，需分别列项计算。编制填筑料单价时，可将料场覆盖层（包括无效层）清除等辅助项目费用摊入开采单价中形成填筑料单价。其计算公式为

$$填筑料单价 = 覆盖层清除费用 + \frac{填筑料开采单价（自然方或成品堆方）}{填筑料总方量（自然方或成品堆方）} \quad (4.13)$$

其中，覆盖层清除费用可按施工方法套用土方和石方工程相应定额计算。填筑料开采单价计算可分为以下两种情况：

（1）填筑料不需加工处理：对于堆石料，其单价可按砂石备料工程碎石原料开采定额计算，计量单位为堆方；对于天然砂石料，可按土方开挖工程砂砾（卵）石采运定额（按Ⅳ类土计）计算填筑料挖运单价，计量单位为自然方。

（2）填筑料需加工处理：这类堆石料一般对粒径有一定的要求，其开采单价是指在石料场堆存点加工为成品堆方的单价，可参照本教材项目3任务3.5所述方法计算，计量单位为成品堆方。对有级配要求的反滤料和过渡料，应按砂及碎（卵）石的数量和组成比例，采用综合单价。

利用基坑等开挖料作为堆石料时，不需计算备料单价，但需计算上坝运输费用。

4.4.1.2　填筑料运输单价

填筑料运输单价指从砂石料开采场或成品堆料场装车并运输上坝至填筑工作面的工序单价，包括装车、运输上坝、卸车、空回等费用。从石料场开采堆石料（碎石原料）直接上坝，运输单价套用砂石备料工程碎石原料运输定额计算，计量单位为堆方；利用基坑等开挖石渣作为堆石料时，运输单价采用石方开挖工程石渣运输定额计算，计量单位为自然方；自成品供料场上坝的物料运输，采用砂石备料工程定额相应子目计算运输单价，计量单位为成品堆方，其中反滤料运输采用骨料运输定额。

4.4.1.3　堆石坝填筑单价

堆石坝填筑以建筑成品实方计。填筑料压实定额是按碾压机械和分区材料划分节和子目。对过渡料如无级配要求时，可采用砂砾石定额子目。如有级配要求，需经筛分处理时，则应采用反滤料定额子目。

1. 堆石坝填筑概算单价

《概算定额》堆石坝物料压实定额按自料场直接运输上坝与自成品供料场运输上坝两种情况分别编制，应根据施工组织设计方案正确选用定额子目。

（1）自料场直接运输上坝：砂石料压实定额，列有"砂石料运输（自然方）"项，适用于不需加工就可直接装运上坝的天然砂砾料和利用基坑开挖的石渣料等的填筑，编制填筑工程单价时，只需将物料的装运基本直接费（对天然砂砾料包括覆盖层清除摊销费用）计入压实定额的"砂石料运输"项，即可根据压实定额编制堆石坝填筑的综合概算单价。

（2）自成品供料场运输上坝：砂石料压实定额，列有"砂砾料、堆石料等"项和"砂石料运输（堆方）"项，适用于需开采加工为成品料后再运输上坝的物料（如反滤料、砂砾料、堆石料等）填筑，在编制填筑单价时，将"砂砾料、堆石料"等填筑料单价（或外购填筑料单价），及自成品供料场运输至填筑部位的"砂石料运输"基本直接费单价，分别代入堆石坝物料压实定额，计算堆石坝填筑的综合概算单价。

2. 堆石坝填筑预算单价

《预算定额》堆石坝物料压实在砌石工程定额中编列，定额中没有将物料压实所需的填筑料量及其运输方量列出，根据压实定额编制的单价仅仅是压实工序的单价，编制堆石坝填筑综合预算单价时，还应考虑填筑料的单价和填筑料运输的单价。

堆石坝填筑预算单价 =（填筑料预算单价 + 填筑料运输预算单价）×（1+A）× K_v
+ 填筑料压实预算单价   （4.14）

式中 A——综合系数，可按表 4.14 选取；

K_v——体积换算系数，根据填筑料的来源参考表 4.15 进行折算。

表 4.14   土石坝填筑综合系数表

填筑方法与部位	预算定额 A/%	填筑方法与部位	预算定额 A/%
机械填筑混合坝体上料	5.86	人工填筑心（斜）墙土料	3.43
机械填筑均质坝体上料	4.93	坝体砂砾料、反滤料填筑	2.2
机械填筑心（斜）墙土料	5.7	坝体堆石料填筑	1.4
人工填筑坝体上料	3.43		

4.4.1.4 编制堆石坝填筑单价应注意的问题

（1）《概算定额》土石坝物料压实已计入了从石料开采到上坝运输、压实过程中所有的损耗及超填、施工附加量，编制概（估）算单价时不得加计任何系数。如为非土石坝、堤的一般土料、砂石料压实，其人工、机械定额乘以 0.8 系数。

（2）《概算定额》堆石坝物料压实定额中的反滤料、垫层料填筑定额，其砂和碎石的数量比例可按设计资料进行调整。

（3）编制土石坝填筑综合概算单价时，根据定额相关章节子目计算的物料运输上坝直接费应乘以坝面施工干扰系数 1.02 后代入压实单价。

（4）堆石坝分区使各区石料粒（块）径相差很大，因此，各区石料所耗工料不一定相同，如堆石坝体下游堆石体所需的特大块石需人工挑选，而石料开采定额很难体现这些因素，在编制概（估）算单价时应注意这一问题。

另外，为了节省工程投资，降低工程造价，提高投资效益，在编制坝体填筑单价时，应考虑利用枢纽建筑物的基础或其他工程开挖出渣料直接上坝的可能性。其利用比例可根据施工组织设计安排的开挖与填筑进度的衔接情况合理确定。

4.4.2 砌石工程单价

水利水电工程中的护坡、墩墙、涵洞等均有用块石、条石或料石砌筑，在地方水利工程中应用尤为普遍。砌石工程单价主要由砌石材料单价和砌筑单价两部分组成。对于砌石工程单价的编制，一般应根据工程类别、结构部位、施工方法和材料种类来选用相应的定额子目。在项目划分上要注意区分工程部位的含义和主要材料规格与标准。

4.4.2.1 砌石材料

1. 定额计量单位

砌石工程所用石料均按材料计算，其计量单位视石料的种类而异。对堆石料、过渡料和反滤料，按堆方（松方）计；对片石、块石和卵石，按码方计；对条石、料石以清料方计。如无实测资料时，不同计量单位间体积换算关系可参考表 4.15。

表 4.15　　　　　　　　　　石方松实系数换算表

项目	自然方	松方	实方	码方	备注
土方	1	1.33	0.85		
石方	1	1.53	1.31		
砂方	1	1.07	0.94		
混合料	1	1.19	0.88		
块石	1	1.75	1.43	1.67	包括片石、大乱石

注　1. 松实系数是指土石料体积的比例关系，供一般土石方工程换算时参考。
　　2. 块石实方是指堆石坝坝体方，块石松方即块石堆方。

2. 区分工程部位的含义

（1）护坡。指坡面与水平面夹角（α）在 10°＜α≤30°范围内，砌体平均厚度在 0.5m 以内（含勒脚），主要起保护作用。

（2）护底。指护砌面与水平面夹角在 10°以下，包括齿墙和围坎。

（3）挡土墙。指坡面与水平面夹角（α）在 30°＜α≤90°范围内，承受侧压力，主要起挡土作用。

（4）墩墙。指砌体一般与地面垂直，能承受水平和垂直荷载的砌体，包括闸墩和桥墩。

3. 石料的规格与标准

定额中石料规格及标准见表 4.16，使用时不要混淆。

表 4.16　　　　　　　　　　石料规格和标准表

名称	规　格　标　准
碎石	指经破碎、加工分级后，粒径大于 5mm 的石块
片石	指厚度大于 15cm，长、宽各为厚度的三倍以上，无一定规则形状的石块
卵石	指最小粒径大于 20cm 的天然河卵石
块石	指厚度大于 20cm，长宽各为厚度的 2～3 倍，上下两面大致平行并大致平整，无尖角、薄边的石块
毛条石	指一般长度大于 60cm 的长条形四棱方正石料
粗料石	指毛条石经过修边、打荒加工，外露面方正、各相邻面正交、表面凸凹不超过 10mm 的石料
细料石	指毛条石经过修边、打荒加工，外露面四棱见线，表面凸凹不超过 5mm 的石料

4.4.2.2 石料单价

各种石料作为材料在计算其单价时分三种情况。第一种是施工企业自采石料，其基本直接费单价计算按项目3任务3.5所述方法计算；第二种是外购石料，其单价按材料预算价格编制；第三种是从开挖石渣中捡集块石、片石，此时石料单价只计人工捡石费用［概（预）算定额中均有人工捡集块石定额］及从捡集石料地点到施工现场堆放点的运输费用。

4.4.2.3 砌筑单价

根据设计确定的砌体形式和施工方法，套用相应定额可计算砌筑单价。砌石包括干砌石和浆砌石。对于干砌石，只需将砌石材料单价代入砌筑定额，便可编制砌筑工程单价。对于浆砌石，还有计算砌筑砂浆和勾缝砂浆半成品（指砂浆的各组成材料的价格）。根据设计砂浆的强度等级，按照试验确定的材料配合比，考虑施工损耗量确定水泥、砂子等材料的预算用量。当无试验资料时，可按定额附录中的砌筑砂浆材料配合表确定水泥、砂子等材料的预算用量，用材料预算量乘以材料预算价格计算出砂浆半成品的价格，将石料、砂浆半成品的价格代入砌筑定额，即可编制浆砌石工程单价。

4.4.2.4 采用现行定额编制砌石工程单价应注意的问题

（1）各节材料定额中砂石料计量单位，砂、碎石、堆石料为堆方，块石、卵石为码方，条石、料石为清料方。

（2）石料自料场至施工现场堆放点的运输费用，应计入石料单价内。施工现场堆放点至工作面的场内运输已包括在砌石工程定额内，不得重复计费。

（3）料石砌筑定额包括了砌体外露的一般修凿，如设计要求作装饰性修凿，应另行增加修凿所需的人工费。

（4）浆砌石定额中已计入了一般要求的勾缝，如设计有防渗要求高的开槽勾缝，应增加相应的人工和材料费。砂浆拌制费用已包含在定额内。

4.4.3 堆砌石工程概算单价编制

【工程实例分析4－4】

项目背景：山西省临汾市大宁县某河道工程，其护底采用M7.5浆砌块石施工，用32.5级普通硅酸盐水泥，所有砂石料均需外购。

工作任务：计算该河道工程M7.5浆砌块石护底工程概算单价。

分析与解答：第一步：分析基本资料，确定取费费率。

（1）其他直接费费率，由题意得知该工程地处华北地区，冬雨季施工增加费费率1%～2%，本例中取1%计算，其他直接费费率＝1%＋0.3%＋0%＋1.7%＋1.2%＋0.5%＝4.7%。

（2）间接费费率，查间接费费率表（表4.1），河道工程石方工程的间接费费率为8.5%～9.5%，本例间接费费率取下限9.5%。

（3）利润率为7%。

（4）税金率取9%。

第二步：套定额，选定额子目。

浆砌块石护底，定额选用水利部2002年《水利建筑工程概算定额》（上册）第三-8节30031子目，定额如表4.17所示。

表 4.17　　　　　　　　　　　　浆 砌 块 石

工作内容：选石、修石、冲洗、拌制砂浆、砌筑、勾缝。　　　　　　　　　　　　　单位：100m³ 砌体方

项　目	单位	护坡		护底	基础	挡土墙	桥墩闸墩
		平面	曲面				
工长	工时	17.3	19.8	15.4	13.7	16.7	18.2
高级工	工时						
中级工	工时	356.5	436.2	292.6	243.3	339.4	387.8
初级工	工时	490.1	531.2	457.2	427.4	478.5	504.7
合计	工时	863.9	987.2	765.2	684.4	834.6	910.7
块石	m³	108	108	108	108	108	108
砂浆	m³	35.3	35.3	35.3	35.3	35.3	35.3
其他材料费	%	0.5	0.5	0.5	0.5	0.5	0.5
砂浆搅拌机 0.4m³	台时	6.54	6.54	6.54	6.54	6.54	6.54
胶轮车	台时	163.44	163.44	163.44	160.19	161.18	162.18
编　号		30029	30030	30031	30032	30033	30034

第三步：编制基础单价。

(1) 分析人工预算单价。山西省临汾市大宁县属于一类地区，根据《水利工程设计概（估）算编制规定》（水总〔2014〕429 号）的人工预算单价计算标准，一类地区河道工程的四个档次人工预算单价为：工长 8.19 元/工时，高级工 7.57 元/工时，中级工 6.33 元/工时，初级工 4.43 元/工时。

(2) 确定材料预算价格。经市场调查，32.5 级普通硅酸盐水泥 396.00 元/t，砂 80 元/m³，块石 75 元/m³，施工用水价格 1.32 元/m³，施工用电价格 1.07 元/(kW·h)。

(3) 计算施工机械台时费。查水利部 2002 年《水利工程施工机械台时费定额》，结合《水利工程营业税改征增值税计价依据调整办法》（办水总〔2016〕132 号）和《水利部办公厅关于调整水利工程计价依据增值税计算标准的通知》（办财务函〔2019〕448 号）文件，得到所需机械的台时费基价，详细计算方法见项目 3 任务 3.4。

经计算得，砂浆搅拌机 0.4m³ 的台时费为 26.09 元/台时，胶轮车的台时费为 0.82 元/台时。

(4) 计算砂浆材料单价。查概算定额附录 7 水泥砂浆材料配合比，M7.5 水泥砂浆每立方配合比：32.5 水泥 261kg，砂 1.11m³，水 0.157m³，计算如下：

M7.5 砂浆基价＝261×0.255＋1.11×70＋0.157×1.32＝144.46（元/m³）

水泥以 255 元/t 基价，砂以 70 元/m³ 限价计算砂浆基价，超过的部分计入材料价差。

第四步：将定额中 30031 查出的人工、材料、机械台时消耗量填入表 4.18 的"数量"栏中。将相应的人工预算单价、材料预算价格和机械台时费填入表 4.18 的"单价"栏中。按"消耗量×单价"得出相应的人工费、材料费和机械使用费填入"合计"栏中，相加得出砌石工程的基本直接费，根据已取定的各项费率，计算出其他直接费、间接费、利润、

税金等，汇总后即得出该砌石工程项目的工程概算单价。计算过程详见表 4.18，浆砌石工程概算单价计算结果为 252.04 元/m³。

表 4.18 浆砌石工程单价表

单价编号		项目名称			浆砌块石护底	
定额编号		30031			定额单位	100m³ 砌体方
施工方法		选石、修石、冲洗、拌制砂浆、砌筑、勾缝				
编号	名称及规格		单位	数量	单价/元	合计/元
一	直接费					17831.54
（一）	基本直接费					17031.08
1	人工费					4003.69
（1）	工长		工时	15.40	8.19	126.13
（2）	中级工		工时	292.60	6.33	1852.16
（3）	初级工		工时	457.20	4.43	2025.40
2	材料费					12722.74
（1）	块石		m³	108.00	70.00	7560.00
（2）	砂浆 M7.5		m³	35.30	144.46	5099.44
（3）	其他材料费		%	0.50	12659.44	63.30
3	机械使用费					304.65
（1）	砂浆搅拌机 0.4m³		台时	6.54	26.09	170.63
（2）	胶轮车		台时	163.44	0.82	134.02
（二）	其他直接费		%	4.70	17031.08	800.46
二	间接费		%	9.50	17831.54	1694.00
三	利润		%	7.00	19525.54	1366.79
四	材料补差					2230.88
（1）	块石		m³	108.00	5.00	540.00
（2）	水泥		kg	9213.30	0.141	1299.08
（3）	砂		m³	39.18	10.00	391.80
五	税金		%	9.00	23123.21	2081.09
	合计					25204.30
	单价		元/m³			252.04

注　水泥用量=261×35.3=9213.30（kg）；砂用量=1.11×35.3=39.18（m³）。

【工程实例分析 4-5】
项目背景：见大案例基本资料，泵站工程人工铺筑粗砂垫层。
工作任务：列表计算该河道泵站工程人工铺筑粗砂垫层的概算单价。

分析与解答：

计算结果详见表 4.19。

表 4.19　　　　　　　　　　泵站工程铺筑粗砂垫层单价表

单价编号		项目名称		粗砂垫层	
定额编号		30001		定额单位	100m³
施工方法		人工铺筑砂石垫层　反滤层			
编号	名称及规格	单位	数量	单价/元	合价/元
一	直接费				10285.84
(一)	基本直接费				9559.33
1	人工费				2347.93
(1)	工长	工时	10.20	8.31	84.76
(2)	初级工	工时	497.40	4.55	2263.17
2	材料费				7211.40
(1)	碎（卵）石	m³	102.00	70	7140.00
(2)	其他材料费	%	1.00	7140.00	71.40
3	机械使用费				
(二)	其他直接费	%	7.600	9559.33	726.51
二	间接费	%	9.00	10285.84	925.73
三	利润	%	7.00	11211.57	784.81
四	材料补差				9609.42
(1)	砂	m³	102.00	94.21	9609.42
五	税金	%	9.00	21605.8	1944.52
	合计				23550.32
	单价				235.5

任务 4.5　混凝土工程概算单价

混凝土在水利水电工程中应用十分广泛，其费用在工程总投资中常常占有很大比重。混凝土工程包括各种水工建筑物不同结构部位的现浇混凝土、预制混凝土以及碾压混凝土和沥青混凝土等。此外，还有钢筋制作安装、锚筋、锚喷、伸缩缝、止水、防水层、温控措施等项目。

4.5.1　混凝土工程单价编制规定

1. 定额的选用

应根据设计提供的资料，确定建筑物的施工部位，选用正确的施工方法及运输方案，确定混凝土的强度等级和级配，并根据施工组织设计确定的拌和系统的布置形式等来选相应的定额。

2. 混凝土定额的主要工作内容

(1) 混凝土定额包括常态混凝土、碾压混凝土、沥青混凝土、混凝土预制及安装、钢筋制作及安装，以及混凝土拌制、运输，止水、伸缩缝、温控措施等定额。

（2）常态混凝土浇筑主要工作包括基础面清理、施工缝处理、铺水泥砂浆、平仓浇筑、振捣、养护、工作面运输及辅助工作。混凝土浇筑定额中包括浇筑和工作面运输所需全部人工、材料和机械的数量及费用，但是混凝土拌制及浇筑定额中不包括骨料预冷、加水、通水等温控所需人工、材料、机械的数量和费用。

（3）预制混凝土主要工作包括预制场冲洗、清理、配料、拌制、浇筑、振捣、养护，模板制作、安装、拆除、修整，现场冲洗、拌浆、吊装、砌筑、勾缝，以及预制场和安装场场内运输及辅助工作。混凝土构件预制及安装定额包括预制及安装过程中所需的人工、材料、机械的数量和费用。预制混凝土定额中的模板材料为单位混凝土成品方的摊销量，已考虑了周转。

（4）沥青混凝土浇筑包括配料、混凝土加温、铺筑、养护，模板制作、安装、拆除、修整及场内运输和辅助工作。

（5）碾压混凝土浇筑包括冲毛、冲洗、清仓，铺水泥砂浆，混凝土配料、拌制、运输、平仓、碾压、切缝、养护，工作面运输及辅助工作等。

（6）混凝土拌制定额是按常态混凝土拟定的。混凝土拌制包括配料、加水、加外加剂，搅拌、出料、清洗及辅助工作。

（7）混凝土运输包括装料、运输、卸料、空回、冲洗、清理及辅助工作。现浇混凝土运输是指混凝土自搅拌楼或搅拌机口至浇筑现场工作面的全部水平运输和垂直运输。预制混凝土构件运输指预制场到安装现场之间的运输，预制混凝土构件在预制场和安装现场内的运输，已包括在预制及安装定额内。

（8）钢筋制作与安装定额中，其钢筋定额消耗量已包括钢筋制作与安装过程中的加工损耗、搭接损耗及施工架立筋附加量。

3. 使用定额时的注意事项

（1）各类混凝土浇筑定额的计量单位均为建筑物及构筑物的成品实体方。

（2）混凝土拌制及混凝土运输定额的计量单位均为半成品方，不包括干缩、运输、浇筑和超填等损耗的消耗量在内。

（3）止水、沥青砂柱止水、混凝土管安装计量单位为"延长米"；钢筋制作与安装的计量单位为"t"；防水层、伸缩缝、沥青混凝土涂层、斜墙碎石垫层涂层的计量单位均为"m^2"。

（4）在混凝土工程定额中，常态混凝土和碾压混凝土定额中不包括模板制作与安装费用，模板的费用应按模板工程定额另行计算；预制混凝土及沥青混凝土定额中已包括了模板的相关费用，计算时不得再计算模板的费用。

（5）在使用有些混凝土定额子目时，应根据"注"的要求来调整人工、机械的定额消耗量。

4.5.2 混凝土工程单价编制

混凝土工程概算单价主要包括：现浇混凝土单价、预制混凝土单价、钢筋制作安装单价和止水单价等，对于大型混凝土工程还要计算混凝土温度控制措施费。

4.5.2.1 现浇混凝土单价编制

现浇混凝土的主要施工工序有混凝土的拌制、运输以及浇筑等。在混凝土浇筑定额各节子目中列有"混凝土拌制""混凝土运输"的数量,在编制混凝土工程单价时,应先根据定额计算这些项目的基本直接费单价,再将其分别代入混凝土浇筑定额计算混凝土工程单价。

1. 混凝土材料单价

混凝土浇筑定额中,材料消耗定额的"混凝土"一项,指完成定额单位产品所需的混凝土半成品量。混凝土半成品单价是指按施工配合比配制 $1m^3$ 混凝土所需砂、石、水泥、水、掺合料及外加剂等材料费用之和,不包括拌制、运输以及浇筑等工序的人工、材料和机械费用,也不包含除搅拌损耗外的施工损耗及超填量等。

混凝土材料单价在混凝土工程单价中占有较大的比重,编制概算单价时,应按本工程的混凝土级配试验资料计算。如无试验资料,可参照《水利建筑工程概算定额》下册附录 7 混凝土配合比表计算混凝土材料单价。具体计算混凝土材料单价时,参见项目 3 任务 3.6。

2. 混凝土拌制单价

混凝土的拌制包括配料、运输、搅拌、出料等工序。编制混凝土拌制单价时,应根据所采用的拌制机械来选用现行《水利建筑工程概算定额》第 4 章 35~37 节中的相应子目,进行工程单价计算。一般情况下,混凝土拌制单价作为混凝土浇筑定额中的一项内容即构成混凝土浇筑单价中的定额直接费,为避免重复计算其他直接费、间接费、企业利润和税金,混凝土拌制单价只计算定额基本直接费。混凝土搅拌系统的布置视工程规模大小、工期长短、混凝土数量多少,以及地形条件、施工技术要求和设备情况来具体拟定。在使用定额时,需要注意以下两点:

(1) 混凝土拌制定额按拌制常态混凝土拟定,若拌制加冰、加掺合料等其他混凝土,则按表 4.20 所规定的系数对拌制定额进行调整。

表 4.20　　　　　　　　　　混凝土拌制定额调整系数表

搅拌楼规格	混凝土类别			
	常态混凝土	加冰混凝土	加掺合料混凝土	碾压混凝土
$1×2.0m^3$ 强制式	1.00	1.20	1.00	1.00
$2×2.5m^3$ 强制式	1.00	1.17	1.00	1.00
$2×1.0m^3$ 自落式	1.00	1.00	1.10	1.30
$2×1.5m^3$ 自落式	1.00	1.00	1.10	1.30
$3×1.5m^3$ 自落式	1.00	1.00	1.10	1.30
$2×3.0m^3$ 自落式	1.00	1.00	1.10	1.30
$4×3.0m^3$ 自落式	1.00	1.00	1.10	1.30

(2) 定额中用搅拌楼拌制现浇混凝土定额子目,以组时表示的"骨料系统"和"水泥系统"是指骨料、水泥进入搅拌楼之前与搅拌楼相衔接而必须配备的有关机械设备,包括自搅拌楼骨料仓下廊道内接料斗开始的胶带输送机及其供料设备;自水泥罐开始的水泥提

升机械或空气输送设备，胶带运输机和吸尘设备，以及袋装水泥的拆包机械等。其组时费用根据施工组织设计选定的施工工艺和设备配备数量自行计算。

3. 混凝土运输单价

混凝土运输是指混凝土自搅拌机（楼）出料口至浇筑现场工作面的运输，是混凝土工程施工的一个重要环节，包括水平运输和垂直运输两部分。水利工程多采用数种运输设备相互配合的运输方案，不同的施工阶段、不同的浇筑部位，可能采用不同的运输方式。在使用现行《水利建筑工程概算定额》时须注意，各节现浇混凝土中"混凝土运输"作为浇筑定额的一项内容，它的数量已包括完成每一定额单位有效实体所需增加的超填量和施工附加量等。编制概算单价时，一般应根据施工组织设计选定的运输方式来选用运输定额子目，为避免重复计算其他直接费、间接费、企业利润和税金，混凝土运输单价只计算定额基本直接费，并以该运输单价乘以混凝土浇筑定额中所列的"混凝土运输"数量，构成混凝土浇筑单价的直接费用项目。

4. 混凝土浇筑单价

混凝土浇筑的主要工序包括基础面清理、施工缝处理、入仓、平仓、振捣、养护、凿毛等。影响浇筑工序的主要因素有仓面面积、施工条件等。仓面面积大，便于发挥人工及机械效率，工效高。浇筑定额中包括浇筑和工作面运输所需全部人工、材料和机械的数量和费用。单价计算应根据施工部位和混凝土种类，选用相应的定额子目将混凝土材料单价、混凝土拌制基本直接费单价、混凝土运输基本直接费单价代入混凝土浇筑定额编制混凝土工程单价。施工条件对混凝土浇筑工序的影响很大，计算混凝土浇筑单价时，需注意以下几点：

（1）现行混凝土浇筑定额中包括浇筑和工作面运输（不含浇筑现场垂直运输）所需全部人工、材料和机械的数量和费用。

（2）地下工程混凝土浇筑施工照明，已计入浇筑定额的其他材料费中。

（3）混凝土浇筑仓面清洗用水，已计入浇筑定额的用水量。

（4）平洞、竖井、地下厂房、渠道等混凝土衬砌定额中所列示的开挖断面和衬砌厚度按设计尺寸选取。设计厚度不符时，可用插入法计算。

（5）混凝土材料定额中的"混凝土"，系指完成单位产品所需的混凝土成品量，其中包括干缩、运输、浇筑和超填等损耗量在内。

4.5.2.2 预制混凝土单价编制

预制混凝土工程包括混凝土构件预制、构件运输、构件安装等工序。预制构件的运输是指预制场至安装现场之间的运输，包括装车、运输、卸车，应按施工组织设计确定的运输方式、装卸和运输机械、运输距离选择定额。预制构件在预制场和安装现场的运输费用已包括在预制及安装定额内。构件安装主要包括安装现场冲洗、拌浆、吊装、砌筑、勾缝等。

《水利建筑工程预算定额》分为混凝土预制、构件运输和构件安装三部分，各有分项子目，编制安装单价时，先分别计算混凝土预制和构件运输的基本直接费单价，将两者之和作为构件安装（或吊装）定额中"混凝土构件"项的单价，然后根据安装定额编制预制混凝土的综合预算单价。

《水利建筑工程概算定额》是混凝土预制及安装的综合定额,定额包括了构件预制、安装和构件在预制场、安装现场内的运输所需的全部人工、材料和机械消耗量,但不包括预制构件从预制场至安装现场之间的场外运输费。编制安装单价时,须根据设计确定的运输方式按相应的构件运输定额,计算预制构件的场外运输基本直接费单价,再将其代入预制安装定额编制预制混凝土的综合概算单价。

预制混凝土定额中的模板材料均按预算消耗量计算,包括制作(钢模为组装)、安装、拆除维修的消耗、损耗,并考虑了周转和回收。

混凝土预制构件安装与构件重量、设计要求安装的准确度以及构件是否分段等有关。当混凝土构件单位重量超过定额中起重机械起重量时,可用相应起重机械替换,但台时量不变。

4.5.2.3 沥青混凝土工程单价

水利水电工程常用的沥青混凝土为碾压式沥青混凝土,分为开级配(孔隙率大于5%,含少量或不含矿粉)和密级配(孔隙率小于5%,含一定量矿粉)。开级配适用于防渗墙的整平胶结层和排水层,密级配适用于防渗墙的防渗层和岸边接头部位。沥青混凝土单价编制方法与常规混凝土单价编制方法基本相同。

4.5.2.4 混凝土温控措施单价

在水利水电工程中,为防止拦河坝等大体积混凝土由于温度应力而产生裂缝和坝体接缝灌浆后接缝再度拉裂,根据现行设计规程和混凝土设计及施工规范的要求,高、中拦河坝等大体积混凝土工程的施工,都必须进行混凝土温控设计,提出温控标准和降温防裂措施。温控措施很多,在实际工程中,应根据不同地区的气温条件、不同坝体结构的温控要求、不同工程的特定施工条件及建筑材料的要求等综合因素,分别采用风或水预冷骨料,采用水化热较低的水泥,减少水泥的用量,加冰或冷水拌制混凝土,对坝体混凝土进行一、二期通水冷却及表面保护等措施。

大体积混凝土温控措施费用,应根据坝址夏季月平均气温、设计要求温控标准、混凝土冷却降温后的降温幅度和混凝土浇筑温度并参照表4.21进行计算。

表4.21 混凝土温控措施费用计算标准参考表

夏季月平均气温 /℃	降温幅度 /℃	温控措施	占混凝土总量 比例/%
20以下		个别高温时段,加冰或加冷水拌制混凝土	20
20以下	5	加冰、加冷水拌制混凝土	35
		坝体一、二期通水冷却及混凝土表面养护	100
20~25	5~10	风或水预冷大骨料	25~35
		加冰水拌制混凝土	40~45
		坝体一、二期通水冷却及混凝土表面养护	100
20~25	10以上	风预冷大、中骨料	35~45
		加冰、加冷水拌制混凝土	55~60
		坝体一、二期通水冷却及混凝土表面养护	100

续表

夏季月平均气温 /℃	降温幅度 /℃	温控措施	占混凝土总量比例/%
25以上	10~15	风预冷大、中、小骨料	35~45
		加冰、加冷水拌制混凝土	55~60
		坝体一、二期通水冷却及混凝土表面养护	100
25以上	15以上	风和水预冷大、中、小骨料	50
		加冰、加冷却水拌制混凝土	60
		坝体一、二期通水冷却及混凝土表面养护	100

1．基本参数的选择和确定

(1) 工程所在地区的多年平均气温、水温、寒潮降温幅度和次数等气象数据。

(2) 设计要求的混凝土出机口温度、浇筑温度和坝体的容许温差。

(3) 拌制 $1m^3$ 混凝土所需加冰或加水的数量、时间及相应措施的混凝土数量。

(4) 混凝土骨料预冷的方式，平均预冷 $1m^3$ 混凝土骨料所需消耗冷风、冷水的数量，预冷时间与温度，$1m^3$ 混凝土需预冷骨料的数量及需进行骨料预冷的混凝土数量。

(5) 坝体的设计稳定温度，接缝灌浆的时间，坝体混凝土一、二期通低温水的时间、流量、冷水温度及通水区域。

(6) 各预冷或冷冻系统的工艺流程，配置设备的名称、规格、型号、数量和制冷剂消耗指标等。

(7) 混凝土表面保护方式，保护材料的品种、规格及 $1m^3$ 混凝土的保护材料数量。

2．混凝土温控措施费用计算步骤

(1) 根据夏季月平均气温、水温计算混凝土用砂、石骨料的自然温度和常温混凝土出机口温度。如常温混凝土出机口温度能满足设计要求，则不需采用特殊降温措施（计算方法见《水利建筑工程概算定额》附录10表10-1）。

(2) 根据温控设计确定的混凝土出机口温度，确定应预冷材料（石子、砂、水等）的冷却温度，并据此验算混凝土出机口温度能否满足设计要求。$1m^3$ 混凝土加片冰数量一般为40~60kg，加冷水量＝配合比用水量－加片冰数量－骨料含水量，机械热可用插值法计算。

(3) 计算风冷却骨料、冷水、片冰、坝体通水等温控措施的分项单价，然后计算出 $1m^3$ 混凝土温控综合直接费。

(4) 计算其他直接费、间接费、企业利润及税金，然后计算 $1m^3$ 混凝土温控综合单价。

(5) 根据需温控混凝土占混凝土总量的比例，计算 $1m^3$ 混凝土温控加权平均单价。

4.5.2.5 钢筋制作安装单价

钢筋是水利工程的主要建筑材料，常用的钢筋多为直径 6~40mm。建筑物或构筑物所用钢筋的安装方法有散装法和整装法两种。散装法是将加工成型的散钢筋运到工地，再逐根绑扎或焊接。整装法是在钢筋加工厂内制作好钢筋骨架，再运至工地安装就位。水利工程因结构复杂、断面庞大，多采用散装法。

1. 钢筋制作安装的内容

钢筋制作安装包括钢筋加工、绑扎、焊接及场内运输等工序。

(1) 钢筋加工。加工工序主要为调直、除锈、划线、切断、调制、整理等，采用手工或调直机、除锈机、切断机及弯曲机等进行。

(2) 绑扎、焊接。绑扎是将弯曲成型的钢筋，按设计要求组成钢筋骨架，一般用18～22号铅丝人工绑扎。人工绑扎简单方便，无需机械和动力，是小型水利工程钢筋连接的主要方法。

2. 钢筋制作安装工程单价计算

现行部颁概、预算定额不分工程部位和钢筋规格型号，综合成一节"钢筋制作与安装"定额，该定额适用于水工建筑物各部位的现浇及预制混凝土，以"t"为计量单位。《水利建筑工程概算定额》中钢筋定额消耗量已包括切断及焊接损耗、截于短头废料损耗，以及搭接帮条等附加量。《水利建筑工程预算定额》仅含加工损耗，不包括搭接长度及施工架立钢筋用量。

【工程实例分析 4-6】

项目背景：某拦河水闸工程位于山西省运城市某县城镇之外，过闸流量为 $1200 m^3/s$，其底板采用现浇钢筋混凝土底板，底板厚度为 2.0m，混凝土采用强度等级为 C25，二级配，42.5级普通硅酸盐水泥；施工方法采用 $0.4m^3$ 搅拌机拌制混凝土，1t 机动翻斗车装混凝土运 200m 至仓面进行浇筑。已知基本资料如下：

(1) 人工预算单价：工长 11.55 元/工时，高级工 10.67 元/工时，中级工 8.90 元/工时，初级工 6.13 元/工时。

(2) 材料预算价格：42.5级普通硅酸盐水泥 300 元/t，中砂 80 元/m^3，碎石（综合）60 元/m^3，水 4.86 元/m^3，电 0.86 元/(kW·h)，柴油 5.0 元/kg，施工用风 0.5 元/m^3。

(3) 机械台时费：$0.4m^3$ 搅拌机 27.71 元/台时，胶轮车 0.80 元/台时，1t 机动翻斗车 18.22 元/台时，柴油消耗数量为 1.5kg/台时，1.1kW 插入式振动器 2.07 元/台时，风水枪 121.77 元/台时。

工作任务：计算闸底板现浇混凝土工程的概算单价。

分析与解答：第一步：计算混凝土材料单价。查《水利水电建筑工程概算定额》下册附录7，可知 C25 混凝土、42.5级普通硅酸盐水泥二级配混凝土材料配合比（$1m^3$）：42.5级普通硅酸盐水泥 289kg，粗砂 0.49m^3，卵石 0.81m^3，水 0.15m^3。工程中实际采用的是碎石和中砂，应按项目3任务3.6所示系数进行换算。

换算后的混凝土配合比单价为

$$289 \times 1.10 \times 1.07 \times 0.255 + 0.49 \times 1.10 \times 0.98 \times 70 + 0.81 \times 1.06$$
$$\times 0.98 \times 60 + 0.15 \times 1.10 \times 1.07 \times 4.86$$
$$= 175.06 \text{（元/}m^3\text{）}$$

第二步：计算混凝土拌制单价（只计定额基本直接费）。选用《水利水电建筑工程概算定额》第四-35节 40171 子目，定额见表 4.22，计算过程见表 4.23，混凝土拌制单价为：27.96 元/m^3。

表 4.22 搅拌机拌制

适用范围：各种级配常态混凝土   单位：100m³

项 目	单 位	搅拌机出料/m³	
		0.4	0.8
工长	工时		
高级工	工时		
中级工	工时	126.2	93.8
初级工	工时	167.2	124.4
合计	工时	293.4	218.2
零星材料费	%	2	2
搅拌机	台时	18.9	9.07
胶轮车	台时	87.15	87.15
编号		40171	40172

表 4.23 建筑工程单价表（一）

单价编号		项目名称		混凝土拌制	
定额编号	40171		定额单位	100m³	
施工方法		0.4m³ 搅拌机拌制混凝土			
编号	名称及规格	单位	数量	单价/元	合计/元
一	基本直接费	元			2796.39
1	人工费	元			2148.12
(1)	中级工	工时	126.20	8.90	1123.18
(2)	初级工	工时	167.20	6.13	1024.94
2	材料费	元			54.83
(1)	零星材料费	%	2.00	2741.56	54.83
3	机械费	元			593.44
(1)	搅拌机	台时	18.90	27.71	523.72
(2)	胶轮车	台时	87.15	0.80	69.72

第三步：计算混凝土运输单价（只计定额基本直接费）。选用《水利水电建筑工程概算定额》第四-40节40193子目，定额见表4.24，计算过程见表4.25，结果为：10.04元/m³。

第四步：计算混凝土浇筑单价。根据工程性质（枢纽）特点确定取费费率，其他直接费费率取7.5%，间接费费率取9.5%，企业利润率取7%，税率取9%。

选用《水利水电建筑工程概算定额》第四-10节40058子目，定额见表4.26，计算过程见表4.27。混凝土浇筑工程的概算单价为：413.62元/m³。

表 4.24　　　　　　　　　　　　　机动翻斗车运混凝土

适用范围：人工给料。　　　　　　　　　　　　　　　　　　　　　　　　　单位：100m³

项目	单位	运距/m					增运 100m
		100	200	300	400	500	
工长	工时						
高级工	工时						
中级工	工时	37.6	37.6	37.6	37.6	37.6	
初级工	工时	30.8	30.8	30.8	30.8	30.8	
合计	工时	68.4	68.4	68.4	68.4	68.4	
零星材料费	%	5	5	5	5	5	
机动翻斗车 1t	台时	20.32	23.73	26.93	29.87	32.76	2.78
编号		40192	40193	40194	40195	40196	40197

表 4.25　　　　　　　　　　　　　建筑工程单价表（二）

单价编号			项目名称		混凝土运输	
定额编号		40193		定额单位	100m³	
施工方法		1t机动翻斗车运输混凝土200m				
序号	名称及规格	单位	数量	单价/元	合计/元	
	基本直接费	元			1003.59	
1	人工费	元			523.44	
(1)	中级工	工时	37.6	8.90	334.64	
(2)	初级工	工时	30.8	6.13	188.80	
2	材料费	元			47.79	
(1)	零星材料费	%	5	955.80	47.79	
3	机械费	元			432.36	
	机动翻斗车 1t	台时	23.73	8.22	432.36	

表 4.26　　　　　　　　　　　　　底　　板

适用范围：溢流堰、护坦、铺盖、阻滑板、趾板等。　　　　　　　　　　　　单位：100m³

项目	单位	厚度/cm		
		100	200	400
工长	工时	17.6	11.8	8.1
高级工	工时	23.4	15.8	10.9
中级工	工时	310.6	209.3	143.8
初级工	工时	234.4	157.9	108.5
合计	工时	586	394.8	271.3
混凝土	m³	112	108	106
水	m³	133	107	74
其他材料费	%	0.5	0.5	0.5
振动器 1.1kW	台时	45.84	44.16	43.31
风水枪	台时	17.08	11.51	7.91
其他机械费	%	3	3	3
混凝土拌制	m³	112	108	106
混凝土运输	m³	112	108	106
编号		40057	40058	40059

表 4.27　　　　　　　　　　　建筑工程单价表（三）

单价编号			项目名称		底板混凝土浇筑
定额编号	40058		定额单位		100m³
施工方法	1t 机动翻斗车装混凝土运 200m 至仓面，1.1kW 插入式振动器振捣				
序号	名称及规格	单位	数量	单价/元	合计/元
一	直接费	元			30423.55
（一）	基本直接费	元			28300.97
1	人工费	元			3135.57
	工长	工时	11.80	11.55	136.29
	高级工	工时	15.80	10.67	168.59
	中级工	工时	209.30	8.90	1862.77
	初级工	工时	157.90	6.13	967.93
2	材料费	元			19523.63
	混凝土	m³	108	175.06	18906.48
	水	m³	107	4.86	520.02
	其他材料费	%	0.5	19426.50	97.13
3	机械费	元			1537.77
	振动器 1.1kW	台时	44.16	2.07	91.41
	风水枪	台时	11.51	121.77	1401.57
	其他机械费	%	3.00	1492.98	44.79
4	混凝土拌制	m³	108	27.96	3019.68
5	混凝土运输	m³	108	10.04	1084.32
（二）	其他直接费	%	7.50	28300.98	2122.57
二	间接费	%	9.50	30423.55	2890.24
三	利润	%	7.00	33313.79	2331.97
四	材料补差	元			2301.06
	柴油	kg	38.44	2.01	77.26
	中砂	m³	57.05	10.00	570.50
	水泥	t	36.74	45	1653.30
五	税金	%	9.00	37946.82	3415.21
六	单价合计				41362.03

注　柴油消耗量 23.73×1.5×108/100＝38.44（kg）。
　　中砂消耗量 0.49×1.10×0.98×108＝57.05（m³）。
　　水泥消耗量 289×1.10×1.07×108/1000＝36.74（t）。

【工程实例分析 4-7】

项目背景：见大案例基本资料，泵站工程钢筋制作及安装。

工作任务：列表计算该河道泵站工程钢筋制作及安装的概算单价。

分析与解答：

计算结果详见表4.28。

表4.28 建 筑 工 程 单 价 表

单价编号			项目名称		钢筋制作及安装
定额编号		40123		定额单位	1t
施工方法		钢筋加工、绑扎、焊接及场内运输			
编号	名称及规格	单位	数量	单价/元	合价/元
一	直接费				4707.77
(一)	基本直接费				4375.25
1	人工费				686.58
(1)	工长	工时	10.60	8.31	88.09
(2)	高级工	工时	29.70	7.70	228.69
(3)	中级工	工时	37.10	6.46	239.67
(4)	初级工	工时	28.60	4.55	130.13
2	材料费				2849.17
(1)	钢筋	t	1.070	2560	2739.20
(2)	铁丝	kg	4.00	4.8	19.20
(3)	电焊条	kg	7.36	8.5	62.56
(4)	其他材料费	‰	1.00	2820.96	28.21
3	机械使用费				839.50
(1)	钢筋调直机 4～14kW	台时	0.63	33.39	21.04
(2)	风(砂)水枪 6m³/min	台时	1.58	98.26	155.25
(3)	钢筋切断机 20kW	台时	0.42	60.65	25.47
(4)	钢筋弯曲机 φ6～40	台时	1.10	27.66	30.43
(5)	电焊机 交流 25kVA	台时	10.50	42.28	443.94
(6)	对焊机 电弧型150	台时	0.42	250.15	105.06
(7)	载重汽车 5t	台时	0.47	47.38	22.27
(8)	塔式起重机 10t	台时	0.11	177.98	19.58
(9)	其他机械费	‰	2.00	823.04	16.46
(二)	其他直接费	‰	7.600	4375.25	332.52
二	间接费	‰	5.00	4707.77	235.39
三	利润	‰	7.00	4943.16	346.02
四	材料补差				3696.43
(1)	钢筋	t	1.070	3438.83	3679.55
(2)	汽油	kg	3.384	4.988	16.88
五	税金	‰	9.00	8985.61	808.70
	合计				9794.31
	单价				9794.31

任务 4.6 模板工程概算单价

模板工程概算单价的计算，包括模板制作单价、模板安装与拆除单价编制，模板安装与拆除工程单价的计算中嵌套了模板制作单价，其中模板制作单价属于中间单价（也称子单价）。所以该工程单价的编制涉及准确查工程定额（包括模板制作定额、模板安装与拆除工程定额），根据定额说明做好定额消耗数量的调整，再根据已知的基础单价及概（估）算编制规定中关于费率的取值规定，即可以计算出模板工程概算单价。

4.6.1 模板的主要工作内容

模板制作与安装拆除定额，均以 $100m^2$ 立模面积为计量单位，模板定额的计量面积为混凝土与模板的接触面积，即建筑物体形及施工分缝要求所需的立模面积。立模面面积的计量，一般应该按满足建筑物体形及施工分缝要求所需的立模面计算。

在编制概（预）算时，模板工程量应根据设计图纸及混凝土浇筑分缝图计算。在初步设计之前没有详细图纸时，可参照《水利建筑工程概算定额》附录9"水利工程混凝土建筑物立模面系数参考表"中的数据进行估算，即模板工程量＝相应工程部位混凝土概算工程量×相应的立模面系数（m^2）。立模面系数是指每单位混凝土（$100m^2$）所需的立模面积（m^2）。立模面系数与混凝土的体积、形状有关，也就是与建筑物的类型和混凝土的工程部位有关。

4.6.2 定额的选用及注意事项

（1）模板单价包括模板及其支撑结构的制作、安装、拆除、场内运输及修理等全部工序的人工、材料和机械费用。

（2）模板材料均按预算消耗量计算，包括了制作、安装、拆除、维修的损耗和消耗，并考虑了周转和回收。

（3）模板定额材料中的铁件包括铁钉、铁丝及预埋铁件，铁件和预制混凝土柱均按成品预算价格计算。

（4）模板定额中的材料，除模板本身外，还包括支撑模板的主柱、围令、桁（排）架及铁件等。对于悬空建筑物（如渡槽槽身）的模板，计算到支撑模板结构的承重梁（或枋木）为止，承重梁以下的支撑结构应包括在"其他施工临时工程"中。

（5）在隧洞衬砌钢模台车、针梁模板台车、竖井衬砌的滑模台车及混凝土面板滑模台车中，所用到的行走机构、构架、模板及其支撑型钢，为拉滑模板或台车行走及支立模板所配备的电动机、卷扬机、千斤顶等动力设备，均作为整体设备以工作台时计入定额。但定额中未包括轨道及埋件，只有溢流面滑模定额中含轨道及支撑轨道的埋件、支架等材料。滑模台车定额中的材料包括滑模台车轨道及安装轨道所用的埋件、支架和铁件。针梁模板台车和钢模台车轨道及安装轨道所用的埋件等应计入其他临时工程。

（6）大体积混凝土中的廊道模板，均采用一次性预制混凝土模板（浇筑后作为建筑物结构的一部分）。混凝土模板预制及安装，可参考混凝土预制及安装定额编制其单价。

（7）《水利建筑工程概算定额》隧洞衬砌模板及涵洞模板定额中的堵头和键槽模板已按一定比例摊入定额中，不再计算立模面面积。《预算定额》需计算堵头和键槽模板立模面面积,并单独编制其单价。

(8)《水利建筑工程概算定额》第五章中五-1～五-11节的模板定额中其他材料费的计算基数,不包括"模板"本身的价值。

4.6.3 模板工程单价编制

现行部颁概、预算定额将模板分为"制作"定额和"安装、拆除"定额两项,模板工程定额适用于各种水工建筑物的现浇混凝土。

《水利建筑工程概算定额》中列有模板制作定额,并在"模板安装拆除"定额子目中嵌套模板制作数量$100m^2$,这样便于计算模板综合工程单价。而预算定额中将模板制作和安装拆除定额分别计列,使用预算定额时将模板制作及安装拆除工程单价计算出后再相加,即为模板综合单价。

1. 模板制作单价

按混凝土结构部位的不同,可选择不同类型的模板制作定额,编制模板制作单价。在编制模板制作单价时,要注意各节定额的适用范围和工作内容,对定额作出正确的调整。

模板属周转性材料,其费用应进行摊销。模板制作定额的人工、材料、机械用量是考虑多次周转和回收后使用一次的摊销量,也就是说,按模板制作定额计算的模板制作单价是模板使用一次的摊销价格。

2. 模板安装、拆除单价

《水利建筑工程概算定额》模板安装各节子目中将"模板"作为材料列出,定额中"模板"材料的预算价格套用"模板制作"定额计算(取基本直接费)。

(1)若施工企业自制模板,按模板制作定额计算出基本直接费(不计入其他直接费、间接费、企业利润和税金),作为模板的预算价格代入安装拆除定额,统一计算模板综合单价。

(2)若为外购模板,安装拆除定额中的模板预算价格应为模板使用一次的摊销价格,其计算公式为

$$模板预算价格 = 外购模板预算价格 \times (1-残值率)/周转次数 \times 综合系数$$

(4.15)

式中:残值率取10%,周转次数50次,综合系数1.15(含露明系数及维修损耗系数)。

将模板材料的价格代入相应的模板安装、拆除定额,可计算模板工程单价。

【工程实例分析4-8】

项目背景: 大型拦河水闸工程中,岩石基础底板混凝土模板采用普通标准钢模板。已知基本资料如下:

(1)人工预算单价:工长11.55元/工时,高级工10.67元/工时,中级工8.90元/工时,初级工6.13元/工时。

(2)材料预算价格:组合钢模板6.50元/kg,型钢3.40元/kg,卡扣件4.5元/kg,铁件5.6元/kg,电焊条5.5元/kg,水4.86元/m^3,电0.86元/(kW·h),汽油3.075元/kg,施工用风0.5元/m^3,预制混凝土柱320.0元/m^3,汽油价格6.5元/kg。

(3)机械台时费:钢筋切断机(20kW)29.21元/台时,载重汽车(5t)台时费基价50.26元/台时,汽油消耗量7.2kg,电焊机(25kVA)13.12元/台时,汽车起重机(5t)

的台时费基价64.29元/台时,汽油消耗量5.8kg。

工作任务:计算底板模板工程的概算单价。

分析与解答:第一步:计算模板制作单价(只计定额基本直接费)。查《水利水电建筑工程概算定额》选用第五-12节50062子目,定额如表4.29所示,计算过程见表4.30所示,计算结果为:9.56元/m^2。

表4.29　　　　　　　　　　　普 通 模 板 制 作

适用范围:标准钢模板:直墙、挡土墙、防浪墙、闸墩、底板、趾板、梁、板、柱等。
　　　　　平面木模板:混凝土坝、厂房下部结构等大体积混凝土的直立面、斜面、混凝土墙等。
　　　　　曲面模板:混凝土墩头、进水口下侧收缩曲面等弧形柱面。
工作内容:标准钢模板:铁件制作、模板运输。
　　　　　平面木模板:模板制作、立柱、铁件制作、模板运输。
　　　　　曲面模板:钢架制作、面板拼装、铁件制作、模板运输。

项　目	单位	标准钢模板	平面木模板	曲面模板
工长	工时	1.2	4.1	4.5
高级工	工时	3.8	12.1	14.7
中级工	工时	4.2	33.6	30.3
初级工	工时	1.5	12.8	11.9
合计	工时	10.7	62.6	61.4
锯材	m^2		2.3	0.4
组合钢模板	kg	81.0		106
型钢	kg	44.0		498
卡扣件	kg	26		43
铁件	kg	2	25	36
电焊条	kg	0.6		11
其他材料费	%	2	2	2
圆盘锯	台时		4.69	
双面刨床	台时		3.91	
型钢剪断机 13kW	台时			0.98
型材弯曲机	台时			1.53
钢筋切断机 20kW	台时	0.07	0.17	0.19
钢筋弯曲机 ϕ6~40	台时		0.44	0.49
载重汽车 5t	台时	0.37	1.68	0.43
电焊机 25kVA	台时	0.72		8.17
其他机械费	%	5	5	5
编　号		50062	50063	50064

第二步:查模板安装、拆除定额。查《水利水电建筑工程概算定额》选用第五-1节50001子目,再查《水利工程概预算补充定额》(2005)中"水利工程修改定额""五-1普通模板的修改",定额如表4.31所示。

表 4.30　　　　　　　　　　　　　　建筑工程单价表（一）

单价编号			项目名称	底板钢模板制作	
定额编号	50062		定额单位	100m²	
施工方法			铁件制作、模板运输		
序号	名称及规格	单位	数量	单价/元	合计/元
一	基本直接费				956.32
1	人工费				100.98
	工长	工时	1.20	11.55	13.86
	高级工	工时	3.80	10.67	40.55
	中级工	工时	4.20	8.90	37.38
	初级工	工时	1.50	6.13	9.20
2	材料费				823.75
	组合钢模板	kg	81.00	6.50	526.50
	型钢	kg	44.00	3.40	149.60
	卡扣件	kg	26.00	4.50	117.00
	铁件	kg	2.00	5.60	11.20
	电焊条	kg	0.60	5.50	3.30
	其他材料费	%	2.00	807.60	16.15
3	机械使用费				31.59
	钢筋切断机　20kW	台时	0.07	29.21	2.04
	载重汽车　5t	台时	0.37	50.26	18.60
	电焊机　25kVA	台时	0.72	13.12	9.45
	其他机械费	%	5.00	30.09	1.50

表 4.31　　　　　　　　　　　　　　　　普　通　模　板

适用范围：标准钢模板：直墙、挡土墙、防浪墙、闸墩、底板、趾板、梁、板、柱等。
　　　　　平面木模板：混凝土坝、厂房下部结构等大体积混凝土的直立面、斜面、混凝土墙等。
　　　　　曲面模板：混凝土墩头、进水口下侧收缩曲面等弧形柱面。
工作内容：模板安装、拆除、除灰、刷脱模剂、维修、倒仓。

项目	单位	标准钢模板		平面木模板	曲面模板
		一般部位	梁板柱部位		
工长	工时	14.6	18.3	11.0	14.1
高级工	工时	49.5	61.8	7.4	59.3
中级工	工时	83.7	104.6	111.2	167.2
初级工	工时	39.8	49.7	27.7	37.2
合计	工时	187.6	234.4	157.3	277.8
模板	m²	100	100	100	100
铁件	kg	124	30	321	357

续表

项目	单位	标准钢模板		平面木模板	曲面模板
		一般部位	梁板柱部位		
预制混凝土柱	m³	0.3		1	
电焊条	kg	2.0	2.0	5.2	5.8
其他材料费	%	2	2	2	2
汽车起重机 5t	台时	8.75	8.75	11.95	12.88
电焊机 25kVA	台时	2.06	2.06	6.71	2.06
其他机械费	%	5	5	5	10
编号		50001	50002	50003	50004

注 底板、趾板为岩石基础时，标准钢模板定额人工乘以1.2系数，其他材料费按8%取。

第三步：根据注释，底板、趾板为岩石基础时，标准钢模板定额人工乘以1.2系数，其他材料费按8%计算。定额50001子目人工调整为：工长 $14.6 \times 1.2 = 17.52$ 工时，高级工 $49.5 \times 1.2 = 59.4$ 工时，中级工 $83.7 \times 1.2 = 100.44$ 工时，初级工 $39.8 \times 1.2 = 47.76$ 工时，其他材料费8%。

第四步：计算底板钢模板制作、安装综合单价。根据工程性质（枢纽）特点确定取费费率，其他直接费费率7.5%，间接费费率9.5%，企业利润率7%，税率9%。计算过程详见表4.32，注意：在计算其他材料费时，其计算基数不包括模板本身的价值，计算结果为：63.27元/m²。

表4.32　　　　　　　　　建筑工程单价表（二）

单价编号			项目名称	模板制作、安装和拆除	
定额编号		50001	定额单位	100m²	
工作内容		模板安装、拆除、除灰、刷脱模剂、维修、倒仓			
编号	名称及规格	单位	数量	单价/元	合计/元
一	直接费	元			4798.17
（一）	基本直接费	元			4463.41
1	人工费	元			2022.85
	工长	工时	17.52	11.55	202.36
	高级工	工时	59.4	10.67	633.80
	中级工	工时	100.44	8.9	893.92
	初级工	工时	47.76	6.13	292.77
2	材料费	元			1821.51
	模板	m²	100	9.56	956.00
	铁件	kg	124	5.6	694.40
	预制混凝土柱	m³	0.3	320	96.00
	电焊条	kg	2	5.5	11.00

续表

编号	名称及规格	单位	数量	单价/元	合计/元
	其他材料费	%	8	801.4	64.11
3	机械使用费	元			619.05
	汽车起重机 5t	台时	8.75	64.29	562.54
	电焊机 25kVA	台时	2.06	13.12	27.03
	其他机械费	%	5	589.56	29.48
(二)	其他直接费	%	7.5	4463.41	334.76
二	间接费	%	9.5	4798.17	455.83
三	利润	%	7	5254.00	367.78
四	材料补差	元			182.93
	汽油	kg	53.41	3.425	182.93
五	税金	%	9	5804.71	522.42
六	单价合计				6327.13

注 汽油的消耗量=7.2×0.37+5.8×8.75=53.41 (kg)。

【工程实例分析 4-9】

项目背景：见大案例基本资料，泵站工程平面模板制作及安装。

工作任务：列表计算该河道泵站工程平面模板制作及安装的概算单价。

分析与解答：

计算结果详见表 4.33。

表 4.33　　　　　　　　建 筑 工 程 单 价 表

单价编号		项目名称		平面模板制作及安装	
定额编号		50001+50062		定额单位	100m²
施工方法		普通模板　标准钢模板一般部位　普通模板制作　标准钢模板			
编号	名称及规格	单位	数量	单价/元	合价/元
一	直接费				3833.88
(一)	基本直接费				3563.09
1	人工费				1297.46
(1)	工长	工时	15.80	8.31	131.30
(2)	高级工	工时	53.30	7.70	410.41
(3)	中级工	工时	87.90	6.46	567.83
(4)	初级工	工时	41.30	4.55	187.92
2	材料费				1585.55
(1)	铁件	kg	126.00	5	630.00
(2)	预制混凝土柱	m³	0.30	500	150.00
(3)	电焊条	kg	2.60	8.5	22.10
(4)	组合钢模板	kg	81.00	5	405.00

续表

编号	名称及规格	单位	数量	单价/元	合计/元
(5)	型钢	kg	44.00	4.94	217.36
(6)	卡扣件	kg	26.00	5	130.00
(7)	其他材料费	%	2.00	787.00	15.74
(8)	其他材料费	%	2.00	767.46	15.35
3	机械使用费				680.08
(1)	汽车起重机 5t	台时	8.75	58.10	508.38
(2)	电焊机 交流 25kVA	台时	2.78	42.28	117.54
(3)	钢筋切断机 20kW	台时	0.07	60.65	4.25
(4)	载重汽车 5t	台时	0.37	47.38	17.53
(5)	其他机械费	%	5.00	595.48	29.77
(6)	其他机械费	%	5.00	52.22	2.61
(二)	其他直接费	%	7.600	3563.09	270.79
二	间接费	%	6.50	3833.88	249.20
三	利润	%	7.00	4083.08	285.82
四	材料补差				266.43
(1)	汽油	kg	53.414	4.988	266.43
五	税金	%	9.00	4635.33	417.18
	合计				5052.51
	单价				50.53

任务 4.7 钻孔灌浆与锚固工程概算单价

钻孔灌浆工程指水工建筑物为提高地基承载能力、改善和加强其抗渗性能及整体性所采取的处理措施，包括帷幕灌浆、固结灌浆、回填灌浆，接触灌浆、接缝灌浆、防渗墙、减压井等工程。灌浆是水利工程基础处理中最常用的有效手段，主要利用灌浆机施加一定的压力，将浆液通过预先设置的钻孔或灌浆管，灌入岩石、土或建筑物中，使其胶结成坚固、密实而不透水的整体。锚固技术是将一种受拉杆件的一端固定在边坡或地基的岩层或土层中，这种受拉杆件的固定端称为锚固端（或锚固段）；另一端与工程建筑物联结，可以承受由于土压力、水压力或内力所施加于建筑物的推力，利用地层的锚固力以维持建筑物的稳定。

4.7.1 钻孔灌浆工程单价编制

在计算钻孔灌浆工程单价时，应根据设计确定的孔深、灌浆压力等参数以及岩石的级别、透水率等，按施工组织设计确定的钻机、灌浆方式、施工条件来选择概预算定额相应的定额子目，这是正确计算钻孔灌浆工程单价的关键。

1. 定额选用

(1) 灌浆工程定额中的水泥用量是指概算基本量，如有实际资料，可按实际消耗量调整。

(2) 灌浆工程定额中的灌浆压力划分标准为：高压>3MPa，中压1.5～3MPa，低压<1.5MPa。

(3) 灌浆工程定额中的水泥强度等级的选择应符合设计要求，设计未明确的可按以下标准选择：回填灌浆32.5，帷幕与固结灌浆32.5，接缝灌浆42.5，劈裂灌浆32.5，高喷灌浆32.5。

(4) 工程的项目设置、工程数量及其单位均必须与概算定额的设置、规定相一致。如不一致，应进行科学的换算。

1) 帷幕灌浆：现行概算定额分造孔及帷幕灌浆两部分，造孔和灌浆均以单位延长米（m）计，帷幕灌浆概算定额包括制浆、灌浆、封孔、孔位转移、检查孔钻孔、压水试验等内容。预算定额则需另计检查孔压水试验，检查孔压水试验按试段计。

2) 固结灌浆：现行概算定额分造孔及固结灌浆两部分，造孔和灌浆均以单位延长米（m）计。固结灌浆定额包括灌浆前的压水试验和灌浆后的补浆及封孔灌浆等工作。预算定额灌浆后的压水试验要另外计算。

3) 劈裂灌浆：劈裂灌浆多用于土坝（堤）除险加固坝体的防渗处理。概算定额分钻机钻坝（堤）灌浆孔和土坝（堤）劈裂灌浆，均以单位延长米（m）计。劈裂灌浆定额已包括检查孔、制浆、灌浆、劈裂观测、冒浆处理、记录、复灌、封孔、孔位转移、质量检查。定额是按单位孔深干料灌入量不同而分类的。

4) 回填灌浆：现行概算定额分隧洞回填灌浆和钢管回填灌浆，隧洞回填灌浆适用于混凝土衬砌段。隧洞回填灌浆定额的工作内容包括预埋管路、简易平台搭拆、风钻通孔、制浆、灌浆、封孔、检查孔钻孔、压浆试验等。定额是以设计回填面积为计量单位的，按开挖面积分子目。

5) 坝体接缝灌浆：现行概算定额分预埋铁管法和塑料拔管法，定额适用于混凝土坝体，按接触面积（m^2）计算。

2. 钻孔灌浆定额的主要工作内容

岩土的级别和透水率分别为钻孔和灌浆两大工序的主要参数，正确确定这两个参数对钻孔灌浆单价有重要意义。由于水工建筑物的地基绝大多数不是单一的地层，通常多达十几层或几十层。各层的岩土级别、透水率各不相同，为了简化计算，几乎所有的工程都采用一个平均的岩土级别和平均透水率来计算钻孔灌浆单价。在计算这两个重要参数的平均值时，一定要注意计算的范围要和设计确定的钻孔灌浆范围完全一致，也就是说，不要简单地把水文地质剖面图中的数值拿来平均，要注意把上部开挖范围内的透水性强的风化层和下部不在设计灌浆范围内的相对不透水层都剔开。

3. 使用定额时的注意事项

(1) 在使用《水利建筑工程概算定额》第7-1节"钻机钻岩石层帷幕灌浆孔"（自下而上灌浆法）、第7-3节"钻岩石层排水孔、观测孔"（钻机钻孔）时，应注意下列事项：

1) 当终孔孔径>91mm或孔深>70m时，钻机应改用300型钻机。

2) 在廊道或隧洞内施工时，其人工、机械定额应乘以表 4.34 中的系数。

表 4.34　　　　　　　　人工、机械数量调整系数表（一）

廊道或隧洞高度	0～2.0	2.0～3.5	3.5～5.0	5.0 以上
系数	1.19	1.10	1.07	1.05

3) 上述两节中各定额是按平均孔深 30～50m 拟定的。当孔深＜30m 或孔深＞50m 时，其人工和钻机定额应乘以表 4.35 中的系数。

表 4.35　　　　　　　　人工、机械数量调整系数表（二）

孔深/m	＜30	30～50	50～70	70～90	＞90
系数	0.94	1	1.07	1.17	1.31

（2）当采用地质钻机钻灌不同角度的灌浆孔或观察孔、试验孔时，其人工、机械、合金片、钻头和岩芯管应乘以表 4.36 中的系数。

表 4.36　　　　　　　　人工、机械数量调整系数表（三）

钻孔与水平夹角	0°～60°	60°～75°	75°～85°	85°～95°
系数	1.19	1.05	1.02	1.00

（3）压水试验适用范围。现行概预算定额中，压水试验已包含在灌浆定额中。

预算定额中的压水试验适用于灌浆后的压水试验。灌浆前的压水试验和灌浆后的补灌及封孔灌浆已计入定额。压水试验一个压力点法适用于固结灌浆，三压力五阶段法适用于帷幕灌浆。压浆试验适用于回填灌浆。

（4）钻孔工程量按实际钻孔深度计算，计量单位为 m。计算钻孔工程量时，应按不同岩石类别分项计算，混凝土钻孔一般按 Ⅹ 类岩石级别计算。

灌浆工程量从基岩面起算，计算单位为 m 或 m^2。计算工程量时，应按不同岩层的不同单位吸水率或单位干料耗量分别计算。

隧洞回填灌浆，一般按顶拱中心角 90°～120°范围内的拱背面积计算工程量，高压管道回填灌浆按钢管外径面积计算工程量。

4. 混凝土防渗墙

建筑在冲击层上的挡水建筑物，一般设置混凝土防渗墙是一种有效的防渗处理措施。防渗墙施工包括造孔和浇筑混凝土两部分内容。

（1）造孔。防渗墙的成墙方式大多采用槽孔法。造孔采用冲击钻、反循环钻、液压开槽机等机械进行。一般用冲击钻较多，其施工程序包括造孔前的准备、泥浆制备、终孔验收、清孔换浆等。

（2）浇筑混凝土。防渗墙也称为地下连续墙，概算定额中分为地下连续墙成槽、地下连续墙浇筑混凝土两部分。

防渗墙采用导管法浇筑水下混凝土。其施工程序包括浇筑前的准备、配料拌和、浇筑混凝土、质量验收。由于防渗墙混凝土不经振捣，因而应具有良好的和易性。要求入孔时坍落度为 18～22cm，扩散度为 34～38cm，最大骨粒粒径不大于 4cm。

混凝土防渗墙一般都将造孔和浇筑分列，概算定额均以阻水面积（100m²）为单位，按墙厚分列子目；而预算定额造孔用折算进尺（100 折算米）为单位，防渗墙混凝土用 100m³ 为单位，所以一定要按科学的换算方式进行换算。定额中，浇筑混凝土按水下混凝土消耗量列示。定额中钢材主要是钻头、钢导管的摊销，钢板卷制导管的制作用电焊机台时和焊条消耗定额已综合考虑。

5. 钻孔灌浆工程概算单价实例分析

【工程实例分析 4-10】

项目背景：大型拦河水闸工程中，坝基岩石基础固结灌浆，采用风钻钻孔，一次灌浆法，灌浆孔深 5m，岩石级别为 Ⅹ 级。已知基本资料如下：

（1）坝基岩石层平均单位吸水率为 6Lu，灌浆水泥采用 52.5 级普通硅酸盐水泥。

（2）人工预算单价：工长 11.55 元/工时，高级工 10.67 元/工时，中级工 8.90 元/工时，初级工 6.13 元/工时。

（3）材料预算价格：合金钻头 60 元/个，空心钢 10 元/kg，52.5 级普通硅酸盐水泥 320 元/t，水 4.86 元/m³，施工用风 0.5 元/m³，施工用电 0.86 元/(kW·h)。

（4）机械台时费：风钻 93.68 元/台时，灌浆泵（中压泥浆）41.61 元/台时，灰浆搅拌机 19.96 元/台时，胶轮车 0.8 元/台时。

工作任务：计算坝基岩石基础固结灌浆工程的概算单价。

分析与解答：第一步：根据工程性质（枢纽）特点确定取费费率，其他直接费费率为 7.5%，间接费费率取 10.5%，企业利润率取 7%，税率取 9%。

第二步：计算钻岩石层固结灌浆孔工程单价。根据采用的施工方法和岩石级别（Ⅹ），查《水利建筑工程概算定额》，选用第七-2 节 70018 定额子目，定额如表 4.37 所示，计算过程见表 4.38，计算结果为：52.83 元/m。

表 4.37　　　　　钻岩石层固结灌浆孔（风钻钻灌浆孔）

适用范围：露天作业、孔深小于 8m。
工作内容：孔位转移、接拉风管、钻孔、检查钻孔。

项 目	单位	岩 石 级 别			
		Ⅴ～Ⅷ	Ⅸ～Ⅹ	Ⅺ～Ⅻ	ⅩⅢ～ⅩⅨ
工长	工时	2	3	5	7
高级工	工时				
中级工	工时	29	38	55	84
初级工	工时	54	70	101	148
合计	工时	85	111	161	239
合金钻头	个	2.30	2.72	3.38	4.31
空心钢	kg	1.13	1.46	2.11	3.50
水	m³	7	10	15	23
其他材料费	%	14	13	11	9
风钻	台时	20	25.8	37.2	55.8
其他机械费	%	15	14	12	10
编 号		70017	70018	70019	70020

注　洞内作业，人工、机械乘 1.15 系数。

表 4.38　　　　　　　　　　　　建筑工程单价表（一）

单价编号				项目名称	钻岩石层固结灌浆孔
定额编号		70018		定额单位	100m
施工方法		基础固结灌浆，风钻钻孔，一次灌浆，灌浆孔深5m，岩石级别Ⅹ级			
序号	名称及规格	单位	数量	单价/元	合计/元
一	直接费	元			4099.08
（一）	基本直接费	元			3813.10
1	人工费	元			801.95
	工长	工时	3	11.55	34.65
	中级工	工时	38	8.90	338.20
	初级工	工时	70	6.13	429.10
2	材料费	元			255.83
	合金钻头	m²	2.72	60.00	163.20
	空心钢	kg	1.46	10.00	14.60
	水	m³	10.00	4.86	48.60
	其他材料费	%	13.0	226.40	29.43
3	机械使用费	元			2755.32
	风钻	台时	25.80	93.68	2416.94
	其他机械费	%	14	2416.94	338.37
（二）	其他直接费	%	7.5	3813.10	285.98
二	间接费	%	10.5	4099.08	430.40
三	利润	%	7.0	4529.48	317.06
四	税金	%	11.0	4846.55	436.19
五	单价合计				5282.74

第三步：计算基础固结灌浆工程单价。根据本工程灌浆岩层的平均透水率为6Lu，查《水利建筑工程概算定额》第7-5节70047子目，定额如表4.39所示，计算过程见表4.40，其中水泥的基价为255元/t，计算结果为：197.13元/m。

表 4.39　　　　　　　　　　　基 础 固 结 灌 浆

工作内容：冲洗、制浆、灌浆、封孔、孔位转移，以及检查孔的压水试验、灌浆。　　　　　　　　单位：100m

项　目	单位	透水率/Lu						
		2以下	2~4	4~6	6~8	8~10	10~20	20~50
工长	工时	23	23	24	25	26	28	29
高级工	工时	48	48	50	51	53	56	58
中级工	工时	139	141	145	151	159	169	175
初级工	工时	240	243	251	263	277	297	308
合计	工时	450	455	470	490	515	550	570

续表

项 目	单位	透水率/Lu						
		2以下	2~4	4~6	6~8	8~10	10~20	20~50
水泥	t	2.3	3.2	4.1	5.7	7.4	8.7	10.4
水	m³	481	528	565	610	663	715	1005
其他材料费	%	15	15	14	14	13	13	12
灌浆泵 中低压泥浆	台时	92	93	96	100	105	112	116
灰浆搅拌机	台时	84	85	88	92	97	104	108
胶轮车	台时	13	17	22	31	42	47	58
其他机械费	%	5	5	5	5	5	5	5
编 号		70045	70046	70047	70048	70049	70050	70051

表 4.40　　建筑工程单价表（二）

单价编号			项目名称		基础固结灌浆
定额编号		70047	定额单位		100m
工作内容		冲洗、制浆、灌浆、封孔、孔位转移，以及检查孔的压水试验、灌浆			
序号	名称及规格	单位	数量	单价/元	合计/元
一	直接费	元			15070.53
（一）	基本直接费	元			14019.10
1	人工费	元			3639.83
	工长	工时	24	11.55	277.20
	高级工	工时	50	10.67	533.50
	中级工	工时	145	8.90	1290.50
	初级工	工时	251	6.13	1538.63
2	材料费	元			4322.20
	水泥	t	4.10	255	1045.50
	水	m³	565	4.86	2745.90
	其他材料费	%	14	3791.40	530.80
3	机械使用费	元			6057.07
	灌浆泵 中压泥浆	台时	96	41.61	3994.56
	灰浆搅拌机	台时	88	19.96	1756.48
	胶轮车	台时	22	0.80	17.60
	其他机械费	%	5	5768.64	288.43
（二）	其他直接费	%	7.5	14019.10	1051.43
二	间接费	%	10.5	15070.53	1582.41
三	利润	%	7.0	16652.94	1165.71
四	材料补差	元			266.50
	水泥	t	4.1	65.00	266.50
五	税金	%	11.0	18085.15	1627.66
六	单价合计				19712.81

第四步：计算坝基岩石基础固结灌浆综合概算单价。

坝基岩石基础固结灌浆综合概算单价包括钻孔单价和灌浆单价，即

坝基岩石基础固结灌浆综合概算单价＝52.83＋197.13＝249.96（元/m）。

4.7.2 锚固工程单价编制

1. 定额选用

（1）锚杆：在现行概算定额中，锚杆分地面和地下，钻孔设备分为风钻、履带钻、锚杆钻机、地质钻机、锚杆台车和凿岩台车。注浆材料分为砂浆和药卷。锚杆以"根"为单位，按锚杆长度和钢筋直径分项，以不同的岩石级别划分子目。套用定额时应注意的问题：加强长砂浆锚杆束是按 $4×\phi 28$ 锚筋拟定的，如设计采用锚筋根数、直径不同，应按设计调整锚筋用量。定额中的锚筋材料预算价格按钢筋价格计算，锚筋的制作已含在定额中。

（2）预应力锚束：分为岩体和混凝土，按作用分为无黏结型和黏结型。以"束"为单位，按施加预应力的等级分类，按锚束长度分项。

（3）喷射：分为地面和地下，按材料分为喷浆和混凝土，喷浆以"喷射面积"为单位，按有钢筋和无钢筋喷射工艺分类，喷射厚度不同，定额的消耗量不同。喷射混凝土分为地面护坡、平洞支护、斜井支护，以"喷射混凝土的体积"为单位，按厚度不同划分子项。喷浆（混凝土）定额的计量以喷后的设计有效面积（体积）计算，定额中已包括了回弹及施工损耗量。

（4）锚筋桩：可参考相应的锚杆定额，定额中的锚杆附件包括垫板、三角铁和螺帽等。锚杆（索）定额中的锚杆（索）长度是指嵌入岩石的设计有效长度，不包括锚头外露部分，按规定应留的外露部分及加工过程中的消耗，均已计入定额。

2. 锚固工程概算单价编制示例

【工程实例分析 4-11】

项目背景： 大型拦河水闸工程中，拦河水闸边坡岩石面先挂钢筋网，再喷浆，厚度为 3 cm，喷浆不采用防水。已知基本资料如下：

（1）人工预算单价：工长 11.55 元/工时，高级工 10.67 元/工时，中级工 8.9 元/工时，初级工 6.13 元/工时。

（2）材料预算价格：52.5 普通硅酸盐水泥 320 元/t，水 4.86 元/m^3，砂子 80 元/m^3，防水粉 3000 元/t。

（3）机械台时费：风水枪 121.77 元/台时，喷浆机（75L）78.09 元/台时，风镐 39.18 元/台时。

工作任务： 计算岩石面喷浆工程的概算单价。

分析与解答：

第一步：根据工程性质（枢纽）特点确定取费费率，其他直接费费率取 7.5%，间接费费率取 10.5%，企业利润率为 7%，税率取 9%。

第二步：计算岩石面喷浆工程单价。根据采用的施工方法和喷浆厚度，查《水利建筑工程概算定额》，选用第七-42 节 70523 定额子目，定额如表 4.41 所示。

第三步：52.5 普通硅酸盐水泥基价 255 元/t，砂子基价 70 元/m^3，考虑价差。看定

额注释不用防水粉不计,计算过程见表4.42,结果为:66.07元/m²。

表4.41　　　　　　　　　　　岩石面喷浆

工作内容:凿毛、冲洗、配料、喷浆、修饰、养护。　　　　　　　　　　　　单位:100m²

项目	单位	有钢筋				
		厚度/cm				
		1	2	3	4	5
工长	工时	5	5	6	6	7
高级工	工时	7	8	9	10	10
中级工	工时	37	41	44	47	50
初级工	工时	74	81	87	95	101
合计	工时	123	135	146	158	168
水泥	t	0.82	1.63	2.45	3.27	4.09
砂子	m³	1.22	2.45	3.67	4.89	6.12
水	m³	3	3	4	4	5
防水粉	kg	41	82	123	164	205
其他材料费	%	9	5	3	2	2
喷浆机 75L	台时	7.8	9.6	11.2	13.1	14.7
风水枪	台时	7.3	7.3	7.3	7.3	7.3
风镐	台时	20.6	20.6	20.6	20.6	20.6
其他机械费	%	1	1	1	1	1
编号		70521	70522	70523	70524	70525

注　不用防水粉的不计。

表4.42　　　　　　　　　　　建筑工程单价表

单价编号			项目名称		岩石面喷浆
定额编号		70523	定额单位		100m²
施工方法		凿毛、冲洗、配料、喷浆、修饰、养护			
序号	名称及规格	单位	数量	单价/元	合计/元
一	直接费	元			4960.81
(一)	基本直接费	元			4614.71
1	人工费	元			1090.24
	工长	工时	6	11.55	69.30
	高级工	工时	9	10.67	96.03
	中级工	工时	44	8.90	391.60
	初级工	工时	87	6.13	533.31
2	材料费	元			928.12
	水泥	t	2.45	255	624.75
	砂子	m³	3.67	70	256.90

续表

序号	名称及规格	单位	数量	单价/元	合计/元
	水	m³	4	4.86	19.44
	其他材料费	%	3	901.09	27.03
3	机械使用费	元			2596.35
	喷浆机 75L	台时	11.2	78.09	874.61
	风水枪	台时	7.3	121.77	888.92
	风镐	台时	20.6	39.18	807.11
	其他机械费	%	1	2570.64	25.71
(二)	其他直接费	%	7.5	4614.71	346.10
二	间接费	%	10.5	4960.81	520.88
三	利润	%	7	5481.69	383.72
四	材料补差	元			195.95
	水泥	t	2.45	65.00	159.25
	砂子	m³	3.67	10.00	36.70
五	税金	%	9	6061.36	545.52
六	单价合计				6606.88

任务 4.8 设备安装工程概算单价

水利水电工程设备安装定额分为实物量式定额和费率式定额两种，其单价计算中又涉及计价装置性材料和未计价装置性材料，因此在计算水利水电工程设备安装工程单价时，要特别注意编制规定和定额中章说明的相关规定，要准确计算出水利水电工程设备安装工程单价。

4.8.1 设备安装工程分类

设备安装工程包括机电设备安装工程和金属结构设备安装工程，分别构成工程总概算的第二部分和第三部分。

4.8.1.1 机电设备安装工程

机电设备安装工程是指构成枢纽工程和引水及河道工程的全部机电设备安装工程。机电设备主要指发电设备、升压变电设备、公用设备。其中发电设备如水轮机、发电机、起重设备安装、辅助设备等；升压变电设备主要如主变压器、高压电器设备等；公用设备如通信设备、通风采暖设备、机修设备、计算机监控系统、管理自动化系统、全厂接地及保护网等。对于枢纽工程，本部分由发电设备安装工程、升压变电设备安装工程和公用设备安装工程三个一级项目组成；对于引水及河道工程，本部分由泵站设备安装工程、水闸设备安装工程、电站设备安装工程、供电设备安装工程和公用设备安装工程五个一级项目组成。

4.8.1.2 金属结构设备安装工程

金属结构设备安装工程指构成枢纽工程和引水及河道工程的全部金属结构设备安装工程。金属结构设备主要指闸门、启动设备、拦污栅、压力钢管等。一级项目应按第一部分建筑工程相应的一级项目分项；二级项目一般包括闸门设备安装、启闭设备安装、拦污栅设备安装，以及引水工程的钢管制作安装和航运工程的升船机设备安装。

4.8.2 设备安装工程单价编制规定

4.8.2.1 定额的内容

现行《水利水电设备安装工程概算定额》包括水轮机安装、水轮发电机安装、大型水泵安装、进水阀安装、水力机械辅助设备安装、电气设备安装、变电站设备安装、通信设备安装、起重机设备安装、闸门安装、压力钢管制作及安装，共计十一章及附录，共55节，659个子目。本定额采用实物量定额和以设备原价为计算基础的安装费率定额两种表现形式，以实物量定额为主。

现行《水利水电设备安装工程预算定额》章节划分较细，并将"调速系统安装"和"电器调整"单列成两章，另外，增列"设备工地运输"一章，共十四章及附录。

4.8.2.2 定额的表现形式

1. 实物量形式

以实物量形式表示的定额，给出了设备安装所需的人工工时、材料和机械使用量，与建筑工程定额表现形式一样。这种形式编制的工程单价较准确，但计算相对繁琐。由于这种方法量、价分离，所以能满足动态变化的要求。

现行《水利水电设备安装工程预算定额》的全部子目和《水利水电设备安装工程概算定额》中的主要设备子目采用此方式表示。

2. 安装费率形式

安装费率是指安装费占设备原价的百分率。以安装费率形式表示的定额，给出了人工费、材料费、机械使用费和装置性材料费占设备原价的百分比。

现行《水利水电设备安装工程概算定额》电气设备中的发电电压设备、控制保护设备、计算机监控系统、直流系统、厂用电系统和电气试验设备、变电站高压电器设备等定额子目以安装费率形式表示。

定额人工费安装费率是以一般地区为基准给出的，在编制安装工程单价时，须根据工程所在地区的不同进行调整。调整的方法是将定额人工费率乘以本工程安装费率调整系数，调整系数计算如下：

$$人工费安装费率调整系数 = \frac{工程所在地人工预算单价}{北京地区人工预算单价} \quad (4.16)$$

对进口设备的安装费率也需要调整，调整的方法是将定额安装费率乘以进口设备安装费率调整系数。进口设备的安装费率调整系数计算如下：

$$进口设备安装费率调整系数 = \frac{同类国产设备原价}{进口设备原价} \quad (4.17)$$

3. 使用定额的注意事项

装置性材料是个专用名称，它本身属于材料，但又是被安装的对象，安装后构成工程的实体。

装置性材料分为主要装置性材料和次要装置性材料。主要装置性材料也叫未计价装置性材料。凡在定额中作为独立的安装项目的材料或为主要安装对象的材料，即为主要装置性材料。如轨道、管路、电缆、母线、滑触线等。主要装置性材料本身的价值在安装定额内并未包括，一般作未计价材料，所以主要装置性材料又叫未计价装置性材料。未计价材料用量，须按设计提供的规格、数量和工地材料预算价计算其费用（另加定额规定的损耗率）。如果没有足够的设计资料，可参考《水利水电设备安装工程概算定额》附录二～附录十一确定主要装置性材料消耗量（已包括损耗在内）。次要装置性材料也叫已计价装置性材料。次要装置性材料因品种多，规格杂，且价值也较低，故在概预算安装费用子目中均已列入其他费用，所以次要装置性材料又叫已计价装置性材料。如轨道的垫板、螺栓、电缆支架、母线金具等。在编制概（预）算单价时，不必再另行计算。

4.8.3 设备安装工程单价编制

1. 实物量形式的安装单价

（1）直接费。

1）基本直接费。

$$人工费 = 定额劳动量(工时) \times 人工预算单价(元/工时) \quad (4.18)$$

$$材料费 = 定额材料用量 \times 材料预算单价 \quad (4.19)$$

$$机械使用费 = 定额机械使用量(台时) \times 施工机械台时费(元/台时) \quad (4.20)$$

2）其他直接费。

$$其他直接费 = 基本直接费 \times 其他直接费费率之和 \quad (4.21)$$

（2）间接费。

$$间接费 = 人工费 \times 间接费费率 \quad (4.22)$$

（3）利润。

$$利润 = (直接费 + 间接费) \times 利润率 \quad (4.23)$$

（4）材料补差。

$$材料补差 = (材料预算价格 - 材料基价) \times 材料消耗量 \quad (4.24)$$

（5）未计价装置性材料费。

$$未计价装置性材料费 = 未计价装置性材料用量 \times 材料预算价格 \quad (4.25)$$

（6）税金。

$$税金 = (直接费 + 间接费 + 利润 + 材料补差 + 未计价装置性材料费) \times 税率$$
$$(4.26)$$

（7）安装工程单价。

$$安装工程单价 = 直接费 + 间接费 + 利润 + 材料补差 + 未计价装置性材料费 + 税金$$
$$(4.27)$$

2. 费率形式的安装单价

（1）直接费（%）。

1）基本直接费（%）。

$$人工费（\%）=定额人工费（\%） \quad (4.28)$$

$$材料费（\%）=定额材料费（\%） \quad (4.29)$$

$$装置性材料费（\%）=定额装置性材料费（\%） \quad (4.30)$$

$$机械使用费（\%）=定额机械使用费（\%） \quad (4.31)$$

2）其他直接费（%）。

$$其他直接费（\%）=基本直接费（\%）\times 其他直接费费率之和（\%） \quad (4.32)$$

(2) 间接费（%）。

$$间接费（\%）=人工费（\%）\times 间接费费率（\%） \quad (4.33)$$

(3) 利润（%）。

$$利润（\%）=[直接费（\%）+间接费（\%）]\times 利润率（\%） \quad (4.34)$$

(4) 税金（%）。

$$税金（\%）=[直接费（\%）+间接费（\%）+利润（\%）]\times 税率（\%） \quad (4.35)$$

(5) 安装工程单价。

$$单价（\%）=直接费（\%）+间接费（\%）+利润（\%）+税金（\%） \quad (4.36)$$

$$单价=单价（\%）\times 设备原价 \quad (4.37)$$

3. 安装工程单价编制程序

安装工程单价编制程序见表4.43。

表 4.43　　　　　　　　安装工程单价计算程序表

序号	项目	计算方法	
		实物量法	安装费率法
一	直接费	1+2	1+2
1	基本直接费	(1)+(2)+(3)	(1)+(2)+(3)+(4)
(1)	人工费	Σ(定额人工工时数×人工预算单价)	定额人工费（%）×人工费安装费率调整系数
(2)	材料费	Σ(定额材料用量×材料预算单价)	定额材料费（%）
(3)	机械使用费	Σ(定额机械台时用量×机械台时费)	定额机械使用费（%）
(4)	装置性材料费		定额装置性材料费（%）
2	其他直接费	1×其他直接费费率之和	1×其他直接费费率之和（%）
二	间接费	(1)×间接费费率	(1)×间接费费率（%）
三	企业利润	[（一）+（二）]×利润率	[（一）+（二）]×利润率（%）
四	材料补差	定额材料消耗量×（材料预算价格－材料基价）	
五	未计价装置性材料费	未计价装置性材料用量×材料预算价格	
六	税金	[（一）+（二）+（三）+（四）+（五）]×税率	[（一）+（二）+（三）]×税率（%）
七	工程单价	（一）+（二）+（三）+（四）+（五）+（六）	[（一）+（二）+（三）+（六）]×设备原价

4. 安装工程单价编制的步骤

(1) 了解工程设计情况,收集整理和核对设计提供的项目全部设备清单,并按项目划分规定进行项目归类。设备清单必须包括设备的规格、型号、重量以及推荐的厂家。

(2) 要熟悉现行概(预)算定额的相关内容:定额的总说明及各章节的说明,各安装项目包含安装工作内容、定额安装费的费用构成和其他有关资料。

(3) 根据设备清单提供的各项参数,正确选用定额。

(4) 按编制规定计算安装工程单价。

5. 安装工程单价编制的方法

安装工程单价的编制一般采用表格法,所采用表格形式见表 4.44。

表 4.44　　　　　　　　　安装工程单价法

定额编号:　　　　　　　项目:　　　　　　　定额单位:

单价编号		项目名称				
定额编号					定额单位	
施工方法						
编号	名称及规格		单位	数量	单价/元	合计/元

6. 编制安装工程单价时应注意的问题

(1) 计算装置性材料用量,应按设计用量再加损耗量(操作损耗率按定额规定)。概算定额附录中列有部分主要装置性材料用量,供编制概算缺乏设计资料时参考。

(2) 设备自工地仓库运至安装现场的一切费用,称为设备场内运费,属于设备运杂费范畴,不属于设备安装费。在《预算定额》中列有"设备工地运输"一章,是为施工单位自行组织运输而拟定的定额,不能理解为这项费用也属于安装费范围。

(3) 安装工程概、预算定额除各章说明外,还包括以下工作内容:

1) 设备安装前后的开箱、检查、清扫、滤油、注油、刷漆和喷漆工作。

2) 安装现场内的设备运输。

3) 随设备成套供应的管路及部件的安装。

4) 设备的单体试运转、管和罐的水压试验、焊接及安装的质量检查。

5) 现场施工临时设施的搭拆及其材料、专用特殊工器具的摊销。

6) 施工准备及完工后的现场清理工作。

7) 竣工验收移交生产前对设备的维护、检修和调整。

(4) 压力钢管制作、运输和安装均属安装费范畴,应列入安装费栏目下,这点是和设备不同的,应特别注意。

(5) 设备与材料的划分

1) 制造厂成套供货范围的部件,备品备件、设备体腔内定量填充物(如透平油、变压器油、六氟化硫气等)均作为设备。

2) 不论成套供货,还是现场加工或零星购置的贮气罐、阀门、盘用仪表、机组本体上的梯子、平台和栏杆等,均作为设备,不能因供货来源不同而改变设备性质。

3) 如管道和阀门构成设备本体部件时,应作为设备,否则应作为材料。

4) 随设备供应的保护罩、网门等已计入相应设备出厂价格内时,应作为设备,否则应作为材料。

5) 电缆和管道的支吊架、母线、金属、金具、滑触线和架、屏盘的基础型钢、钢轨、石棉板、穿墙隔板、绝缘子、一般用保护网、罩、门、梯子、栏杆和蓄电池架等,均作为材料。

6) "电气调整"在《概算定额》中各章节均已包括这项工作内容,而在《预算定额》中是单列一章,独立计算,不包括在各有关章节内。这点应注意,避免在编制预算时遗漏这个项目。

7) 按设备重量划分子目的定额,当所求设备的重量介于同型设备的子目之间时,按插入法计算安装费。如与目标起重量相差 5% 以内时,可不作调整。

8) 使用电站主厂房桥式起重机进行安装工作时,桥式起重机台时费不计基本折旧费和安装拆卸费。

【工程实例分析 4-12】

项目背景：某大型水电站工程位于华北地区山西省,桥机自重 270t,平衡梁自重 30t,发电电压装置采用电压 8.3kV,电缆含有全厂控制电缆。已知基本资料：

(1) 人工预算单价：工长 11.55 元/工时,高级工 10.67 元/工时,中级工 8.90 元/工时,初级工 6.13 元/工时。

(2) 材料预算价格：钢板 3500 元/t,型钢 3400 元/t,垫铁 2100 元/t,电焊条 5500 元/t,氧气 3 元/m³,乙炔气 15 元/m³,汽油 7600 元/t,柴油 7000 元/t,油漆 16000 元/t,棉纱头 1500 元/t,木材 1100 元/m³,水 4.86 元/m³,施工用风 0.5 元/m³,施工用电 0.86 元/(kW·h)。

(3) 机械台时费见表 4.45。

表 4.45　　　　　　　　　　机 械 台 时 费 计 算 表

机械名称	一类费用/(元/台时)	定额人工数量/(工时/台时)	动力燃料消耗量	机械台时费基价/(元/台时)
汽车起重机　20t	66.19	2.7	11.6kg（柴油）	124.9
门式起重机　10t	119.79	3.9	90.8（电）	232.59
卷扬机　5t	3.68	1.3	7.9（电）	22.04
电焊机　20~30kVA	1.7		30（电）	27.5
空气压缩机　9m³/min	14.15	2.4	17.1kg（柴油）	86.64
载重汽车　5t	16.54	1.3	7.2kg（汽油）	50.25
汽车起重机 5t	22.42	2.7	5.8kg（汽油）	64.29

工作任务：计算桥式起重机安装费概算单价。

分析与解答：第一步：根据工程性质（枢纽）特点确定取费费率：其他直接费费率取 8.2%,间接费费率取 75%,企业利润率取 7%,税率取 9%。

第二步：查 2002 年部颁《水利水电设备安装工程概算定额》,按章节说明,设备起吊使用平衡梁时,按桥式起重机主钩起重能力加平衡梁重量之和选用定额子目,平衡梁不另计算安装费。所以,桥式起重机安装定额选用编号 09012,见表 4.46,计算过程见表 4.47,计算结果为:302205.07 元/台。

表 4.46　　　　　　　　　　　　　桥　式　起　重　机

项　目	单位	起重能力/t				
		250	300	350	400	450
工长	工时	434	511	584	654	724
高级工	工时	2231	2612	2981	3328	3680
中级工	工时	3851	4537	5202	5826	6459
初级工	工时	2109	2490	2859	3206	3558
合计	工时	8625	10150	11626	13014	14421
钢板	kg	465	547	628	710	795
型钢	kg	745	875	1006	1136	1267
垫铁	kg	233	273	314	355	396
电焊条	kg	61	72	83	94	104
氧气	m³	61	72	83	94	104
乙炔气	m³	27	31	36	40	44
汽油 70 号	kg	43	50	58	65	72
柴油	kg	93	109	125	142	158
油漆	kg	52	61	70	80	89
棉纱头	kg	74	88	101	113	126
木材	kg	1.8	2.1	2.3	2.6	2.7
其他材料费	%	30	30	30	30	30
汽车起重机 20t	台时	43	51			
汽车起重机 30t	台时			59	65	81
门式起重机 10t	台时	89	105	121	135	151
卷扬机 5t	台时	293	349	400	447	498
电焊机 20～30kVA	台时	89	105	121	135	151
空气压缩机 9m³/min	台时	89	105	121	135	151
载重汽车 5t	台时	59	70	81	90	101
其他机械费	%	18	18	18	18	18
编　号		09011	09012	09013	09014	09015

表 4.47　　　　　　　　　　　　　安　装　工　程　单　价　表

单价编号			项目名称		桥式起重机安装
定额编号		09012	定额单位		台
施工方法		桥式起重机自重 270t,平衡梁重 30t			
序号	名称	单位	数量	单价/元	合计/元
一	直接费	元			180355.64
(一)	基本直接费	元			166687.28

续表

序号	名称	单位	数量	单价/元	合计/元
1	人工费	元			89415.09
	工长	工时	511	11.55	5902.05
	高级工	工时	2612	10.67	27870.04
	中级工	工时	4537	8.9	40379.30
	初级工	工时	2490	6.13	15263.70
2	材料费	元			13568.70
	钢板	kg	547	3.50	1914.50
	型钢	kg	875	3.40	2975.00
	垫铁	kg	273	2.10	573.30
	电焊条	kg	72	5.50	396.00
	氧气	m^3	72	3.00	216.00
	乙炔气	m^3	31	15.00	465.00
	汽油 70号	kg	50	3.075	153.75
	柴油	kg	109	2.99	325.91
	油漆	kg	61	16.00	976.00
	棉纱头	kg	88	1.50	132.00
	木材	kg	2.1	1100.00	2310.00
	其他材料费	%	30	10437	3131.24
3	机械使用费	元			63703.49
	汽车起重机 20t	台时	51	124.9	6369.9
	门式起重机 10t	台时	105	232.59	24421.95
	卷扬机 5t	台时	349	22.04	7691.96
	电焊机 20～30kVA	台时	105	27.5	2887.5
	空气压缩机 9m^3/min	台时	105	86.64	9097.2
	载重汽车 5t	台时	70	50.25	3517.5
	其他机械费	%	18	53986.01	9717.48
（二）	其他直接费	%	8.2	166687.28	13668.36
二	间接费	%	75	89415.09	67061.32
三	企业利润	%	7	247416.95	17319.19
四	材料补差	元			12516.21
	柴油	kg	2496.1	4.01	10009.36
	汽油	kg	554	4.525	2506.85
五	税金	%	9	277252.35	24952.71
六	安装单价	元			302205.07

注 柴油消耗量＝109＋11.6×51＋17.1×105＝2496.10（kg）。
汽油消耗量＝7.2×70＋50＝554（kg）。

【工程实例分析 4-13】

项目背景：见大案例基本资料，移动泵车设备及安装工程，压力钢管 DN300，壁厚 8mm 制作及安装，234m。

工作任务：列表计算该河道移动泵车设备及安装工程的概算单价。

分析与解答：

计算结果详见表 4.48。

表 4.48 安 装 工 程 单 价 表

单价编号		项目名称	压力钢管 DN300，壁厚 8mm 制作及安装，234m			
定额编号		11027		定额单位		1t
规格型号		一般钢管（安装）D≤1m 壁厚 ≤10mm				
编号	名称及规格	单位	数量	单价/元	合价/元	
一	直接费				6416.37	
（一）	基本直接费				5924.63	
1	人工费				1952.92	
(1)	工长	工时	15.00	8.31	124.65	
(2)	高级工	工时	77.00	7.70	592.90	
(3)	中级工	工时	137.00	6.46	885.02	
(4)	初级工	工时	77.00	4.55	350.35	
2	材料费				1310.32	
(1)	钢板	kg	29.10	4.8	139.68	
(2)	型钢	kg	63.90	4.94	315.67	
(3)	电焊条	kg	28.50	8.5	242.25	
(4)	氧气	m³	10.20	3.8	38.76	
(5)	乙炔气	m³	3.40	15.3	52.02	
(6)	油漆	kg	2.60	15	39.00	
(7)	木材	m³	0.05	1878.29	93.91	
(8)	电	kW·h	76.00	2.87	218.12	
(9)	其他材料费	%	15.00	1139.41	170.91	
3	机械费				2661.39	
(1)	龙门式起重机 10t	台时	0.30	90.26	27.08	
(2)	汽车起重机 10t	台时	4.40	78.67	346.15	
(3)	卷扬机 单筒慢速 5t	台时	11.10	34.81	386.39	
(4)	电焊机 交流 25kVA	台时	32.30	42.28	1365.64	
(5)	X光探伤机 TX-2505	台时	3.20	19.08	61.06	
(6)	载重汽车 5t	台时	2.70	47.38	127.93	
(7)	其他机械费	%	15.00	2314.25	347.14	
（二）	其他直接费	元	8.300%	5924.63	491.74	

续表

编号	名称及规格	单位	数量	单价/元	合价/元
二	间接费	元	70.00%	1952.92	1367.04
三	企业利润	元	7.00%	7783.41	544.84
四	价差				237.98
(1)	柴油	kg	33.880	4.162	141.01
(2)	汽油	kg	19.440	4.988	96.97
五	装置性材料费				
六	税金	元	9.00%	8566.23	770.96
	合计				9337.19
	单价				9337.19

拓 展 思 考 题

一、单项选择题

1. 根据现行部颁规定，安装工程单价中的（　　）是以人工费为计算基数。
   A. 直接费　　　B. 其他直接费　　　C. 间接费　　　D. 企业利润

2. 现行部颁概算定额中，其他机械费是以费率（%）形式表示，其计算基数为（　　）。
   A. 主要材料费之和　　　　　　B. 人工费、主要材料费之和
   C. 人工费、机械费之和　　　　D. 主要机械费之和

3. 现行部颁概算定额中，其他材料费是以费率（%）形式表示，其计算基数为（　　）。
   A. 主要材料费之和　　　　　　B. 人工费、主要材料费之和
   C. 人工费、机械费之和　　　　D. 机械费

4. 现行部颁概算定额中，零星材料费是以费率（%）形式表示，其计算基数为（　　）。
   A. 主要材料费之和　　　　　　B. 人工费、主要材料费之和
   C. 人工费、机械费之和　　　　D. 机械费

5. 根据现行部颁及 2016 营改增文件规定，建筑工程间接费的计算基础为直接费，枢纽工程石方工程间接费的费率为（　　）。
   A. 10%　　　B. 11%　　　C. 12%　　　D. 12.5%

6. 根据现行部颁及 2016 营改增文件规定，建筑工程间接费的计算基础为直接费，河道工程模板工程间接费的费率为（　　）。
   A. 6%～7%　　　B. 7%～8%　　　C. 8%～9%　　　D. 9%～10%

7. 根据《水利工程设计概（估）算编制规定》，人工费属于（　　）。
   A. 基本直接费　　B. 其他直接费　　C. 间接费　　D. 直接费

8. 根据《水利工程设计概（估）算编制规定》，特殊地区施工增加费属于（　　）。
   A. 直接费　　　B. 其他直接费　　　C. 间接费　　　D. 现场经费

9. 根据现行部颁《水利建筑工程概算定额》规定，自卸汽车运输运距超过 10km 时，

应按（　　）公式计算。

A. 5km 值×增运 1km 值

B. 5km 值＋5×增运 1km 值＋（运距－10）×增运 1km 值×0.75

C. 10km 值＋（运距－10）×增运 1km 值

D. 5km 值＋（运距－5）×增运 1km 值

10. 根据现行部颁《水利建筑工程概算定额》规定，挖掘机挖装土料自卸汽车运输定额，其土料按自然方拟定，如挖装松土时，其人工及挖装机械数量应乘以（　　）系数。

A. 0.85　　　　B. 0.80　　　　C. 0.95　　　　D. 0.90

二、多项选择题

1. 采用现行部颁定额进行工程单价分析时，现浇混凝土单价一般包括以下哪几个工序？（　　）

A. 混凝土拌制　　　　　　　　B. 混凝土运输

C. 混凝土浇筑　　　　　　　　D. 钢筋制作安装

E. 模板制作安装

2. 按现行部颁定额，洞挖石方运输当有洞内外运输时，套用定额应当为（　　）。

A. 洞内运输部分，套用"洞内"定额基本运距子目

B. 洞内运输部分，套用"洞内"定额基本运距子目及"增运"子目

C. 洞外运输部分，套用"露天"定额基本运距子目

D. 洞外运输部分，套用"露天"定额的"增运"子目

E. 洞外运输部分，套用"露天"定额基本运距子目及"增运"子目

3. 根据《水利工程营业税改征增值税计价依据调整办法》（办水总〔2016〕132 号），有关机电、金属结构设备及安装工程的间接费费率表述正确的是（　　）。

A. 枢纽工程的间接费为人工费的 70%

B. 河道工程的间接费为人工费的 70%

C. 河道工程的间接费为人工费的 75%

D. 枢纽工程的间接费为人工费的 75%

E. 引水工程的间接费为人工费的 70%

4. 根据现行《水利工程工程量清单计价规范》，以下属于金属结构设备安装工程的有（　　）。

A. 门式起重机设备安装　　　　B. 闸门设备安装

C. 压力钢管安装　　　　　　　D. 油压启闭机设备安装

E. 电梯设备安装

5. 以下主要材料中，需考虑材料基价的有（　　）。

A. 柴油　　　B. 汽油　　　C. 炸药　　　D. 沥青

E. 板枋材

6. （　　）是构成建筑安装工程费的主体，在水利工程总投资中占有很大的比重。

A. 人工费　　B. 间接费　　C. 材料费　　D. 施工机械使用费

E. 企业利润

三、判断题

1. 土方开挖由挖装、运输两个主要工序组成。土方开挖、运输单价，一般合并为综合单价计算，不能分别计算。（　　）

2. 利润按直接费和间接费之和的9%计算。（　　）

3. 材料调差价为按实际市场价计算出的材料预算价与基价之差。（　　）

4. 根据《水利工程营业税改征增值税计价依据调整办法》（办水总〔2016〕132号），外购砂石价格不含增值税进项税额，基价为70元/m³。（　　）

5. 现行部颁《水利建筑工程概（估）算定额》中，土方洞挖、洞井石方开挖定额的轴流通风机台时数量，都按一个工作面长400m拟定的。（　　）

6. 建筑及安装工程费由直接工程费、间接费、企业利润和税金四项组成。（　　）

7. 直接费是指建筑安装工程施工过程中直接消耗在工程项目上的活劳动和物化劳动。由基本直接费、其他直接费、现场经费组成。（　　）

8. 工程单价三要素是："量""价""费"。（　　）

9. 根据《水利部办公厅关于调整水利工程计价依据增值税计算标准的通知》（办财务函〔2019〕448号），税金指应计入建筑安装工程费用内的增值税销项税额，税率为10%。（　　）

10. 直接费由人工费、材料费、机械使用费组成。（　　）

四、计算题

1. 项目背景：陕西省延安市延长县某引水工程，计算其基础土方开挖工程概算单价。
（1）施工方法：采用1m³挖掘机挖装、10t自卸汽车运4.6km至弃料场弃料。
（2）基本资料参照工程实例分析4-1提供的基本资料。

2. 项目背景：某枢纽工程位于山西省临汾市吉县，其一般石方开挖工程采用风钻钻孔爆破施工，石方为Ⅻ级，石渣的运输采用1m³挖掘机装，8t自卸汽车运输2.5km弃渣。已知基本资料如下：
（1）人工预算单价：根据工程性质和所在地区自行查找。
（2）材料预算价格：合金钻头60元/个，炸药5.0元/kg，电雷管1.5元/个，导电线0.6元/m，柴油6.5元/kg，电0.5元/(kW·h)。
（3）施工机械台时费：查部颁《水利工程施工机械台时费定额》（2002）自行计算。
工作任务：试计算石方开挖运输综合单价。

3. 项目背景：某大型拦河水闸工程位于四川省绵阳市平武县，其挡土墙采用M10浆砌块石施工，M10砂浆的配合比为：32.5（R）普通水泥305kg，砂1.10m³，水0.183m³。所有砂石料均需要外购。已知基本资料如下：
（1）人工预算单价：根据工程性质和所在地区自行查找。
（2）材料预算价格：32.5（R）普通水泥320元/t，块石73元/m³，砂65元/m³，施工用水0.5元/m³。
（3）施工机械台时费：砂浆搅拌机（0.4m³）19.89元/台时，胶轮车0.80元/台时。
工作任务：试计算浆砌石工程单价。

4. 项目背景：接项目背景3，工程采用100cm厚的水闸底板混凝土C15（三）-32.5（中砂、碎石），采用0.8m³搅拌机拌制混凝土，1t机动翻斗车运200m入仓，进行混凝土浇筑，已知基本资料如下：

(1) 人工预算单价：根据工程性质和所在地区自行查找。

(2) 材料预算价格：32.5（R）普通水泥 320 元/t，碎石 73 元/m^3，中砂 80 元/m^3，外加剂 40 元/kg，水 0.5 元/m^3。

(3) 施工机械台时费：查部颁《水利工程施工机械台时费定额》(2002) 自行计算。

工作任务：试计算该混凝土底板工程概算单价。

项目 5

水利工程概算文件编制

学习目标：熟悉水利水电工程工程量计算规定，掌握设计概算文件编制依据、程序、组成和分部工程概算编制，会分年度投资及资金流量编制，掌握总概算编制。

任务 5.1 水利水电工程工程量计算

工程量是以物理计量单位或自然计量单位表示的各项工程和结构件的数量。工程概算编制主要是以工程量乘以工程单价来计算的，因此，工程量计算是编制工程概算的基本要素之一。工程量计算的准确与否，是衡量设计概算质量好坏的重要标志之一。

5.1.1 工程量计算依据

1. 施工图纸及配套的标准图集

施工图纸及配套的标准图集是工程量计算的基础资料和基本依据。因为，施工图纸全面反映建筑物（或构筑物）的结构构造、各部位的尺寸及工程做法。

2. 预算定额、工程量清单计价规范

根据工程计价的方式不同（定额计价或工程量清单计价），计算工程量应选择相应的工程量计算规则，编制施工图预算，应按预算定额及其工程量计算规则算量；若工程招标投标编制工程量清单，应按"计价规范"附录中的工程量计算规则算量。

3. 施工组织设计或施工方案

施工图纸主要表现拟建工程的实体项目，分项工程的具体施工方法及措施，应按施工组织设计或施工方案确定。

5.1.2 工程量分类

1. 设计工程量

《水利水电工程设计工程量计算规定》（SL 328—2005）适用于大、中型水利水电工程项目的项目建议书、可行性研究和初步设计阶段的设计工程量计算（表 5.1）。施工图和招标阶段的设计工程量计算采用《水利工程工程量清单计价规范》（GB 50501—2007）。

各设计阶段计算的工程量（按建筑物或工程的设计几何轮廓尺寸计算）乘以相应的阶段系数后，作为设计工程量提供给造价专业编制工程概（估）算。施工图设计阶段系数均为 1.00，即设计工程量就是图纸工程量。

表 5.1 水利水电工程设计工程量阶段系数表

类别	设计阶段	土石方开挖工程量/万 m³				混凝土工程量/万 m³			
		>500	200~500	50~200	<50	>300	100~300	50~100	<50
永久工程或建筑物	项目建议书	1.03~1.05	1.05~1.07	1.07~1.09	1.09~1.11	1.03~1.05	1.05~1.07	1.07~1.09	1.09~1.11
	可行性研究	1.02~1.03	1.03~1.04	1.04~1.06	1.06~1.08	1.02~1.03	1.03~1.04	1.04~1.06	1.06~1.08
	初步设计	1.01~1.02	1.02~1.03	1.03~1.04	1.04~1.05	1.01~1.02	1.02~1.03	1.03~1.04	1.04~1.05
施工临时工程	项目建议书	1.05~1.07	1.07~1.10	1.10~1.12	1.12~1.15	1.05~1.07	1.07~1.10	1.10~1.12	1.12~1.15
	可行性研究	1.04~1.06	1.06~1.08	1.08~1.10	1.10~1.13	1.04~1.06	1.06~1.08	1.08~1.10	1.10~1.13
	初步设计	1.02~1.04	1.04~1.06	1.06~1.08	1.08~1.10	1.02~1.04	1.04~1.06	1.06~1.08	1.08~1.10

类别	设计阶段	土石方填筑、砌石工程量/万 m³				钢筋/t	钢材/t	模板/t	灌浆/t
		>500	200~500	50~200	<50				
永久工程或建筑物	项目建议书	1.03~1.05	1.05~1.07	1.07~1.09	1.09~1.11	1.08	1.06	1.11	1.16
	可行性研究	1.02~1.03	1.03~1.04	1.04~1.06	1.06~1.08	1.06	1.05		1.15
	初步设计	1.01~1.02	1.02~1.03	1.03~1.04	1.04~1.05	1.03	1.03	1.05	1.10
施工临时工程	项目建议书	1.05~1.07	1.07~1.10	1.10~1.12	1.12~1.15	1.10	1.10	1.12	1.18
	可行性研究	1.04~1.06	1.06~1.08	1.08~1.10	1.10~1.13			1.09	1.17
	初步设计	1.02~1.04	1.04~1.06	1.06~1.08	1.08~1.10	1.05	1.05	1.06	1.12

注 1. 若采用混凝土立模系数乘以混凝土工程量计算模板工程量时,不应再考虑模板阶段系数。
   2. 若采用混凝土含钢率或含钢量乘以混凝土工程量计算钢筋工程量时,不应再考虑钢筋阶段系数。
   3. 截流工程的工程量阶段系数可取 1.25~1.35。
   4. 表中工程量系工程总工程量。

2. 施工超挖量、超填量及施工附加量

在水利水电工程施工中一般不允许欠挖,为保证建筑物的设计尺寸,施工中允许一定的超挖量;而施工附加量系指为完成本项工程而必须增加的工程量,如土方工程中的取土坑、试验坑、隧洞工程中的为满足交通、放炮要求而设置的内错车道、避炮洞及下部扩挖所需增加的工程量;施工超填量是指由于施工超挖及施工附加相应增加的回填工程量。

概算定额已按有关施工规范计入合理的超挖量、超填量和施工附加量,故采用概算定额编制概(估)算时,工程量不应计算这三项工程量。

预算定额中均未计入这三项工程量,因此,采用预算定额编制概(估)算单价时,其开挖工程和填筑工程的工程量应按开挖设计断面和有关施工技术规范所规定的加宽及增放坡度计算。

采用预算定额时超挖量、超填量、施工附加量一般按以下规定计算：

(1) 地下建筑物开挖规范允许超挖量及施工附加量，可在设计尺寸上按半径加大20cm计算。

(2) 水工建筑物岩石基础开挖允许超挖量及施工附加量：

1) 平面高程，一般应不大于20cm。

2) 边坡依开挖高度而异：开挖高度在8m以内，应不大于20cm；开挖高度在8～15m，应不大于30cm；开挖高度在15～30m，应不大于50cm。

3. 施工损耗量

施工损耗量包括运输及操作损耗、体积变化损耗及其他损耗。运输及操作损耗量指土石方、混凝土在运输及操作过程中的损耗。体积变化损耗量指土石方填筑工程中的施工期沉陷而增加的数量，混凝土体积收缩而增加的工程数量等。其他损耗量包括土石方填筑工程施工中的削坡，雨后清理损失数量，钻孔灌浆工程中混凝土灌注桩桩头的浇筑凿除及混凝土防渗墙一、二期接头重复造孔和混凝土浇筑等增加的工程量。概算定额对这几项损耗已按有关规定计入相应定额之中，而预算定额未包括混凝土防渗墙接头处理所增加的工程量，因此，采用不同的定额编制工程单价时应仔细阅读有关定额说明，以免漏算或重算。

5.1.3 永久工程建筑工程量计算

1. 土石方开挖工程量计算

土石方开挖工程量，应按岩土分类级别计算，并将明挖、暗挖分开。明挖宜分一般、坑槽、基础和坡面等；暗挖宜分平洞、斜井、竖井和地下厂房等。

土石方填（砌）筑工程的工程量计算应符合下列规定：

(1) 土石方填筑工程量应根据建筑物设计断面中不同部位不同填筑材料的设计要求分别计算，以建筑物实体方计量。

(2) 砌筑工程量按不同砌筑材料、砌筑方式（干砌、浆砌等）和砌筑部位分别计算，以建筑物砌体方计量。

2. 疏浚与吹填工程的工程量计算

疏浚与吹填工程的工程量计算应符合下列规定：

(1) 疏浚工程量的计算，宜按设计水下方计量，开挖过程中的超挖及回淤量不应计入。

(2) 吹填工程量的计算，除考虑吹填土层下沉及原地基下沉增加量，还应考虑施工期泥沙流失量，计算出吹填区陆上方再折算为水下方。

3. 土工合成材料工程量计算

土工合成材料工程量宜按设计铺设面积或长度计算，不应计入材料搭接及各种型式嵌固的用量。

4. 混凝土工程量计算

混凝土工程量计算应以成品实体方计量，并应符合下列规定：

(1) 项目建议书阶段混凝土工程量宜按工程各建筑物分项、分强度和级配计算。可行性研究和初步设计阶段混凝土工程量应根据设计图纸分部位、分强度、分级配计算。

（2）碾压混凝土宜提出工法，沥青混凝土宜提出开级配或密级配。

（3）钢筋混凝土的钢筋可按含钢率或含钢量计算。混凝土结构中的钢衬工程量应单独列出。

5. 混凝土立模面积计算

混凝土立模面积应根据建筑物结构体形、施工分缝要求和使用模板的类型计算。

项目建议书和可行性研究阶段可参考《水利建筑工程概算定额》中附录9，初步设计阶段可根据工程设计立模面积计算。

6. 钻孔灌浆工程量计算

钻孔灌浆工程量计算应符合下列规定：

（1）基础固结灌浆与帷幕灌浆的工程量，自起灌基面算起，钻孔长度自实际孔顶高程算起。基础帷幕灌浆采用孔口封闭的，还应计算灌注孔口管的工程量，根据不同孔口管长度以孔为单位计算。地下工程的固结灌浆，其钻孔和灌浆工程量根据设计要求以米计算。

（2）回填灌浆工程量按设计的回填接触面积计算。

（3）接触灌浆和接缝灌浆的工程量，按设计所需面积计算。

7. 混凝土地下连续墙的成槽和混凝土浇筑工程量计算

混凝土地下连续墙的成槽和混凝土浇筑工程量应分别计算，并应符合下列规定：

（1）成槽工程量按不同墙厚、孔深和地层以面积计算。

（2）混凝土浇筑的工程量，按不同墙厚和地层以成墙面积计算。

8. 锚固工程量计算

锚固工程量可按下列要求计算：

（1）锚杆支护工程量，按锚杆类型、长度、直径和支护部位及相应岩石级别以根数计算。

（2）预应力锚索的工程量按不同预应力等级、长度、型式及锚固对象以束计算。

9. 喷射混凝土工程量计算

喷射混凝土工程量应按喷射厚度、部位及有无钢筋以体积计算，回弹量不应计入。喷浆工程量应根据喷射对象以面积计算。

10. 混凝土灌注桩的钻孔和灌筑混凝土工程量计算

混凝土灌注桩的钻孔和灌筑混凝土工程量应分别计算。并应符合下列规定：

（1）钻孔工程量按不同地层类别以钻孔长度计算。

（2）灌筑混凝土工程量按不同桩径以桩长度计算。

11. 枢纽工程对外公路工程量计算

枢纽工程对外公路工程量，项目建议书和可行性研究阶段可根据1/50000～1/10000的地形图按设计推荐（或选定）的线路，分公路等级以长度计算工程量。初步设计阶段应根据不小于1/5000的地形图按设计确定的公路等级提出长度或具体工程量。

场内永久公路中主要交通道路，项目建议书和可行性研究阶段应根据1/10000～1/5000的施工总平面布置图按设计确定的公路等级以长度计算工程量。初步设计阶段应根据 1/5000~1/2000 的施工总平面布置图，按设计要求提出长度或具体工程量。

引（供）水、灌溉等工程的永久公路工程量可参照上述要求计算。桥梁、涵洞按工程等级分别计算，提出延米或具体工程量。永久供电线路工程量，按电压等级、回路数以长度计算。

5.1.4 施工临时工程的工程量计算

（1）施工导流工程工程量计算要求与永久水工建筑物计算要求相同，其中永久与临时结合的部分应计入永久工程量中，阶段系数按施工临时工程计取。

（2）施工支洞工程量应按永久水工建筑物工程量计算要求进行计算，阶段系数按施工临时工程计取。

（3）大型施工设施及施工机械布置所需土建工程量，按永久建筑物的要求计算工程量，阶段系数按施工临时工程计取。

（4）施工临时公路的工程量可根据相应设计阶段施工总平面布置图或设计提出的运输线路分等级计算公路长度或具体工程量。

（5）施工供电线路工程量可按设计的线路走向、电压等级和回路数计算。

5.1.5 金属结构工程量计算

（1）水工建筑物的各种钢闸门和拦污栅的工程量以吨计算，项目建议书可按已建工程类比确定；可行性研究阶段可根据初选方案确定的类型和主要尺寸计算；初步设计阶段应根据选定方案的设计尺寸和参数计算。

（2）各种闸门和拦污栅的埋件工程量计算均应与其主设备工程量计算精度一致。

（3）启闭设备工程量计算，宜与闸门和拦污栅工程量计算精度相适应，并分别列出设备重量（t）和数量（台、套）。

（4）压力钢管工程量应按钢管型式（一般、叉管）、直径和壁厚分别计算，以吨为计量单位，不应计入钢管制作与安装的操作损耗量。

任务 5.2　设计概算文件概述

5.2.1 设计概算文件编制依据与一般程序

1. 设计概算文件编制依据

（1）国家及省（自治区、直辖市）颁发的有关法令、法规、制度和规程。

（2）水利工程设计概（估）算编制规定。

（3）水利行业主管部门颁发的概算定额和有关行业主管部门颁发的定额。

（4）水利水电工程设计工程量计算规定。

（5）已批准的设计文件，包括初步设计书、技术设计书和设计图纸等。

（6）有关合同协议及资金筹措方案。

（7）其他。

2. 设计概算文件编制程序

（1）收集基本资料、熟悉设计图纸。编制工程概算要对工程情况进行充分了解，首先，要熟悉设计图纸，将工程项目内容、工程部位搞清楚，了解设计意图；其次，深入工程现场了解工程现场情况，收集与工程概算有关的基本资料；最后，还要对施工组织设计（包括施工导流等主要施工技术措施）进行充分研究，了解施工方法、措施、运输距离、机械设备、劳力配备等情况，以便正确合理地编制工程单价及工程概算。

（2）划分工程项目。建筑工程概算项目划分参考编规中介绍的有关内容和"工程项目划分"的有关规定进行。

（3）编制工程概算单价。建筑工程单价应根据工程的具体情况和拟定的施工方案，采用国家和地方颁发的现行定额及费用标准进行编制。

（4）计算工程量。工程量是以物理计量单位来表示的各个分项工程的结构构件、材料等的数量。其为编制工程概预算的基本条件之一。工程量计算的准确与否，直接影响工程投资大小。因此，工程量计算应严格执行水利工程设计工程量计算有关规定。

（5）编制工程概算。建筑工程概算要严格按照水利工程设计概（估）算编制规定进行编制。

5.2.2 设计概算文件组成

概算文件包括设计概算报告（正件）、附件、投资对比分析报告。

5.2.2.1 概算正件组成内容

1. 编制说明

（1）工程概况。工程概况包括：流域，河系，兴建地点，工程规模，工程效益，工程布置型式，主体建筑工程量，主要材料用量，施工总工期等。

（2）投资主要指标。投资主要指标包括：工程总投资和静态总投资，年度价格指数，基本预备费率，建设期融资额度、利率和利息等。

（3）编制原则和依据。

1）概算编制原则和依据。

2）人工预算单价，主要材料，施工用电、水、风以及砂石料等基础单价的计算依据。

3）主要设备价格的编制依据。

4）建筑安装工程定额、施工机械台时费定额和有关指标的采用依据。

5）费用计算标准及依据。

6）工程资金筹措方案。

（4）概算编制中其他应说明的问题。

（5）主要技术经济指标表。主要技术经济指标表根据工程特性表编制，反映工程主要技术经济指标。

2. 工程概算总表

工程概算总表由工程部分的总概算表与建设征地移民补偿、环境保护工程、水土保持工程的总概算表汇总并计算而成。见表5.2，表中：

Ⅰ为工程部分总概算表，按项目划分的五部分填表并列示至一级项目。

Ⅱ为建设征地移民补偿总概算表，列示至一级项目。

Ⅲ为环境保护工程总概算表。

Ⅳ为水土保持工程总概算表。

Ⅴ包括静态总投资（Ⅰ～Ⅳ项静态投资合计）、价差预备费、建设期融资利息、总投资。

表 5.2　　　　　　　　　　　工 程 概 算 总 表　　　　　　　　　　单位：万元

序号	工程或费用名称	建安工程费	设备购置费	独立费用	合计
Ⅰ	工程部分投资 第一部分　建筑工程 第二部分　机电设备及安装工程 第三部分　金属结构设备及安装工程 第四部分　施工临时工程 第五部分　独立费用 一至五部分投资合计 基本预备费 静态投资				
Ⅱ 一 二 三 四 五 六 七	建设征地移民补偿投资 农村部分补偿费 城（集）镇部分补偿费 工业企业补偿费 专业项目补偿费 防护工程费 库底清理费 其他费用 一至七项小计 基本预备费 有关税费 静态投资				
Ⅲ	环境保护工程投资				
Ⅳ	水土保持工程投资				
Ⅴ	工程投资总计				
	静态总投资（Ⅰ～Ⅳ项静态投资合计）				
	价差预备费				
	建设期融资利息				
	总投资				

3. 工程部分概算表和概算附表

（1）概算表。

1）工程部分总概算表。

2）建筑工程概算表。

3）机电设备及安装工程概算表。

4）金属结构设备及安装工程概算表。

5）施工临时工程概算表。

6）独立费用概算表。

7) 分年度投资表。
8) 资金流量表（枢纽工程）。
(2) 概算附表。
1) 建筑工程单价汇总表。
2) 安装工程单价汇总表。
3) 主要材料预算价格汇总表。
4) 次要材料预算价格汇总表。
5) 施工机械台时费汇总表。
6) 主要工程量汇总表。
7) 主要材料量汇总表。
8) 工时数量汇总表。

5.2.2.2 概算附件组成内容
(1) 人工预算单价计算表。
(2) 主要材料运输费用计算表。
(3) 主要材料预算价格计算表。
(4) 施工用电价格计算书（附计算说明）。
(5) 施工用水价格计算书（附计算说明）。
(6) 施工用风价格计算书（附计算说明）。
(7) 补充定额计算书（附计算说明）。
(8) 补充施工机械台时费计算书（附计算说明）。
(9) 砂石料单价计算书（附计算说明）。
(10) 混凝土材料单价计算表。
(11) 建筑工程单价表。
(12) 安装工程单价表。
(13) 主要设备运杂费率计算书（附计算说明）。
(14) 施工房屋建筑工程投资计算书（附计算说明）。
(15) 独立费用计算书（勘测设计费可另附计算书）。
(16) 分年度投资计算表。
(17) 资金流量计算表。
(18) 价差预备费计算表。
(19) 建设期融资利息计算书（附计算说明）。
(20) 计算人工、材料、设备预算价格和费用依据的有关文件、询价报价资料及其他。

5.2.2.3 投资对比分析报告
应从价格变动、项目及工程量调整、国家政策性变化等方面进行详细分析，说明初步设计阶段与可行性研究阶段（或可行性研究阶段与项目建设书阶段）相比较的投资变化原因和结论，编写投资对比分析报告。工程部分报告应包括以下附表：
(1) 总投资对比表。

(2) 主要工程量对比表。
(3) 主要材料和设备价格对比表。
(4) 其他相关表格。

投资对比分析报告应汇总工程部分、建设征地移民补偿、环境保护、水土保持各部分对比分析内容。

任务5.3 分部工程概算编制

水利工程工程部分费用组成内容如图5.1所示。

5.3.1 建筑工程概算

建筑工程按主体建筑工程、交通工程、房屋建筑工程、供电设施工程、其他建筑工程分别采用不同的方法编制。

1. 主体建筑工程

(1) 主体建筑工程概算按设计工程量乘以单价进行编制。

(2) 主体建筑工程量应遵照《水利水电工程设计工程量计算规定》，按项目划分要求，计算到三级项目。

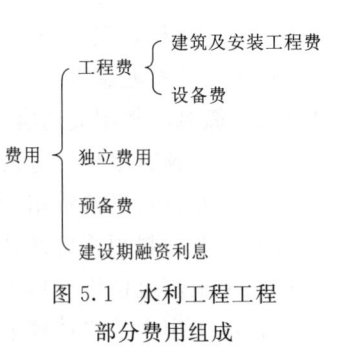

图5.1 水利工程工程部分费用组成

(3) 当设计混凝土施工有温控要求时，应根据温控措施设计，计算温控措施费，也可经过分析确定指标后，按建筑物混凝土方量进行计算。

(4) 细部结构工程。参照水工建筑工程细部结构指标表确定，见表5.3。

表5.3 水工建筑工程细部结构指标表

项目名称	混凝土重力坝、重力拱坝、宽缝重力坝、支墩坝	混凝土双曲拱坝	土坝、堆石坝	水闸	冲砂闸、泄洪闸	进水口、进水塔	溢洪道	隧洞
单位	元/m³（坝体方）			元/m³（混凝土）				
综合指标	16.2	17.2	1.15	48	42	19	18.1	15.3

项目名称	竖井、调压井	高压管道	电（泵）站地面厂房	电（泵）站地下厂房	船闸	倒虹吸、暗渠	渡槽	明渠（衬砌）
单位	元/m³（混凝土）							
综合指标	19	4	37	57	30	17.7	54	8.45

注 1. 表中综合指标包括多孔混凝土排水管、廊道木模制作与安装、止水工程（面板坝除外）、伸缩缝工程、接缝灌浆管路、冷却水管路、栏杆、照明工程、爬梯、通气管道、排水工程、排水渗井钻孔及反滤料、坝坡踏步、孔洞钢盖板、厂房内上下水工程、防潮层、建筑钢材及其他细部结构工程。
 2. 表中综合指标仅包括基本直接费内容。
 3. 改扩建及加固工程根据设计确定细部结构工程的工程量。其他工程，如果工程设计能够确定细部结构工程的工程量，可按设计工程量乘以工程单价进行计算，不再按本表指标计算。

2. 交通工程

交通工程投资按设计工程量乘以单价计算,也可以根据工程所在地区造价指标或有关实际资料,采用扩大单位指标编制。

3. 房屋建筑工程

(1) 永久房屋建筑。

1) 用于生产、办公的房屋建筑面积,由设计单位按有关规定结合工程规模确定,单位造价指标根据当地相应建筑造价水平确定。

2) 值班宿舍及文化福利建筑的投资按主体建筑工程投资的百分率计算。

3) 除险加固工程(含枢纽、引水、河道工程)、灌溉田间工程的永久房屋建筑面积由设计单位根据有关规定结合工程建设需要确定(表5.4)。

表 5.4 除险加固工程投资比例

	投资≤50000 万元	1.0%~1.5%
枢纽工程	50000 万元<投资≤100000 万元	0.8%~1.0%
	投资>100000 万元	0.5%~0.8%
引水工程		0.4%~0.6%
河道工程		0.4%

注 投资小或工程位置偏远者取大值,反之取小值。

(2) 室外工程投资。一般按房屋建筑工程投资的15%~20%计算。

4. 供电设施工程

供电设施工程根据设计的电压等级、线路架设长度及所需配备的变配电设施要求,采用工程所在地区造价指标或有关实际资料计算。

5. 其他建筑工程

(1) 安全监测设施工程,指属于建筑工程性质的内外部观测设施。安全监测工程项目投资应按设计资料计算。若无设计资料,可根据坝型或其他工程形式,按主体建筑工程投资的百分率计算。当地材料坝 0.9%~1.1%;混凝土坝 1.1%~1.3%;引水式电站(引水建筑物) 1.1%~1.3%;堤防工程 0.2%~0.3%。

(2) 照明线路、通信线路等三项工程投资按设计工程量乘以单价或采用扩大单位指标编制。

(3) 其余各项按设计要求分析计算。

5.3.2 机电设备及安装工程

机电设备及安装工程投资由设备费和安装工程费两部分组成。

1. 设备费

设备费包括设备原价、运杂费、运输保险费和采购保管费。

(1) 设备原价。以出厂价或设计单位分析论证后的询价为设备原价。

(2) 运杂费。运杂费分主要设备运杂费和其他设备运杂费,均按占设备原价的百分率计算。

1) 主要设备运杂费费率,见表 5.5。设备由铁路直达或铁路、公路联运时,分别按里程求得费率后叠加计算;如果设备由公路直达,应按公路里程计算费率后,再加公路直达基本费率。

表 5.5　　　　　　　　　　主要设备运杂费费率表　　　　　　　　　　%

设备分类		铁　路		公　路		公路直达基本费率
		基本运距 1000km	每增运 500km	基本运距 100km	每增运 20km	
水轮发电机组		2.21	0.30	1.06	0.15	1.01
主阀、桥机		2.99	0.50	1.85	0.20	1.33
主变压器	120000kVA 及以上	3.50	0.40	2.80	0.30	1.20
	120000kVA 以下	2.97	0.40	0.92	0.15	1.20

2) 其他设备运杂费费率,见表 5.6。

表 5.6　　　　　　　　　　其他设备运杂费费率表　　　　　　　　　　%

类别	适 用 地 区	费率
Ⅰ	北京、天津、上海、江苏、浙江、江西、安徽、湖北、湖南、河南、广东、山西、山东、河北、陕西、辽宁、吉林、黑龙江等省(直辖市)	3～5
Ⅱ	甘肃、云南、贵州、广西、四川、重庆、福建、海南、宁夏、内蒙古、青海等省(自治区、直辖市)	5～7

工程地点距铁路线近者费率取小值,远者取大值。新疆、西藏地区的设备运杂费费率可视具体情况另行确定。

(3) 运输保险费。按有关规定计算。

(4) 采购及保管费。按设备原价、运杂费之和的 0.7% 计算。

(5) 运杂综合费率

　　运杂综合费率＝运杂费费率＋(1＋运杂费费率)×采购及保管费费率
　　　　　　　　＋运输保险费费率　　　　　　　　　　　　　　　　(5.1)

上述运杂综合费率,适用于计算国产设备运杂费。进口设备的国内段运杂综合费率,按国产设备运杂综合费率乘以相应国产设备原价占进口设备原价的比例系数进行计算(即按相应国产设备价格计算运杂综合费率)。

(6) 交通工具购置费。交通工具购置费指工程竣工后,为保证建设项目初期生产管理单位正常运行必须配备的车辆和船只所需要的费用。

交通设备数量应由设计单位按有关规定、结合工程规模确定,设备价格根据市场情况、结合国家有关政策确定。

无设计资料时,可按照表 5.7 计算。除高原、沙漠地区外,不得用于购置进口、豪华车辆。灌溉田间工程不计此项费用。

计算方法:以第一部分建筑工程投资为基数,按表 5.7 的费率,以超额累进方法计算。

表 5.7 交通工具购置费费率表

第一部分建筑工程投资 /万元	费率 /%	辅助参数 /万元	第一部分建筑工程投资 /万元	费率 /%	辅助参数 /万元
10000 及以内	0.50	0	100000~200000	0.06	140
10000~50000	0.25	25	200000~500000	0.04	180
50000~100000	0.10	100	500000 以上	0.02	280

简化计算公式为：第一部分建筑工程投资×该档费率＋辅助参数。

2. 安装工程费

安装工程投资按设备数量乘以安装单价进行计算。

5.3.3　金属结构设备及安装工程

金属结构设备及安装工程的概算编制方法同"5.3.2 机电设备及安装工程"。

5.3.4　施工临时工程

1. 导流工程

导流工程按设计工程量乘以工程单价进行计算。

2. 施工交通工程

施工交通工程按设计工程量乘以工程单价进行计算，也可根据工程所在地区造价指标或有关实际资料，采用扩大单位指标编制。

3. 施工场外供电工程

施工场外供电工程根据设计的电压等级、线路架设长度及所需配备的变配电设施要求，采用工程所在地区的造价指标或有关实际资料计算。

4. 施工房屋建筑工程

施工房屋建筑工程包括施工仓库和办公、生活及文化福利建筑两部分。不包括列入临时设施和其他施工临时工程项目内的电、风、水，通信系统，砂石料系统，混凝土拌和及浇筑系统，木工、钢筋、机修等辅助加工厂，混凝土预制构件厂，混凝土制冷、供热系统，施工排水等生产用房。

（1）施工仓库。施工仓库是指为工程施工而临时兴建的设备、材料、工器具等仓库。建筑面积由施工组织设计确定，单位造价指标根据当地相应建筑造价水平确定。

（2）办公、生活及文化福利建筑。办公、生活及文化福利建筑是指施工单位、建设单位、监理单位及设计代表在工程建设期所需的办公用房、宿舍、招待所和其他文化福利设施等房屋建筑工程。

1) 枢纽工程，按下列公式计算：

$$I = \frac{A \cdot U \cdot P}{N \cdot L} \cdot K_1 \cdot K_2 \cdot K_3 \qquad (5.2)$$

式中　I——房屋建筑工程投资；

　　　A——建安工作量，按工程一至四部分建安工作量（不包括办公用房、生活及文化福利建筑和其他施工临时工程）之和乘以（1＋其他施工临时工程百分率）计算；

U——人均建筑面积综合指标，按 $12\sim15\mathrm{m}^2$/人标准计算；

P——单位造价指标，参考工程所在地区的永久房屋造价指标（元/m^2）计算；

N——施工年限，按施工组织设计确定的合理工期计算；

L——全员劳动生产率，一般按 $80000\sim120000$ 元/（人·年）；施工机械化程度高取大值，反之取小值；采用掘进机施工为主的工程全员劳动生产率应适当提高；

K_1——施工高峰人数调整系数，取 1.10；

K_2——室外工程系数，取 $1.10\sim1.15$，地形条件差的可取大值，反之取小值；

K_3——单位造价指标调整系数，按不同施工年限，采用表 5.8 中的调整系数。

表 5.8　　　　　　　　　　单位造价指标调整系数表

工期	2 年以内	2～3 年	3～5 年	5～8 年	8～11 年
系数	0.25	0.40	0.55	0.70	0.80

2）引水工程按一至四部分建安工作量的百分率计算。一般引水工程取中、上限，大型引水工程取下限。掘进机施工隧洞工程按表 5.9 中费率乘 0.5 调整系数。

表 5.9　　　　　　　　　引水工程施工房屋建筑工程费率表

工期	百分率	工期	百分率
≤3 年	1.5%～2.0%	>3 年	1.0%～1.5%

3）河道工程按一至四部分建安工作量的百分率计算（表 5.10）。

表 5.10　　　　　　　　　河道工程施工房屋建筑工程费率表

工期	百分率	工期	百分率
≤3 年	1.5%～2.0%	>3 年	1.0%～1.5%

5．其他施工临时工程

按工程一至四部分建安工作量（不包括其他施工临时工程）之和的百分率计算。

（1）枢纽工程为 3.0%～4.0%。

（2）引水工程为 2.5%～3.0%。一般引水工程取下限，隧洞、渡槽等大型建筑物较多的引水工程、施工条件复杂的引水工程取上限。

（3）河道工程为 0.5%～1.5%。灌溉田间工程取下限，建筑物较多、施工排水量大或施工条件复杂的河道工程取上限。

5.3.5　独立费用

独立费用由建设管理费、工程建设监理费、联合试运转费、生产准备费、科研勘测设计费和其他等六项组成。

5.3.5.1　建设管理费

1．建设管理费组成

建设管理费是指建设单位在工程项目筹建和建设期间进行管理工作所需的费用。包括建设单位开办费、建设单位人员费和项目管理费三项。

（1）建设单位开办费。建设单位开办费是新组建的工程建设单位为开展工作必须购置的办公设施、交通工具等以及其他用于开办工作的费用。

（2）建设单位人员费。建设单位人员费是指建设单位从批准组建之日起至完成该工程建设管理任务之日止，需开支的建设单位人员费用。主要包括工作人员的基本工资、辅助工资、职工福利费、劳动保护费、养老保险费、失业保险费、医疗保险费、工伤保险费、生育保险费及住房公积金等。

（3）项目管理费。项目管理费是指建设单位从筹建到竣工期间所发生的各种管理费用。包括工程建设过程中用于资金筹措、召开董事（股东）会议，视察工程建设所发生的会议和差旅等费用。

2. 建设管理费计算

（1）枢纽工程。枢纽工程建设管理费以一至四部分建安工作量为计算基数，按表5.11所列费率，以超额累进方法计算。

表 5.11　　　　　　　　　枢纽工程建设管理费费率表

一至四部分建安工作量/万元	费率/%	辅助参数/万元	一至四部分建安工作量/万元	费率/%	辅助参数/万元
50000 及以内	4.5	0	200000～500000	1.8	2900
50000～100000	3.5	500	500000 以上	0.6	8900
100000～200000	2.5	1500			

简化计算公式为：一至四部分建安工作量×该档费率＋辅助参数（下同）。

（2）引水工程。引水工程建设管理费以一至四部分建安工作量为计算基数，按表5.12所列费率，以超额累进方法计算。原则上应按整体工程投资统一计算，工程规模较大时可分段计算。

表 5.12　　　　　　　　　引水工程建设管理费费率表

一至四部分建安工作量/万元	费率/%	辅助参数/万元	一至四部分建安工作量/万元	费率/%	辅助参数/万元
50000 及以内	4.2	0	200000～500000	1.6	2650
50000～100000	3.1	550	500000 以上	0.5	8150
100000～200000	2.2	1450			

（3）河道工程。河道工程建设管理费以一至四部分建安工作量为计算基数，按表5.13所列费率，以超额累进方法计算。原则上应按整体工程投资统一计算，工程规模较大时可分段计算。

表 5.13　　　　　　　　　河道工程建设管理费费率表

一至四部分建安工作量/万元	费率/%	辅助参数/万元	一至四部分建安工作量/万元	费率/%	辅助参数/万元
10000 及以内	3.5	0	100000～200000	0.9	1260
10000～50000	2.4	110	200000～500000	0.4	2260
50000～100000	1.7	460	500000 以上	0.2	3260

5.3.5.2 工程建设监理费

建设单位在工程建设过程中委托监理单位对工程建设的质量、进度、安全与投资等方面进行监理所发生的全部费用。其计算按照国家发展改革委颁发的〔2007〕670号文《建设工程监理与相关服务收费管理规定》及其他相关规定执行。

5.3.5.3 联合试运转费

水利工程的发电机组、水泵等安装完毕后，在竣工验收之前进行整套设备带负荷联合试运转期间所需的各项费用。主要包括联合试运转期间参与人员的工资、所消耗的人工、燃料、动力、材料、机械使用费和工具用具购置费等。

联合试运转费的费用指标见表5.14。

表5.14　　　　　　　　　　联合试运转费用指标表

水电站工程	单机容量/万kW	≤1	≤2	≤3	≤4	≤5	≤6	≤10	≤20	≤30	≤40	>40
	费用/(万元/台)	6	8	10	12	14	16	18	22	24	32	44
泵站工程	电力泵站	50~60元/kW											

5.3.5.4 生产准备费

水利建设项目的生产、管理单位为准备正常生产运行和管理发生的费用。包括生产及管理单位提前进厂费、生产职工培训费、管理用具购置费、备品备件购置费和工器具及生产家具购置费。

1. 生产及管理单位提前进厂费

生产及管理单位提前进厂费是指工程完工前，生产、管理单位一部分工人、技术人员和管理人员提前进厂进行生产筹备工作所需的各项费用。其中：

(1) 枢纽工程按一至四部分建安工程量的0.15%~0.35%计算，大(1)型工程取小值，大(2)型工程取大值。

(2) 引水工程视工程规模参照枢纽工程计算。

(3) 河道工程、除险加固工程、田间工程原则上不计此项费用。若工程含有新建大型泵站、泄洪闸、船闸等建筑物时，按建筑物投资参照枢纽工程计算。

2. 生产职工培训费

生产职工培训费指生产及管理单位为保证生产、管理工作顺利进行，对工人、技术人员和管理人员进行培训所发生的费用。按一至四部分建安工作量的0.35%~0.55%计算。枢纽工程、引水工程取中、上限，河道工程取下限。

3. 管理用具购置费

管理用具购置费是指为保证新建项目的正常生产和管理必须购置的办公和生活用品所发生的费用，包括办公室、会议室、资料档案室、文娱室及医务室等公用设施需要配置的家具器具。其中：

(1) 枢纽工程按一至四部分建安工作量的0.04%~0.06%计算，大(1)型工程取小值，大(2)型工程取大值。

(2) 引水工程按建安工作量的0.03%计算。

(3) 河道工程按建安工作量的0.02%计算。

4. 备品备件购置费

备品备件购置费是指投产运行初期，由于易损件损耗和可能发生的事故，而必须准备的备品备件和专用材料的购置费，不包括设备价格中配备的备品备件。

备品备件购置费按占设备费的 0.4%～0.6% 计算。大（1）型工程取下限，其他工程取中、上限。

注意：

（1）设备费应包括机电设备、金属结构设备以及运杂费等全部设备费。

（2）电站、泵站同容量、同型号机组超过一台时，只计算一台的设备费。

5. 工器具及生产家具购置费

工器具及生产家具购置费是指为保证初期生产正常运行而必须购置的不属于固定资产标准的生产工具、器具、仪表、生产家具的购置费。不包括在设备价格中已经包括的专用工具。

工器具及生产家具购置费按占设备费的 0.1%～0.2% 计算。枢纽工程取下限，其他工程取中、上限。

5.3.5.5 科研勘测设计费

科研勘测设计费是指工程建设所需的科研、勘测和设计等费用。包括工程科学研究试验费和工程勘测设计费。

1. 工程科学研究试验费

工程科学研究试验费是指为保障工程质量，解决工程建设技术问题，而进行的必要的科学研究试验所需的费用。按工程建安工作量的百分率计算。其中，枢纽工程和引水工程取 0.7%，河道工程取 0.3%。

灌溉田间工程一般不计此项费用。

2. 工程勘测设计费

工程勘测设计费是指工程从项目建议书阶段开始后各设计阶段发生的勘测费、设计费和为勘测设计服务的常规科研试验费。不包括工程建设征地移民设计、环境保护设计、水土保持设计各阶段发生的勘测设计费。

项目建议书、可行性研究阶段的勘测设计费及报告编制费，执行国家发展改革委发改价格〔2006〕1352号文颁布的《水利、水电工程建设项目前期工作工程勘察收费标准》和原国家计委计价格〔1999〕1283号文颁布的《建设项目前期工作咨询收费暂行规定》。

初步设计、招标设计及施工图设计阶段的勘测设计费，执行原国家计委、建设部计价格〔2002〕10号文颁布的《工程勘察设计收费标准》。

应根据所完成的相应勘测设计工作阶段确定工程勘测设计费，未发生的工作阶段不计相应阶段勘测设计费。

5.3.5.6 其他

1. 工程保险费

工程保险费是指工程建设期间，为使工程在遭受自然灾害和意外事故等造成损失后能得到经济补偿，而对工程进行投保所发生的保险费用。按工程一至四部分投资合计的 4.5‰～5.0‰ 计算，田间工程原则上不计此项费用。

2. 其他税费

其他税费是指按国家规定应缴纳的与工程建设有关的税费。具体按国家有关规定计取。

任务5.4 分年度投资及资金流量

5.4.1 分年度投资

分年度投资是根据施工组织设计确定的施工进度和合理工期而计算出的工程各年度预计完成的投资额。

1. 建筑工程

建筑工程分年度投资表应根据施工进度的安排，对主要工程按各单项工程分年度完成的工程量和相应的工程单价计算。对于次要的和其他工程，可根据施工进度，按各年所占完成投资的比例，摊入分年度投资表。

建筑工程分年度投资的编制可视不同情况按项目划分列至一级项目或二级项目，分别反映各自的建筑工程量。

2. 设备及安装工程

设备及安装工程分年度投资应根据施工组织设计确定的设备安装进度计算各年预计完成的设备费和安装费。

3. 费用

根据费用的性质和费用发生的时段，按相应年度分别进行计算。

5.4.2 资金流量

资金流量是为满足工程项目在建设过程中各时段的资金需求，按工程建设所需资金投入时间计算的各年度使用的资金量。资金流量表的编制以分年度投资表为依据，按建筑安装工程、永久设备购置费和独立费用三种类型分别计算。本资金流量计算办法主要用于初步设计概算。

1. 建筑及安装工程资金流量

（1）建筑工程可根据分年度投资表的项目划分，以各年度建筑工程量作为计算资金流量的依据。

（2）资金流量是在原分年度投资的基础上，考虑预付款、预付款的扣回、保留金和保留金的偿还等编制出的分年度资金安排。

（3）预付款一般可划分为工程预付款和工程材料预付款两部分。

1）工程预付款按划分的单个工程项目的建安工作量的10%～20%计算，工期在3年以内的工程全部安排在第一年，工期在3年以上的可安排在前两年。工程预付款的扣回从完成建安工作量的30%起开始，按完成建安工作量的20%～30%扣回至预付款全部回收完毕为止。

对于需要购置特殊施工机械设备或施工难度较大的项目，工程预付款可取大值，其他项目取中值或小值。

2）工程材料预付款。水利工程一般规模较大，所需材料的种类及数量较多，提前备料所需资金较大，因此考虑向施工企业支付一定数量的材料预付款。可按分年度投资中次年完成建安工作量的20%在本年提前支付，并于次年扣回，以此类推，直至本项目竣工。

（4）保留金。水利工程的保留金，按建安工作量的2.5%计算。在计算概算资金流量时，按分项工程分年度完成建安工作量的5%扣留至该项工程全部建安工作量的2.5%时终止（即完成建安工作量的50%时），并将所扣的保留金100%计入该项工程终止后一年（如该年已超出总工期，则此项保留金计入工程的最后一年）的资金流量表内。

2. 永久设备购置费资金流量

永久设备购置费资金流量计算，按主要设备和一般设备两种类型分别计算。

（1）主要设备的资金流量计算。主要设备为水轮发电机组、大型水泵、大型电机、主阀、主变压器、桥机、门机、高压断路器或高压组合电器、金属结构闸门启闭设备等。按设备到货周期确定各年资金流量比例。具体比例见表5.15。

表5.15　　　　　　　　　　主要设备资金流量比例表

到货周期＼年份	第1年	第2年	第3年	第4年	第5年	第6年
1年	15%	75%①	10%			
2年	15%	25%	50%①	10%		
3年	15%	25%	10%	40%①	10%	
4年	15%	25%	10%	10%	30%①	10%

① 数据的年份为设备到货年份。

（2）其他设备的资金流量按到货前一年预付15%定金，到货年支付85%的剩余价款。

3. 独立费用资金流量

独立费用资金流量主要是勘测设计费的支付方式应考虑质量保证金的要求，其他项目则均按分年投资表中的资金安排计算。

（1）可行性研究和初步设计阶段的勘测设计费按合理工期分年平均计算。

（2）施工图设计阶段勘测设计费的95%按合理工期分年平均计算，其余5%的勘测设计费用作为设计保证金，计入最后一年的资金流量表内。

任务5.5　总　概　算　编　制

5.5.1　预备费

预备费包括基本预备费和价差预备费。

1. 基本预备费

基本预备费主要为解决在工程建设过程中，设计变更和有关技术标准调整增加的投资以及工程遭受一般自然灾害所造成的损失和为预防自然灾害所采取的措施费用。

基本预备费根据工程规模、施工年限和地质条件等不同情况，按工程一至五部分投资合计（依据分年度投资表）的百分率计算。

初步设计阶段为 5.0%～8.0%。

技术复杂、建设难度大的工程项目取大值，其他工程取中小值。

2. 价差预备费

价差预备费主要为解决在工程建设过程中，因人工工资、材料和设备价格上涨以及费用标准调整而增加的投资。

价差预备费根据施工年限，以资金流量表的静态投资为计算基数。按有关部门适时发布的年物价指数计算。计算公式为

$$E = \sum_{n=1}^{N} F_n [(1+P)^n - 1] \tag{5.3}$$

式中　E——价差预备费；

　　　N——合理建设工期；

　　　n——施工年限；

　　　F_n——建设期间资金流量表内第 n 年的投资；

　　　P——年物价指数。

【工程实例分析 5-1】

项目背景：某项目的静态投资为 22310 万元，项目建设期为 3 年，3 年的投资分配使用比例为第一年 20%，第二年 55%，第三年 25%，建设期内年平均价格上涨率预测为 6%。

工作任务：计算该项目建设期的价差预备费。

分析与解答：

第一年投资计划用款额：$F_1 = 22310 \times 20\% = 4462$（万元）

第一年价差预备费：$E_1 = F_1[(1+P)-1] = 4462 \times [(1+6\%)-1] = 267.72$（万元）

第二年投资计划用款额：$F_2 = 22310 \times 55\% = 12270.5$（万元）

第二年价差预备费：$E_2 = F_2[(1+P)^2-1] = 12270.5 \times [(1+6\%)^2-1] = 1516.63$（万元）

第三年投资计划用款额：$F_3 = 22310 \times 25\% = 5577.5$（万元）

第三年价差预备费：$E_3 = F_3[(1+P)^3-1] = 5577.5 \times [(1+6\%)^3-1] = 1065.39$（万元）

建设期的价差预备费为

$E = E_1 + E_2 + E_3 = 267.72 + 1516.63 + 1065.39 = 2849.74$（万元）

5.5.2　建设期融资利息

根据国家财政金融政策规定，工程在建设期内需偿还并应计入工程总投资的融资利息。计算公式为

$$S = \sum_{n=1}^{N} \left[\left(\sum_{m=1}^{n} F_m b_m - \frac{1}{2} F_n b_n \right) + \sum_{m=0}^{n-1} S_m \right] i \tag{5.4}$$

式中 S——建设期融资利息；

          N——合理建设工期；

          n——施工年度；

          m——还息年度；

   F_n、F_m——在建设期资金流量表内第 n、m 年的投资；

   b_n、b_m——各施工年份融资额占当年投资比例；

          i——建设期融资利率；

          S_m——第 m 年的付息额度。

【工程实例分析 5-2】

项目背景：某水利供水工程，建设期为 3 年，运行期为 10 年。建设期第 1 年贷款 500 万元，建设期第 2 年贷款 1000 万元，建设期第 3 年贷款 500 万元，贷款年利率为 5%。

工作任务：(1) 计算建设期各年的贷款利息；(2) 计算建设期总利息。

分析与解答：第 1 年：500/2×5%＝12.500（万元）

第 2 年：(500＋12.500＋1000/2)×5%＝50.625（万元）

第 3 年：(500＋12.500＋1000＋50.625＋500/2)×5%＝90.656（万元）

合计：12.500＋50.625＋90.656＝153.781（万元）

5.5.3 静态总投资

工程一至五部分投资（即建筑工程、机电设备及安装工程、金属结构设备及安装工程、施工临时工程和独立费用）与基本预备费之和构成工程部分静态投资。编制工程部分总概算表时，在第五部分独立费用之后，应顺序计列以下项目：

(1) 一至五部分投资合计。

(2) 基本预备费。

(3) 静态投资。

工程部分、建设征地移民补偿、环境保护工程、水土保持工程的静态投资之和构成静态总投资。

5.5.4 总投资

静态总投资、价差预备费、建设期融资利息之和构成总投资。编制工程概算总表时，在工程投资总计中应顺序计列以下项目：

(1) 静态总投资（汇总各部分静态投资）。

(2) 价差预备费。

(3) 建设期融资利息。

(4) 总投资。

【工程实例分析 5-3】

项目背景：见大案例基本资料。

工作任务：编制黑龙江省某河涝区治涝工程概算表。

分析与解答：设计概算编制说明见大案例。总概算表及分部概算表见表 5.16～表 5.22。

表 5.16　　　　　　　　　工 程 概 算 总 表　　　　　　　　单位：万元

序号	工程或费用名称	建安工程费	设备购置费	独立费用	合计
Ⅰ	工程部分投资				1125.78
	第一部分　建筑工程	379.22			379.22
一	排水沟工程	146.88			146.88
二	建筑物工程	212.34			212.34
三	供电设施工程	20.00			20
	第二部分　机电设备及安装工程	77.49	390.08		467.57
一	一干强排站维修设备及安装工程	24.08	108.26		132.34
二	落地集装箱式泵站设备及安装工程	53.41	281.82		335.23
	第三部分　金属结构设备及安装工程	12.55	22.69		35.24
一	移动泵车设备及安装工程	10.13	8.96		19.09
二	退水闸工程	2.42	13.73		16.15
	第四部分　施工临时工程	62.23			62.23
一	导流工程	1.99			1.99
二	施工交通工程	45.50			45.5
三	施工房屋建筑工程	9.48			9.48
四	其他临时工程	5.26			5.26
	第五部分　独立费用			127.91	127.91
一	建设管理费			18.60	18.6
二	工程建设监理费			21.87	21.87
三	联合试运转费			3.12	3.12
四	生产准备费			4.65	4.65
五	科研勘测设计费			79.67	79.67
	一至五部分投资合计	531.48	412.78	127.91	1072.17
	基本预备费				53.61
	静态投资				1125.78
Ⅱ	建设征地移民补偿投资				25.31
Ⅲ	环境保护工程投资				61.77
Ⅳ	水土保持工程投资				87.14
Ⅴ	工程投资合计（Ⅰ～Ⅳ）				1300

表 5.17　　　　　　　　　　　　工程部分总概算表　　　　　　　　　　　　单位：万元

序号	工程或费用名称	建安工程费	设备购置费	独立费用	合计	占一至五部分投资比例/%
	第一部分　建筑工程	379.22			379.22	35.37
一	排水沟工程	146.88			146.88	13.70
二	建筑物工程	212.34			212.34	19.80
三	供电设施工程	20.00			20.00	1.87
	第二部分　机电设备及安装工程	77.49	390.08		467.57	43.61
一	一干强排站维修设备及安装工程	24.08	108.26		132.34	12.34
二	落地集装箱式泵站设备及安装工程	53.41	281.82		335.23	31.27
	第三部分　金属结构设备及安装工程	12.55	22.69		35.24	3.29
一	移动泵车设备及安装工程	10.13	8.96		19.09	1.78
二	退水闸工程	2.42	13.73		16.15	1.51
	第四部分　施工临时工程	62.23			62.23	5.80
一	导流工程	1.99			1.99	0.19
二	施工交通工程	45.50			45.50	4.24
三	施工房屋建筑工程	9.48			9.48	0.88
四	其他临时工程	5.26			5.26	0.49
	第五部分　独立费用			127.91	127.91	11.93
一	建设管理费			18.60	18.60	1.73
二	工程建设监理费			21.87	21.87	2.04
三	联合试运转费			3.12	3.12	0.29
四	生产准备费			4.65	4.65	0.43
五	科研勘测设计费			79.67	79.67	7.43
	一至五部分投资合计	531.48	412.78	127.91	1072.17	
	基本预备费				53.61	
	静态投资				1125.78	

表 5.18　　　　　　　　　　　　建筑工程概算表

序号	工程或费用名称	单位	数量	单价/元	合计/万元
	第一部分　建筑工程				379.22
一	排水沟工程	km			146.88
(一)	九干排水沟工程，10.3km	km			146.88
	挖方（外运5km）	m³	62635	23.45	146.88
二	建筑物工程				212.34

续表

序号	工程或费用名称	单位	数量	单价/元	合计/万元
（一）	泵站工程				97.40
1	一干一分干泵站工程，1座（落地式集装箱泵站）	座			17.35
	挖方	m³	362	2.56	0.09
	土方填筑	m³	109	19.48	0.21
	雷诺护垫18cm	m³	101	546.95	5.52
	封顶、封边混凝土 C25F250	m³	13	698.25	0.91
	粗砂垫层	m³	65	235.50	1.53
	土工布铺设	m²	715	11.41	0.82
	混凝土垫层	m³	6	601.37	0.36
	出水池U形槽混凝土	m³	19	665.27	1.26
	水泵基础混凝土	m³	14	687.85	0.96
	支墩混凝土	m³	32	662.74	2.12
	现浇厚15cm混凝土板	m³	13	717.72	0.93
	钢筋制作及安装	t	1.67	9794.31	1.64
	聚乙烯填缝板	m²	6	45.00	0.03
	保温板	m²	48	65.00	0.31
	平面模板制作及安装	m²	129	50.53	0.65
2	六干一分干泵站工程，1座（落地式集装箱泵站）	座			17.48
	挖方	m³	362	2.56	0.09
	土方填筑	m³	109	19.48	0.21
	雷诺护垫18cm	m³	101	546.95	5.52
	封顶、封边混凝土 C25F250	m³	13	698.25	0.91
	粗砂垫层	m³	65	235.50	1.53
	土工布铺设	m²	715	11.41	0.82
	混凝土垫层	m³	6	601.37	0.36
	出水池U形槽混凝土	m³	19	665.27	1.26
	水泵基础混凝土	m³	14	687.85	0.96
	支墩混凝土	m³	34	662.74	2.25
	现浇厚15cm混凝土板	m³	13	717.72	0.93
	钢筋制作及安装	t	1.67	9794.31	1.64
	聚乙烯填缝板	m²	6	45.00	0.03
	保温板	m²	48	65.00	0.31
	平面模板制作及安装	m²	129	50.53	0.65
3	八干泵站工程，1座（落地式集装箱泵站）	座			17.22

续表

序号	工程或费用名称	单位	数量	单价/元	合计/万元
	挖方	m³	362	2.56	0.09
	土方填筑	m³	109	19.48	0.21
	雷诺护垫 18cm	m³	101	546.95	5.52
	封顶、封边混凝土 C25F250	m³	13	698.25	0.91
	粗砂垫层	m³	65	235.50	1.53
	土工布铺设	m²	715	11.41	0.82
	混凝土垫层	m³	6	601.37	0.36
	出水池 U 形槽混凝土	m³	19	665.27	1.26
	水泵基础混凝土	m³	14	687.85	0.96
	支墩混凝土	m³	30	662.74	1.99
	现浇厚 15cm 混凝土板	m³	13	717.72	0.93
	钢筋制作及安装	t	1.67	9794.31	1.64
	聚乙烯填缝板	m²	6	45.00	0.03
	保温板	m²	48	65.00	0.31
	平面模板制作及安装	m²	129	50.53	0.65
4	十干二分干泵站工程,1座(落地式集装箱泵站)	座			17.22
	挖方	m³	362	2.56	0.09
	土方填筑	m³	109	19.48	0.21
	雷诺护垫 18cm	m³	101	546.95	5.52
	封顶、封边混凝土 C25F250	m³	13	698.25	0.91
	粗砂垫层	m³	65	235.50	1.53
	土工布铺设	m²	715	11.41	0.82
	混凝土垫层	m³	6	601.37	0.36
	出水池 U 形槽混凝土	m³	19	665.27	1.26
	水泵基础混凝土	m³	14	687.85	0.96
	支墩混凝土	m³	30	662.74	1.99
	现浇厚 15cm 混凝土板	m³	13	717.72	0.93
	钢筋制作及安装	t	1.67	9794.31	1.64
	聚乙烯填缝板	m²	6	45.00	0.03
	保温板	m²	48	65.00	0.31
	平面模板制作及安装	m²	129	50.53	0.65
5	十干三分干泵站工程,1座(落地式集装箱泵站)	座			15.85
	挖方	m³	364	2.56	0.09
	土方填筑	m³	110	19.48	0.21

续表

序号	工程或费用名称	单位	数量	单价/元	合计/万元
	雷诺护垫18cm	m^3	60	546.95	3.28
	封顶、封边混凝土C25F250	m^3	11	698.25	0.77
	粗砂垫层	m^3	42	235.50	0.99
	土工布铺设	m^2	460	11.41	0.52
	混凝土垫层	m^3	6	601.37	0.36
	出水池U形槽混凝土	m^3	19	665.27	1.26
	水泵基础混凝土	m^3	14	687.85	0.96
	支墩混凝土	m^3	29	662.74	1.92
	现浇厚15cm混凝土板	m^3	13	717.72	0.93
	钢筋制作及安装	t	3.62	9794.31	3.55
	聚乙烯填缝板	m^2	6	45.00	0.03
	保温板	m^2	48	65.00	0.31
	平面模板制作及安装	m^2	129	50.53	0.65
6	小龙河-3支泵站工程,1座(落地式集装箱泵站)	座			12.28
	挖方	m^3	458	2.56	0.12
	土方填筑	m^3	138	19.48	0.27
	雷诺护垫18cm	m^3	62	546.95	3.39
	封顶、封边混凝土C25F250	m^3	10	698.25	0.70
	粗砂垫层	m^3	41	235.50	0.97
	土工布铺设	m^2	453	11.41	0.52
	混凝土垫层	m^3	5	601.37	0.30
	出水池U形槽混凝土	m^3	14	665.27	0.93
	水泵基础混凝土	m^3	11	687.85	0.76
	支墩混凝土	m^3	24	662.74	1.59
	现浇厚15cm混凝土板	m^3	10	717.72	0.72
	钢筋制作及安装	t	1.3	9794.31	1.27
	聚乙烯填缝板	m^2	5	45.00	0.02
	保温板	m^2	36	65.00	0.23
	平面模板制作及安装	m^2	98	50.53	0.50
(二)	防排闸工程	座			114.94
1	独立四干沟防排闸,1座	座			59.25
	一般土方开挖	m^3	789	2.56	0.20
	人工开挖土方	m^3	38	5.43	0.02
	土方填筑	m^3	521	19.48	1.01

续表

序号	工程或费用名称	单位	数量	单价/元	合计/万元
	现浇混凝土板护底	m³	9	717.72	0.65
	预制混凝土板护坡	m³	40	784.57	3.14
	预制混凝土板护底	m³	4	784.57	0.31
	碎石垫层	m³	48	237.19	1.14
	粗砂垫层	m³	24	235.50	0.57
	土工布（400g/m²）	m²	481	11.41	0.55
	固肩固脚及裹头混凝土	m³	27	687.85	1.86
	混凝土垫层	m³	24	601.37	1.44
	铺盖混凝土	m³	16	789.64	1.26
	闸室底板混凝土	m³	43	668.25	2.87
	闸室边墩混凝土	m³	28	662.74	1.86
	闸室中墩混凝土	m³	14	662.74	0.93
	悬臂挡土墙立墙混凝土	m³	52	696.51	3.62
	悬臂挡土墙底板混凝土	m³	38	668.25	2.54
	消力池底板混凝土	m³	75	668.25	5.01
	消力池侧墙混凝土	m³	43	696.51	2.99
	启闭架混凝土	m³	6	699.31	0.42
	人行桥混凝土	m³	2	707.66	0.14
	橡胶止水	m	36	125.30	0.45
	聚乙烯填缝板	m²	74	45.00	0.33
	平面模板制作、安装拆卸	m²	790	50.53	3.99
	曲面模板制作、安装拆卸	m²	7	136.85	0.10
	钢筋制作及安装	t	18.96	9794.31	18.57
	栏杆及扶手钢材	t	0.58	9000.00	0.52
	保温板	m²	425	65.00	2.76
2	四干防排闸，1座	座			55.66
	一般土方开挖	m³	816	2.56	0.21
	人工开挖土方	m³	42	5.43	0.02
	土方填筑	m³	549	19.48	1.07
	现浇混凝土板护底	m³	9	717.72	0.65
	预制混凝土板护坡	m³	33	784.57	2.59
	预制混凝土板护底	m³	4	768.07	0.31
	碎石垫层	m³	41	237.19	0.97
	粗砂垫层	m³	21	235.50	0.49

续表

序号	工程或费用名称	单位	数量	单价/元	合计/万元
	土工布（400g/m²）	m²	414	11.41	0.47
	固肩固脚及裹头混凝土	m³	26	687.85	1.79
	混凝土垫层	m³	22	601.37	1.32
	铺盖混凝土	m³	16	789.64	1.26
	闸室底板混凝土	m³	43	668.25	2.87
	闸室边墩混凝土	m³	28	662.74	1.86
	闸室中墩混凝土	m³	14	662.74	0.93
	悬臂挡土墙立墙混凝土	m³	42	696.51	2.93
	悬臂挡土墙底板混凝土	m³	30	668.25	2.00
	消力池底板混凝土	m³	75	668.25	5.01
	消力池侧墙混凝土	m³	43	696.51	2.99
	启闭架混凝土	m³	6	699.31	0.42
	人行桥混凝土	m³	2	707.66	0.14
	橡胶止水	m	36	125.30	0.45
	聚乙烯填缝板	m²	74	45.00	0.33
	平面模板制作、安装拆卸	m²	748	50.53	3.78
	曲面模板制作、安装拆卸	m²	7	136.85	0.10
	钢筋制作及安装	t	18.02	9794.31	17.65
	栏杆及扶手钢材	t	0.58	9000.00	0.52
	保温板	m²	389	65.00	2.53
三	供电设施工程				20.00
（一）	落地集装箱式泵站供电工程				20.00
	一干一分干泵站架空输电线路 （架空绝缘导线，AC10kV，JKLYJ，70）	km	0.5	200000.00	10.00
	八干独立分干泵站架空输电线路 （架空绝缘导线，AC10kV，JKLYJ，70）	km	0.5	200000.00	10.00

表5.19　　　　　　　　　机电设备及安装工程概算表

序号	名称及规格	单位	数量	单价/元		合计/万元	
				设备费	安装费	设备费	安装费
	第二部分　机电设备及安装工程					390.08	77.49
一	一干强排站维修设备及安装工程	座				108.26	24.08
（一）	水泵设备及安装工程					39.73	5.63
	水泵700QZB-125（-4°）（含电机）	套	3	125000.00	18750.00	37.50	5.63

续表

序号	名称及规格	单位	数量	单价/元 设备费	单价/元 安装费	合计/万元 设备费	合计/万元 安装费
	设备运杂费	%	5.94	375000.00		2.23	
(二)	起重机设备及安装工程					18.01	2.55
	16t 电动单梁式起重机	台	1	170000.00	25500.00	17.00	2.55
	设备运杂费	%	5.94	170000.00		1.01	
(三)	电气设备及安装工程					50.52	15.91
1	一干泵站改造电气设备及安装工程					50.52	15.91
	变压器 S13-315 10/0.4	台	1	90000.00	13500.00	9.00	1.35
	真空断路器 ZW32-630/10/25	台	1	20000.00	3000.00	2.00	0.30
	高压计量装置 JLS-10	台	1	25000.00	3750.00	2.50	0.38
	隔离开关 GW9-15kV/200A	组	1	1500.00	225.00	0.15	0.02
	跌落式熔断器 RWM11-10F/20 (50) A	组	1	1000.00	150.00	0.10	0.02
	避雷器 HY5WS-17/50	支	3	300.00	45.00	0.09	0.01
	低压进线柜 MNS 柜体	面	1	60000.00	9000.00	6.00	0.90
	电机启动柜 MNS 柜体（软启动）	面	3	45000.00	6750.00	13.50	2.03
	低压配电柜 MNS 柜体	面	1	40000.00	6000.00	4.00	0.60
	无功补偿柜 MNS 柜体	面	1	40000.00	6000.00	4.00	0.60
	0.4kV 电力电缆 YJV22-1kV-3×240+1×120	m	50		460.00		2.30
	0.4kV 电力电缆 YJV22-1kV-3×70+1×50	m	150		295.00		4.43
	柜体基础钢材及接地材料	t	1.5	9000.00	1350.00	1.35	0.20
	变压器台基础（地面混凝土基础：2000×2000×2500）	座	1		20000.00		2.00
	变压器围栏	m	20	2500.00	375.00	5.00	0.75
	电缆保护管 DLHG-140A	根	1		300.00		0.03
	设备运杂费	%	5.94	476900.00		2.83	
二	落地集装箱式泵站设备及安装工程					281.82	53.41
(一)	落地集装箱式泵站设备及安装工程					188.47	17.79
	一干一分干泵站，300HW-5（卧式混流泵）含电机等，0.64m³/s	台（套）	1	300000.00	30000.00	30.00	3.00
	六干一分干泵站，300HW-5（卧式混流泵）含电机等，0.64m³/s	台（套）	1	300000.00	30000.00	30.00	3.00

续表

序号	名称及规格	单位	数量	单价/元 设备费	单价/元 安装费	合计/万元 设备费	合计/万元 安装费
	八干泵站，300HW-5（卧式混流泵）含电机等，0.63m³/s	台（套）	1	300000.00	30000.00	30.00	3.00
	十干三分干泵站，300HW-8A（卧式混流泵）含电机等，0.38m³/s	台（套）	1	300000.00	30000.00	30.00	3.00
	十干二分干泵站，300HW-5（卧式混流泵）含电机等，0.66m³/s	台（套）	1	300000.00	30000.00	30.00	3.00
	小龙河-3支泵站，300HW-8A（卧式混流泵）含电机等，0.3m³/s	台（套）	1	279000.00	27900.00	27.90	2.79
	设备运杂费	%	5.94	1779000.00		10.57	
（二）	落地集装箱式泵站电气设备及安装工程					93.35	35.62
1	一干一分干泵站配电工程设备及安装工程					12.38	5.75
	真空断路器 ZW32-630/10/25	台	1	20000.00	3000.00	2.00	0.30
	高压计量装置 JLS-10	台	1	25000.00	3750.00	2.50	0.38
	隔离开关 GW9-15kV/200A	组	1	1500.00	225.00	0.15	0.02
	跌落式熔断器 RWM11-10F/20（50）A	组	1	1000.00	150.00	0.10	0.02
	避雷器 HY5WS-17/50	支	3	300.00	45.00	0.09	0.01
	变压器 S13-80/10 10/0.4kV	台	1	52000.00	7800.00	5.20	0.78
	变压器安装支架及安装金具（变压器台架－12m杆台料，负荷绝缘子。标识牌，不锈钢，80mm×150mm；电缆保护管，CPVC，ϕ100，公称壁厚5mm）	套	1	12000.00	1800.00	1.20	0.18
	电力电缆（YJV22-1kV（3×50+1×25））	m	200		200.00		4.00
	防雷接地（接地铁，角钢，镀锌，∠50×5，2500mm，接地铁-组合方式：角钢，表面处理方式：镀锌，主材规格：∠50×5，长度mm：2500mm，镀锌扁钢：－50×5）	t	0.5	9000.00	1350.00	0.45	0.07
	设备运杂费	%	5.94	116900.00		0.69	
2	六干一分干泵站配电工程设备及安装工程					12.38	3.75
	高压计量装置 JLS-10	台	1	25000.00	3750.00	2.50	0.38
	真空断路器 ZW32-630/10/25	台	1	20000.00	3000.00	2.00	0.30
	隔离开关 GW9-15kV/200A	组	1	1500.00	225.00	0.15	0.02
	跌落式熔断器 RWM11-10F/20（50）A	组	1	1000.00	150.00	0.10	0.02
	避雷器 HY5WS-17/50	支	3	300.00	45.00	0.09	0.01
	变压器 S13-80/10 10/0.4kV	台	1	52000.00	7800.00	5.20	0.78

续表

序号	名称及规格	单位	数量	单价/元 设备费	单价/元 安装费	合计/万元 设备费	合计/万元 安装费
	变压器安装支架及安装金具(变压器台架－12m杆台料,负荷绝缘子。标识牌,不锈钢,80mm×150mm；电缆保护管,CPVC,ϕ100,公称壁厚5mm)	套	1	12000.00	1800.00	1.20	0.18
	电力电缆YJV22-1kV(3×50+1×25)	m	100		200.00		2.00
	防雷接地(接地铁,角钢,镀锌,∠50×5,2500mm,接地铁－组合方式：角钢,表面处理方式：镀锌,主材规格：∠50×5,长度mm：2500mm,镀锌扁钢：－50×5)	t	0.5	9000.00	1350.00	0.45	0.07
	设备运杂费	%	5.94	116900.00		0.69	
3	八干独立分干泵站配电工程设备及安装工程					12.38	4.75
	真空断路器 ZW32-630/10/25	台	1	20000.00	3000.00	2.00	0.30
	高压计量装置 JLS-10	台	1	25000.00	3750.00	2.50	0.38
	隔离开关 GW9-15kV/200A	组	1	1500.00	225.00	0.15	0.02
	跌落式熔断器 RWM11-10F/20(50)A	组	1	1000.00	150.00	0.10	0.02
	避雷器 HY5WS-17/50	支	3	300.00	45.00	0.09	0.01
	变压器 S13-80/10 10/0.4kV	台	1	52000.00	7800.00	5.20	0.78
	变压器安装支架及安装金具(变压器台架－12m杆台料,负荷绝缘子。标识牌,不锈钢,80mm×150mm；电缆保护管,CPVC,ϕ100,公称壁厚5mm)	套	1	12000.00	1800.00	1.20	0.18
	电力电缆YJV22-1kV(3×50+1×25)	m	150		200.00		3.00
	防雷接地(接地铁,角钢,镀锌,∠50×5,2500mm,接地铁-组合方式：角钢,表面处理方式：镀锌,主材规格：∠50×5,长度mm：2500mm,镀锌扁钢：－50×5)	t	0.5	9000.00	1350.00	0.45	0.07
	设备运杂费	%	5.94	116900.00		0.69	
4	十干二分干泵站配电工程设备及安装工程					12.38	5.75
	高压计量装置 JLS-10	台	1	25000.00	3750.00	2.50	0.38
	真空断路器 ZW32-630/10/25	台	1	20000.00	3000.00	2.00	0.30
	隔离开关 GW9-15kV/200A	组	1	1500.00	225.00	0.15	0.02
	跌落式熔断器 RWM11-10F/20(50)A	组	1	1000.00	150.00	0.10	0.02
	避雷器 HY5WS-17/50	支	3	300.00	45.00	0.09	0.01
	变压器 S13-80/10 10/0.4kV	台	1	52000.00	7800.00	5.20	0.78

续表

序号	名称及规格	单位	数量	单价/元 设备费	单价/元 安装费	合计/万元 设备费	合计/万元 安装费
	变压器安装支架及安装金具（变压器台架－12m杆台料，负荷绝缘子。标识牌，不锈钢，80mm×150mm；电缆保护管，CPVC，φ100，公称壁厚5mm）	套	1	12000.00	1800.00	1.20	0.18
	电力电缆 YJV22-1kV（3×50+1×25）	m	200		200.00		4.00
	防雷接地（接地铁，角钢，镀锌，∠50×5,2500mm，接地铁-组合方式：角钢，表面处理方式：镀锌，主材规格：∠50×5，长度mm：2500mm，镀锌扁钢：－50×5）	t	0.5	9000.00	1350.00	0.45	0.07
	设备运杂费	%	5.94	116900.00		0.69	
5	十干三分干泵站配电工程设备及安装工程					10.90	4.54
	高压计量装置 JLS-10	台	1	25000.00	3750.00	2.50	0.38
	真空断路器 ZW32-630/10/25	台	1	20000.00	3000.00	2.00	0.30
	隔离开关 GW9-15kV/200A	组	1	1500.00	225.00	0.15	0.02
	跌落式熔断器 RWM11-10F/20（50）A	组	1	1000.00	150.00	0.10	0.02
	避雷器 HY5WS-17/50	支	3	300.00	45.00	0.09	0.01
	变压器 S13-50/10 10/0.4kV	台	1	38000.00	5700.00	3.80	0.57
	变压器安装支架及安装金具（变压器台架－12m杆台料，负荷绝缘子。标识牌，不锈钢，80mm×150mm；电缆保护管，CPVC，φ100，公称壁厚5mm）	套	1	12000.00	1800.00	1.20	0.18
	电力电缆 YJV22-1kV（3×50+1×25）	m	150		200.00		3.00
	防雷接地（接地铁，角钢，镀锌，∠50×5,2500mm，接地铁-组合方式：角钢，表面处理方式：镀锌，主材规格：∠50×5，长度mm：2500mm，镀锌扁钢：－50×5）	t	0.5	9000.00	1350.00	0.45	0.07
	设备运杂费	%	5.94	102900.00		0.61	
6	小龙河-3分干泵站配电工程设备及安装工程					10.90	4.54
	高压计量装置 JLS-10	台	1	25000.00	3750.00	2.50	0.38
	真空断路器 ZW32-630/10/25	台	1	20000.00	3000.00	2.00	0.30
	隔离开关 GW9-15kV/200A	组	1	1500.00	225.00	0.15	0.02
	跌落式熔断器 RWM11-10F/20（50）A	组	1	1000.00	150.00	0.10	0.02
	避雷器 HY5WS-17/50	支	3	300.00	45.00	0.09	0.01
	变压器 S13-50/10 10/0.4kV	台	1	38000.00	5700.00	3.80	0.57

续表

序号	名称及规格	单位	数量	单价/元 设备费	单价/元 安装费	合计/万元 设备费	合计/万元 安装费
	变压器安装支架及安装金具（变压器台架－12m杆台料，负荷绝缘子。标识牌，不锈钢，80mm×150mm；电缆保护管，CPVC，ϕ100，公称壁厚5mm）	套	1	12000.00	1800.00	1.20	0.18
	电力电缆 YJV22-1kV（3×50+1×25）	m	150		200.00		3.00
	防雷接地（接地铁，角钢，镀锌，∠50×5，2500mm，接地铁—组合方式：角钢，表面处理方式：镀锌，主材规格：∠50×5，长度mm：2500mm，镀锌扁钢：—50×5）	t	0.5	9000.00	1350.00	0.45	0.07
	设备运杂费	%	5.94	102900.00		0.61	
7	独立四干防排闸配电设备及安装工程					11.01	3.26
	跌落式熔断器 RWM11-10F/20（50）A	组	1	1000.00	150.00	0.10	0.02
	高压计量装置 JLS-10	台	1	25000.00	3750.00	2.50	0.38
	真空断路器 ZW32-630/10/25	台	1	20000.00	3000.00	2.00	0.30
	隔离开关 GW9-15kV/200A	组	1	1500.00	225.00	0.15	0.02
	避雷器 HY5WS-17/50	支	3	300.00	45.00	0.09	0.01
	变压器 S13-30/10 10/0.4kV	台	1	31000.00	4650.00	3.10	0.47
	配电箱（配电箱，户外，2回路，配网，带计量）	面	1	8000.00	1200.00	0.80	0.12
	变压器安装支架及安装金具（变压器台架－12m杆台料，负荷绝缘子。标识牌，不锈钢，80mm×150mm；电缆保护管，CPVC，ϕ100，公称壁厚5mm）	套	1	12000.00	1800.00	1.20	0.18
	电力电缆 YJV22-1kV（3×10+1×6）	m	200		85.00		1.70
	防雷接地（接地铁，角钢，镀锌，∠50×5，2500mm，接地铁-组合方式：角钢，表面处理方式：镀锌，主材规格：∠50×5，长度mm：2500mm，镀锌扁钢：—50×5）	t	0.5	9000.00	1350.00	0.45	0.07
	设备运杂费	%	5.94	103900.00		0.62	
8	四干防排闸配电工程设备及安装工程					11.01	3.26
	跌落式熔断器 RWM11-10F/20（50）A	组	1	1000.00	150.00	0.10	0.02
	高压计量装置 JLS-10	台	1	25000.00	3750.00	2.50	0.38
	真空断路器 ZW32-630/10/25	台	1	20000.00	3000.00	2.00	0.30
	隔离开关 GW9-15kV/200A	组	1	1500.00	225.00	0.15	0.02
	避雷器 HY5WS-17/50	支	3	300.00	45.00	0.09	0.01
	变压器 S13-30/10 10/0.4kV	台	1	31000.00	4650.00	3.10	0.47

续表

序号	名称及规格	单位	数量	单价/元		合计/万元	
				设备费	安装费	设备费	安装费
	配电箱（配电箱，户外，2回路，配网，带计量）	面	1	8000.00	1200.00	0.80	0.12
	变压器安装支架及安装金具（变压器台架－12m杆台料，负荷绝缘子。标识牌，不锈钢，80mm×150mm；电缆保护管，CPVC，ϕ100，公称壁厚5mm）	套	1	12000.00	1800.00	1.20	0.18
	电力电缆YJV22-1kV（3×10+1×6）	m	200		85.00		1.70
	防雷接地（接地铁，角钢，镀锌，∠50×5，2500mm，接地铁-组合方式：角钢，表面处理方式：镀锌，主材规格：∠50×5，长度mm：2500mm，镀锌扁钢：－50×5）	t	0.5	9000.00	1350.00	0.45	0.07
	设备运杂费	%	5.94	103900.00		0.62	

表5.20　　　　　金属结构设备及安装工程概算表

序号	名称及规格	单位	数量	单价/元		合计/万元	
				设备费	安装费	设备费	安装费
	第三部分　金属结构设备及安装工程					22.69	12.54
一	移动泵车设备及安装工程	座	4	22401.86	25313.12	8.96	10.13
	压力钢管DN300，壁厚8mm制作及安装，234m	t	10.844	7800.00	9337.19	8.46	10.13
	设备运杂费	%	5.94	84583.20		0.50	
二	退水闸工程					13.73	2.41
（一）	独立四干退水闸					7.17	1.26
	PZ2.0m×2.5m铸铁闸门，2扇	t	4.88	11000.00	2156.94	5.37	1.05
	螺杆启闭机采购及安装LQ-5t	台	2	7000.00	1050.00	1.40	0.21
	设备运杂费	%	5.94	67680.00		0.40	
（二）	四干退水闸					6.56	1.15
	PZ2.0m×2.0m铸铁闸门，2扇	t	4.36	11000.00	2156.94	4.80	0.94
	螺杆启闭机采购及安装LQ-5t	台	2	7000.00	1050.00	1.40	0.21
	设备运杂费	%	5.94	61960.00		0.37	

表5.21　　　　　施工临时工程概算表

序号	工程或费用名称	单位	数量	单价/元	合计/万元
	第四部分　施工临时工程				62.24
一	导流工程				2.0
（一）	围堰工程				2.0

续表

序号	工程或费用名称	单位	数量	单价/元	合计/万元
1	排水闸	座	2	9974.07	2.0
	围堰填方	m³	1028	5.91	0.61
	编织袋土	m³	83	104.63	0.87
	围堰拆除	m³	1111	4.67	0.52
二	施工交通工程				45.50
(一)	维修临时路	km	9.1	50000.00	45.50
三	施工房屋建筑工程				9.48
	仓库	m²	85	200.00	1.70
	办公生活及文化福利建筑	‰	1.5	5184442.28	7.78
四	其他临时工程	‰	1	5262208.91	5.26

表 5.22 独立费用概算表

序号	工程或费用名称	单位	数量	单价/元	合计/万元
	第五部分 独立费用				127.91
一	建设管理费	项	1	186019.09	18.60
二	工程建设监理费	项	1	218666.54	21.87
三	联合试运转费	项	1	31200.00	3.12
四	生产准备费	项	1	46495.35	4.65
1	生产职工培训费	项	1	18601.91	1.86
2	管理用具购置费	项	1	1062.97	0.11
3	备品备件购置费	项	1	20638.82	2.06
4	工器具及生产家具购置费	项	1	6191.65	0.62
五	科研勘测设计费	项	1	796744.49	79.67
1	工程科学研究试验费	项	1	15944.49	1.59
2	工程勘测设计费	项	1	780800.00	78.08

拓 展 思 考 题

一、选择题

1. 水利工程初步设计阶段编制的工程造价文件是（   ）。
   A. 施工图预算   B. 设计概算   C. 投资估算   D. 施工预算
2. 水利工程概算由（   ）部分组成。
   A. 工程部分、建筑工程、环境保护工程、水土保持工程
   B. 工程部分、建设征地移民补偿、环境保护工程、水土保持工程
   C. 建筑工程、机电设备及安装工程、金属结构设备及安装工程、施工临时工程、独立费用

D. 直接费、间接费、利润、材料补差、税金

3. 根据《水利工程设计概（估）算编制规定》（水总〔2014〕429），关于费用组成叙述不正确的有（   ）。

A. 水利工程费用由工程费、独立费用、预备费、建设期融资利息组成

B. 水利工程概算第四部分施工临时工程由导流工程、施工交通工程、施工场外供电工程、施工房屋建筑工程、其他施工临时工程组成

C. 联合试运转费包括在生产准备费中

D. 生产及管理单位管理用具购置费在生产准备费中

E. 建设管理费包括项目建设管理费、工程建设监理费

4. 以下各项中属于概算基础单价的有（   ）。

A. 建筑工程单价　　　　B. 安装工程单价　　　　C. 施工机械台时单价

D. 电、风、水预算价格　　E. 砂石料单价

二、判断题

1. 设计概算是初设阶段对建设工程造价的预测，它是在已经批准的可行性研究投资估算总投资的控制下进行编制的。（   ）

2. 初步设计概算仅反映了某一编制年的价格水平，因此，总投资额在建设期间可以突破。（   ）

3. 工程质量监督费是指为保证工程质量而进行的检测、监督、检查工作等费用，现行工程概算计算中应计入此项费用。（   ）

4. 价差预备费，是指概算编制年至工程开工时止这段时间因物价上涨所增加的费用。（   ）

5. 水利工程概算中的预备费，是工程静态投资的组成部分。（   ）

6. 初步设计阶段编制设计概算和施工图设计阶段编制施工图预算均应采用预算定额。（   ）

7. 水利工程建设项目总概算中包含运营期间融资利息。（   ）

三、简答题

1. 简述水利水电工程工程量分类。

2. 简述永久工程建筑工程量计算规定；施工临时工程的工程量计算规定；金属结构工程量计算规定。

3. 简述设计概算文件的组成。

4. 分部工程概算包括哪些内容？如何计算？

5. 简述分年度投资及资金流量的概念及组成。

6. 简述工程总投资的组成。

项目 6

其他阶段工程造价文件编制

学习目标：掌握投资估算的编制，投资估算与设计概算的区别；掌握施工图预算与施工预算的作用、编制依据、方法、步骤、内容和两者的区别；掌握竣工结算与竣工决算的编制内容和两者的区别。

任务 6.1 投 资 估 算

水利工程投资估算是项目建议书、可行性研究报告的重要组成部分，是从筹建、施工直到建成投产的全部建设费用，是工程投资的最高限额，是国家为选定近期开发项目作出科学决策和批准开展初步设计的依据之一。

投资估算与初步设计概算在组成内容、项目划分和费用构成上基本相同，但两者设计深度不同。投资估算可根据《水利水电工程可行性研究报告编制规程》(SL 618—2013)的有关规定，对初步设计概算规定中部分内容进行适当简化、合并和调整，按照《水利工程设计概（估）算编制规定》（水总〔2014〕429号）的办法编制。投资估算由可行性研究报告单位编制或造价咨询单位编制。

6.1.1 投资估算的编制
6.1.1.1 编制说明
1. 工程概况

包括河系、兴建地点、对外交通条件、水库淹没耕地及移民人数、工程规模、工程效益、工程布置形式、主体建筑工程量、主要材料用量、施工总工期和工程从开工至开始发挥效益工期、施工总工日和高峰人数等。

2. 投资主要指标

包括工程静态总投资和总投资、工程从开工至开始发挥效益静态投资、单位千瓦静态投资和投资、单位电量静态投资和投资、年物价上涨指数、价差预备费额度和占总投资百分率、工程施工期贷款利息和利率等。

3. 编制原则和依据

(1) 水利部《水利水电工程可行性研究报告编制规程》(SL 618—2013)。

(2) 水利部《水利工程设计概（估）算编制规定》（水总〔2014〕429号）。

(3) 水利部《水利工程营业税改征增值税计价依据调整办法》(办水总〔2016〕132号)。

(4)《财政部税务总局关于调整增值税税率的通知》(财税〔2018〕32号)。

(5)《水利部办公厅关于调整水利工程计价依据增值税计算标准的通知》(办财务函〔2019〕448号)。

(6) 水利部《水利建筑工程概算定额》《水利水电设备安装工程概算定额》《水利水电工程施工机械台时费定额》。

(7) 可行性研究报告提供的工程规模、工程等级、主要工程项目的工程量等资料。

(8) 投资估算指标、概算指标。

(9) 建设项目中有关资金筹措方式、实施计划、贷款利息、对建设投资的要求等。

(10) 工程所在地的人工工资标准、材料供应价格、运输条件、运费标准及地方性材料储备量等。

(11) 当地政府有关征地、拆迁、安置、补偿标准等文件或通知。

(12) 编制可行性研究报告的委托书、合同或协议。

(13) 经批准的项目建议书投资估算文件。

6.1.1.2 编制方法和计算标准

1. 基础单价

基础单价编制与设计概算相同。

2. 建筑、安装工程单价

主要建筑、安装工程单价编制与设计概算相同，一般采用概算定额，但考虑投资估算工作的深度和精度，应乘以扩大系数，扩大系数见表6.1。

表6.1　　　　　　　建筑、安装工程单价扩大系数表

序号	工程类别	单价扩大系数/%
一	建筑工程	
1	土方工程	10
2	石方工程	10
3	砂石备料工程（自采）	0
4	模板工程	5
5	混凝土浇筑工程	10
6	钢筋制安工程	5
7	钻孔灌浆及锚固工程	10
8	疏浚工程	10
9	掘进机施工隧洞工程	10
10	其他工程	10
二	机电、金属结构设备安装工程	
1	水力机械设备、通信设备、起重设备及闸门等设备安装工程	10
2	电气设备、变电站设备安装工程及钢管制作安装工程	10

3. 分部工程估算编制

（1）建筑工程。主体建筑工程、交通工程、房屋建筑工程基本与概算相同。其他建筑工程可视工程具体情况和规模按主体建筑工程投资的3%～5%计算。

（2）机电设备及安装工程。主要机电设备及安装工程基本与概算相同。其他机电设备及安装工程可根据装机规模按占主要机电设备费的百分率或单位千瓦指标计算。

（3）金属结构设备及安装工程。编制方法基本与概算相同。

（4）施工临时工程。编制方法及计算标准基本与概算相同。

（5）独立费用。编制方法及计算标准与概算相同。

4. 分年度投资及资金流量

投资估算由于工作深度仅计算分年度投资而不计算资金流量。

5. 预备费、建设期融资利息、静态总投资、总投资

可行性研究投资估算基本预备费率取10%～12%；项目建议书阶段基本预备费率取15%～18%。价差预备费率同初步设计概算。

6. 估算表格

基本与概算相同。

6.1.1.3 投资估算表

1. 投资估算表

投资估算表（与概算基本相同）包括：①总投资表；②建筑工程估算表；③设备及安装工程估算表；④分年度投资表。

2. 投资估算附表

投资估算附表包括：①建筑工程单价汇总表；②安装工程单价汇总表；③主要材料预算价格汇总表；④次要材料预算价格汇总表；⑤施工机械台班费汇总表；⑥主要工程量汇总表；⑦主要材料量汇总表；⑧工时数量汇总表；⑨建设及施工征地数量汇总表。

3. 附表

附件包括：①人工预算单价计算表；②主要材料运输费用计算表；③主要材料预算价格表；④混凝土材料单价计算表；⑤建筑工程单价表；⑥安装工程单价表。

6.1.2 投资估算和设计概算的主要区别

投资估算和设计概算在内容组成、项目划分和费用构成上基本相同，但由于两者处在不同阶段，也有不少不同之处。具体表现在：

1. 编制阶段和作用不同

投资估算是在决策阶段编制，为投资决策、筹措资金提供依据。设计概算在初步设计阶段编制，确定拟建基本建设项目所需投资，为编制年度建设计划提供依据。

2. 编制依据和深度不同

估算的主要依据是估算指标和类似工程的有关资料，如采用概算定额编制估算单价，需考虑10%的扩大系数。概算的主要依据是概算定额或者概算指标及相关的文件法规等。由于估算阶段的设计较初步设计阶段粗略，估算阶段的费率都比概算阶段大，如基本预备费率，估算采取的是10%～12%，概算费率为5%～8%。一般情况下，概算不得超过估算。

任务 6.2 施工图预算

施工图预算是以施工图设计文件为依据,按照规定的程序、方法和依据,在工程施工前对工程项目的工程费用进行的预测与计算。施工图预算的成果文件称作施工图预算书,简称施工图预算,它是在施工图设计阶段对工程建设所需资金做出较精确计算的设计文件。

施工图预算价格既可以是按照政府统一规定的预算单价、取费标准、计价程序计算而得到的属于计划或预期性质的施工图预算价格,也可以通过招标投标法定程序后,施工企业根据自身的实力即企业定额、资源市场单价以及市场供求及竞争状况,计算得到的反映市场性质的施工图预算价格。施工图预算编制单位不同,作用也不同。施工图预算是由建设单位(造价咨询单位)、施工单位进行编制的。

6.2.1 施工图预算的作用

1. 对建设单位

(1) 施工图预算是施工图设计阶段确定建设工程项目造价的依据,是设计文件的组成部分。

(2) 施工图预算是建设单位在施工期间安排建设资金计划和使用建设资金的依据。

(3) 施工图预算是招投标的重要基础,既是工程量清单的编制依据,也是招标控制价编制的依据。

(4) 施工图预算是拨付进度款及办理结算的依据。

2. 对施工单位

(1) 施工图预算是确定投标报价的依据。

(2) 施工图预算是施工单位进行施工准备的依据,是施工单位在施工前组织材料、机具、设备及劳动力供应的重要参考,是施工单位编制进度计划、统计完成工作量、进行经济核算的参考依据。

(3) 施工图预算是控制施工成本的依据。

3. 对其他单位

(1) 对于工程咨询单位而言,尽可能客观、准确地为委托方做出施工图预算,是其业务水平、素质和信誉的体现。

(2) 对于工程造价管理部门而言,施工图预算是监督检查执行定额标准、合理确定工程造价、测算造价指数及审定招标工程标底的重要依据。

6.2.2 施工图预算的编制依据

(1) 国家、行业和地方政府有关工程建设和造价管理的法律、法规和规定,这些是指导施工图预算编制的重要依据。

(2) 工程地质勘察资料及建设场地中的施工条件,这些直接影响工程造价,编制施工图预算时必须加以考虑。

(3) 施工图纸及说明书和标准图集。经审定的施工图纸、说明书和标准图集,完整地反映了工程的具体内容、各部分的具体做法、结构尺寸、技术特征以及施工方法,是编制施工图预算的重要依据。

（4）现行预算定额及编制办法。国家相关部门颁发的建筑及安装工程预算定额及有关的编制办法、工程量计算规则等，是编制施工图预算确定分项工程子目、计算工程量和计算直接费的主要依据。

（5）施工组织设计或施工方案。因为施工组织设计或施工方案中包括了编制施工图预算必不可少的有关资料，如建设地点的土质、地质情况、土石方开挖的施工方法及余土外运方式与运距、施工机械使用情况、重要或特殊机械设备的安装方案等。

（6）人工、材料、机械台时（班）预算价格及调价规定。合理确定人工、材料、机械台班预算价格及其调价规定是编制施工图预算的重要依据。

（7）现行的有关设备原价及运杂费率。水利工程中使用的机电设备和金属结构设备比较多，而且所占费用比率也比较大，施工图预算中一个很重要的部分就是设备费的预算，要合理地预算设备费，必须充分掌握现行的有关设备原价和运杂费率。

（8）水利工程建筑安装工程费用定额。水利工程建筑安装工程费用定额包括了各专业部门规定的费用定额及计算程序。

（9）经批准的拟建项目的概算文件。设计概算是根据初步设计或扩大初步设计的图纸及说明编制的，它是控制施工图设计和施工图预算的重要依据。

（10）有关预算的手册及工具书。预算工作手册和工具书包括了计算各种结构件面积和体积的公式，钢材、木材等各种材料规格、型号及用量数据，各种单位的换算比例等，这些资料在编制施工图预算时经常用到，而且非常重要。

6.2.3 施工图预算的编制步骤

（1）收集资料。收集与编制施工图预算有关的资料，如会审通过的施工图设计资料，初步设计概算、修正概算、施工组织设计，现行的与本工程相一致的预算定额，各类费用取费标准，人工、材料、机械价格资料，施工地区的水文、地质情况资料等。

（2）熟悉施工图设计资料。全面熟悉施工图设计资料，了解设计意图、掌握工程全貌是准确、迅速地编制施工预算的关键。

（3）熟悉施工组织设计。施工组织设计是指导拟建工程施工准备、施工各现场空间布置的技术文件，同时施工组织设计也是设计文件的组成部分之一，根据施工组织设计提供的施工现场平面布置、料场、堆场、仓库位置、资源供应及运输方式、施工进度计划、施工方案等资料，才能准确地计算人工、材料、机械台时（班）单价及工程数量，正确地选用相应的定额项目，从而确实反映客观实际的工程造价。

（4）了解施工现场情况，主要包括：了解施工现场的工程地质和水文地质情况；现场内需拆迁处理和清理的构造物情况；水、电、路情况；施工现场的平面位置；各种材料、生活资源的供应等情况，这些资料对于准确、完整地编制施工图预算有着重要的作用。

（5）计算工程量，这是施工图预算的关键。

（6）明确预算项目划分。水利水电工程施工图预算应按预算项目表的序列及内容进行划分编制。

（7）编制预算文件。

6.2.4 施工图预算的编制内容

施工图预算有单位工程预算、单项工程预算和建设项目总预算,单位工程预算是根据施工图设计文件、现行预算定额、费用标准以及人工、材料、设备、机械台时(班)等预算价格资料,以一定的方法,编制单位工程的施工图预算,然后汇总所有各单位工程施工图预算,成为单项工程施工图预算,再汇总所有各单项工程施工图预算,便是一个建设项目建筑安装工程的总预算。

6.2.5 施工图预算的编制方法

施工图预算与设计概算的项目划分、编制程序、费用构成、计算方法都基本相同。施工图是工程实施的蓝图,在这个阶段,建筑物的细部构造、尺寸,设备及装置性材料的型号、规格等都已明确,所以据此编制的施工图预算,较概算编制要精细。编制施工图预算的方法与设计概算的不同之处具体表现在以下几个方面。

(1) 主体工程。施工图预算与概算都采用工程量乘以单价的方法计算投资,但深度不同,概算根据概算定额和初步设计工程量编制,其三级项目经综合扩大,概括性强;而预算则依据预算定额和施工图设计工程量编制,其三级项目较为详细。如概算的闸、坝工程,一般只需套用定额中的综合项目计算其综合单价;而施工图预算须根据预算定额按各部位划分为更详细的三级项目,分别计算单价。

(2) 非主体工程。概算中的非主体工程以及主体工程中的细部结构采用综合指标(如铁路单价以元/km计,遥测水位站单价以元/座计等)或百分率乘以二级项目工程量的方法估算投资;而预算则均要求按三级项目乘以工程单价的方法计算投资。

(3) 造价文件的结构。概算是初步设计报告的组成部分,于初设阶段一次完成,概算完整地反映整个建设项目所需的投资。由于施工图的设计工作量大,历时长,故施工图设计大多以满足施工为前提,陆续出图。因此,施工图预算通常以单项工程为单位,陆续编制,各单项工程单独成册,最后汇总成总预算。

施工图预算编制的方法有定额单价法、定额实物量法和综合单价法。

任务 6.3 施 工 预 算

施工预算是施工单位内部编制的一种预算,是在施工图预算控制下,由施工单位根据施工图纸、施工定额、结合施工组织设计考虑节约因素后,在施工以前编制的。它主要是计算单位工程施工用工、用料数量,以及施工机械(主要是大型机械)台班需用量等。

6.3.1 施工预算的作用

施工预算的作用主要有以下几个方面。

(1) 施工预算是编制施工作业计划的依据。施工作业计划是施工企业计划管理的中心环节,也是计划管理的基础和具体化,编制施工作业计划,必须依据施工预算计算的单位工程或分部分项工程的工程量、构配件、劳力等。

(2) 施工预算是施工单位向施工班组签发施工任务单和限额领料的依据。施工任务单的内容可以分为两部分:第一部分是下达给班组的工程任务,包括工程名称、工作内容、质量要求、开工和竣工日期、计量单位、工程量、定额指标、计件单价和平均技术等级；第二部分是实际任务完成的情况记载和工资结算，包括实际开工和竣工日期、完成工程量、实际工日数、实际平均技术等级、完成工程的工资额、工人工时记录表和每人工资分配额等。其主要工程量、材料品种和数量均来自施工预算。

（3）施工预算是计算超额奖和计件工资、实行按劳分配的依据。施工预算是企业进行劳动力调配、物资技术供应、组织队伍生产、下达施工任务单和限额领料、控制成本开支、进行成本分析和班组经济核算以及"两算"对比的依据。

（4）施工预算是施工企业进行经济活动分析的依据。进行经济活动分析是企业加强经营管理，提高经济效益的有效手段。经济活动分析，主要是应用施工预算的人工、材料和机械台时数量等与实际消耗量对比，同时与施工图预算的人工、材料和机械台时数量进行对比，分析超支、节约的原因，改进操作技术和管理手段，有效地控制施工中的消耗，节约开支。

施工预算、施工图预算、竣工结算是施工企业进行施工管理的"三算"。

（5）施工预算是施工企业签订分包合同，结算工程费用的依据。当施工企业按照相关规定需要对工程进行分包时，可以依据该分包工程的施工预算对分包费用进行控制并据此对工程费用进行结算。

6.3.2 施工预算的编制依据

编制施工预算的主要依据包括：施工图纸，施工定额及补充定额，施工组织设计或实施方案，有关的手册、资料，已审定的施工图预算书，企业的管理水平及经验等。

（1）施工图纸。编制施工预算，应使用经过会审后的施工图和相应的设计说明书以及会审纪要。不能采用未经会审通过的图纸，以免返工。

（2）施工定额及补充定额。劳动定额、材料预算价格、人工工资标准、机械台班单价及文件是编制施工预算的主要依据。目前各省、市、地区或企业根据本地区的情况，自行编制施工定额，为施工预算的编制与执行创造了条件。有的地区没有编制施工定额，可按有关规定自行编制补充定额。

（3）施工组织设计或施工方案。施工组织设计或施工方案所确定的施工顺序、施工方法、施工机械、施工技术组织措施和施工现场平面布置等内容，都是施工预算编制的依据。例如土方开挖，应根据施工图设计，结合具体的工程条件，确定边坡系数，开挖、运输方式和运输距离等。

（4）有关的手册、资料。包括建筑材料手册、五金手册，以及有关的系数计算表等资料。

（5）已审定的施工图预算书。正常情况下，施工预算是受施工图预算控制的。施工图预算书中的各种数据，如工程量、"三量"（人工量、材料量、机械量）、"三费"（人工费、材料费、机械费）等，为施工预算的编制提供有利条件和可比较数据。

（6）企业的管理水平及经验。

6.3.3 施工预算的编制方法

施工预算的编制方法与施工图预算的编制方法大致相同。编制方法一般有实物法、实物金额法和单位计价法。

1. 实物法

实物法的应用比较普遍。它是根据施工图和说明书,按照劳动定额或施工定额规定计算工程量,汇总、分析人工和材料数量,向施工班组签发施工任务单或限额领料单,实行班组核算,与施工图预算的人工和主要材料进行对比,分析超支、节约原因,以加强管理。

2. 实物金额法

实物金额法是在实物法算出人工和各种材料消耗量后,再分别乘以所在地区的人工单价和材料预算价格,求出人工费、材料费和直接费。这种方法不仅计算各种实物消耗量,而且计算出各项费用的金额,故称实物金额法。

3. 单位计价法

单位计价法与施工图预算的编制方法大体相同。所不同的是施工预算的划分内容与分析计算都比施工图预算更为详细,更为具体。

以上三种方法的主要区别在于计价方式的不同。实物法只计算实物的消耗量,并据此向施工班组签发施工任务书和限额领料单,还可以与施工图预算的人工、材料消耗数量进行对比分析;实物金额法是通过工料分析,汇总人工、材料消耗数量,再进行计价;单位计价法则是按分部分项工程项目分别进行计价。对施工机械台班使用数量和机械费,三种方法都是按施工组织设计或施工方案所确定的施工机械的种类、型号、台数及台班费用定额进行计算。这是施工预算与施工图预算在编制依据与编制方法上的一个不同点。

6.3.4 施工预算的编制步骤

(1) 收集熟悉有关资料,了解施工现场情况。编制前应将有关资料收集齐全,如施工图纸及图纸会审记录、施工组织设计或施工方案、施工定额和工程计算规则等。同时还要深入施工现场,了解施工现场情况及施工条件,如施工环境、地质、道路及施工现场平面布置等。上述工作是施工预算编制的前提条件和基本准备工作。

(2) 计算工程量。工程量计算是一项十分细致而又烦琐复杂的工作,也是施工预算编制工作中最基本的工作,所需时间长,技术要求高,故工作量也最大。能否及时、准确地计算出工程量,关系着施工预算的编制速度与质量。

(3) 套用施工定额,工料分析和汇总。工程量计算完毕后,按照工程的分项名称顺序,套用施工定额的单位人工、材料和机械台时消耗量,计算出各个工程项目的人工、材料和机械台时的用工用料量,最后同类项目工料相加予以汇总,即可得到一个完整的分部分项工料汇总表。

(4) 进行"两算"(施工预算和施工图预算)对比。

(5) 编写编制说明。编制说明的内容有:编制依据,包括采用的图纸名称及编号,采用的施工定额,施工组织设计或施工方案;遗留项目或暂估项目的原因和存在的问题以及处理的办法等。

6.3.5 施工图预算和施工预算的主要区别

施工图预算和施工预算之间的对照比较,称为"两算"对比。施工图预算确定企业工程收入的预算成本,施工预算确定企业控制各项支出的计划成本,在正常情况下,计划成本应小于预算成本,否则将因超支而亏损。"两算"按要求应在单位工程开工前进行编制,以便进行"两算"的对比分析。

1. "两算"对比的目的

通过"两算"对比，找出节约和超支的原因，提出研究解决的措施，防止因人工、材料、机械台班及相应费用的超支而导致工程成本的亏损，并为编制降低成本计划额度提出依据。因此，"两算"对比对于建筑企业自觉运用经济规律、改进和加强施工组织管理、提高劳动生产效率、降低工程成本、提高经济效益都有重要的实际意义。

2. 施工图预算和施工预算的区别

（1）使用定额不同。施工预算使用施工定额，施工图预算使用预算定额，两者的水平不同，项目划分也不同。

（2）作用不同。施工预算是企业进行施工管理、控制施工成本支出的依据；施工图预算是确定工程造价，确定企业工程收入的主要依据。

（3）工程项目划分的粗细程度不同。施工预算比施工图预算项目多、划分细。

（4）计算范围不同。施工预算仅供内部使用，一般只计算直接费。施工图预算要计算直接费、间接费、利润、价差、税金等在内的整个工程造价。

除此以外，施工预算与施工图预算相比考虑施工组织的因素和计量单位有些也不相同。

3. "两算"对比的方法

"两算"对比的方法有实物对比法和实物金额对比法。实物对比法就是将施工预算所计算出的单位工程人工和主要材料用量与施工图预算得出的人工和主要材料用量进行对比分析，计算出节约或超支的数量差和百分率。实物金额对比法将施工预算的人工和主要材料、机械台时数量分别乘以相应的单价，得出相应的人工、材料、机械使用费，与施工图预算相应的人工、材料和机械使用费进行对比，计算出节约或超支的费用差（金额差）和百分率。

由于施工图预算定额与施工预算定额的定额水平不一样，定额所考虑的因素不一样，施工预算的人工、材料、机械使用量及相应的费用，一般应低于施工图预算，当出现相反情况时，要分析原因，必要时要改变施工方案。

任务6.4 竣 工 结 算

水利工程竣工结算也称为完工结算。工程竣工结算是指工程项目完工并经竣工验收合格后，发承包双方按照施工合同的约定对所完成的工程项目进行的合同价款的计算、调整和确认，是项目法人落实投资额、拨付工程价款的依据，是承包人确定工程的最终收入、进行经济考核及考核工程成本的依据。竣工结算（完工结算）由承包人编制，经监理审核后交付给项目法人。

6.4.1 竣工结算的编制

工程竣工结算分为单位工程竣工结算、单项工程竣工结算和建设项目竣工总结算，其中，单位工程竣工结算和单项工程竣工结算也可看作是分阶段结算。单位工程竣工结算由承包人编制，发包人审查；实行总承包的工程，由具体承包人编制，在总包人审查的基础上，发包人审查。单项工程竣工结算或建设项目竣工总结算由总（承）包人编制，发包人可直接进行审查，也可以委托具有相应资质的工程造价咨询机构进行审查。政府投资项目，由同级财政部门审查。单项工程竣工结算或建设项目竣工总结算经发承包人签字盖章后有效。承包人应在合同约定期限内完成项目竣工结算编制工作，未在规定期限内完成的并且提不出正当理由延期的，责任自负。

1. 竣工结算（完工结算）的编制依据

工程竣工结算由承包人或受其委托具有相应资质的工程造价咨询人编制，由发包人或受其委托具有相应资质的工程造价咨询人核对。工程竣工结算编制的主要依据有以下几点。

（1）工程合同。

（2）发承包双方实施过程中已确认的工程量及其结算的合同价款。

（3）发承包双方实施过程中已确认调整后追加（减）的合同价款。

（4）投标文件。

（5）工程设计文件及相关资料。

（6）《水利工程工程量清单计价规范》（GB 50501—2007）。

（7）其他依据。

2. 竣工结算的计价原则

在采用工程量清单计价的方式下，工程竣工结算的编制应当遵循的计价原则如下。

（1）分类分项工程和措施项目中的单价项目应依据双方确认的工程量与已标价工程量综合单价计算；如发生调整，以发承包双方确认调整的综合单价计算。

（2）措施项目中的总价项目应依据合同约定的项目和金额计算；如发生调整，以发承包双方确认调整的金额计算，其中安全文明施工费必须按照国家或省级、行业建设主管部门的规定计算。

（3）其他项目应按下列规定计价。

1）计日工应按发包人实际签证确认的事项计算。

2）暂估价应以发承包双方按照《水利工程工程量清单计价规范》（GB 50501—2007）相关规定计算。

3）总承包服务费应依据合同约定金额计算，如发生调整，以发承包双方确认调整的金额计算。

4）施工索赔费用应依据发承包双方确认的索赔事项和金额计算。

5）现场签证费用应依据发承包双方签证资料确认的金额计算。

6）暂列金额应减去工程价款调整（包括索赔、现场签证）金额计算，如有余额归发包人。

（4）税金应按照国家或省级、行业建设主管部门的规定计算。工程排污费应按工程所在地环境保护部门规定标准缴纳后按实际列入。

此外，发承包双方在合同工程实施过程中已经确认的工程计量结果和合同价款，在竣工结算办理中应直接进入结算。

采用总价合同的，在合同总价基础上，对合同约定能调整的内容及超过合同约定范围的风险因素进行调整；采用单价合同的，在合同约定风险范围内的综合单价应固定不变，并应按合同约定进行计量，且应按实际完成的工程量进行计量。

3. 质量争议工程的竣工结算

发包人对工程质量有异议，拒绝办理工程完工结算的：

（1）已经完工验收或已竣工未验收但实际投入使用的工程，其质量争议按该工程保修合同执行，竣工结算按合同约定办理。

（2）已竣工未验收且未实际投入使用的工程以及停工、停建工程的质量争议，双方应就有争议的部分委托有资质的检测鉴定机构进行检测，根据检测结果确定解决方案，或按工程质量监督机构的处理决定执行后办理竣工结算，无争议部分的竣工结算按合同约定办理。

6.4.2 竣工结算书的编制

单位工程或工程项目竣工验收后，承包商应及时整理交工技术资料，绘制主要工程竣工图，编制竣工结算书。

1. 竣工结算资料

竣工结算资料包括以下几部分：

（1）工程竣工报告及工程竣工验收单。

（2）承包商与项目法人签订的工程合同或双方协议书。

（3）施工图纸、设计变更通知书、现场变更签证及现场记录。

（4）采用的预算定额、材料价格、基础单价及其他费用标准。

（5）施工图预算。

（6）其他有关资料。

2. 竣工结算书的编制

（1）以单位工程为基础，根据现场施工情况，对施工预算的主要内容逐项核对和计算，尤其应注意以下几方面。

1）工程量清单的单价子目，按实际完成工程量调整施工预算工程量。其中包括：设计修改和增漏项而需要增减的工程量，应根据设计修改通知单进行调整；现场工程的变更，例如基础开挖后遇到古墓；施工方法发生某些更改等应根据现场记录按合同规定调整；施工预算发生的某些错误，应作调整。

2）工程量清单的总价子目，除合同约定的变更外，清单工程量就是承包人用于结算的最终工程量。

3）物价波动、法律变化引起的价格调整，根据合同约定进行调整。其中包括：人工工资、材料价格发生较大变动产生的价差；因材料供应或其他原因发生材料短缺时，需以大代小、以优代劣，这部分代用材料产生的材料价差等。

4）核对工程量清单项目单价、变更项目的单价，并计算总价。

5）核对并计算索赔费用。

6）核对并计算合同约定的其他费用。

（2）将各单位工程结算进行汇总，编制全部合同工程的竣工结算书；编写竣工结算说明，其中包括编制依据、编制范围及其他情况。

工程竣工结算书编制完成后,报送监理人等审批,并与项目法人办理竣工结算。

任务 6.5　竣　工　决　算

竣工决算是竣工财务决算的简称,是项目法人向国家(或投资人)汇报建设成果和财务状况的总结性文件,是正确核定新增资产价值、及时办理资产交付使用的依据,是竣工验收报告的重要组成部分。竣工决算是整个基建项目完整的实际成本,反映了工程的实际造价,是项目法人向管理单位移交财产,考核工程项目投资、分析投资效果的依据。竣工决算由项目法人编制。

6.5.1　竣工决算的编制依据

(1) 国家有关法律、法规。

(2) 经批准的设计文件、项目概(预)算。

(3) 主管部门下达的年度投资计划,基本建设支出预算。

(4) 项目合同(协议)。

(5) 会计核算及财务管理资料。

(6) 工程价款结算、物资消耗等有关资料。

(7) 水库淹没处理补偿费的总结和验收文件,以及水土保持与环境保护工程的实施过程和总结资料。

(8) 其他有关项目管理文件。

6.5.2　竣工决算的编制内容

竣工财务决算应包括封面及目录、竣工项目的平面示意图及主体工程照片、竣工财务决算说明书、竣工财务决算报表四部分。竣工财务决算应包括项目从筹建到竣工验收的全部费用,即建筑工程费、安装工程费、设备费、临时工程费、独立费用、预备费、建设期融资利息和水库淹没处理补偿费、水土保持费和环境保护费。

1. 竣工财务决算说明书

竣工财务决算说明书应分析总结建设成果和建设过程中的重要事项,做到内容全面、重点突出。竣工财务决算说明书是竣工决算的重要文件,是反映竣工项目建设过程、建设成果的书面文件,其主要内容包括以下几项。

(1) 项目基本情况。项目概况主要包括项目建设理由、历史沿革、项目设计、建设过程以及"四大制度"(项目法人责任制、招标承包制、建设监理制、合同管理制)实施情况。

(2) 财务管理情况。

(3) 年度投资计划、预算(资金)下达及资金到位情况。

(4) 概(预)算执行情况。包括概(预)算批复及调整、概(预)算执行、计划下达及执行情况。

(5) 招(投)标、政府采购及合同(协议)执行情况。

(6) 征地补偿和移民安置情况。

(7) 重大设计变更及预备费动用情况。

(8) 未完工程投资及预留费用情况。

(9) 审计、稽查、财务检查等发现问题及整改落实情况。

(10) 其他需说明的事项。

(11) 报表编制说明。竣工财务决算说明书主要反映竣工工程建设成果和经验，是对竣工决算报表进行分析和补充说明的文件，是全面考核分析工程投资与造价的书面总结，是竣工决算报告的重要组成部分。

2. 竣工财务决算报表

竣工财务决算报表应由项目法人根据《水利基本建设项目竣工财务决算编制规程》（SL/T 19—2023）和项目类型选择相应报表进行编报，做到内容完整，数据准确。

(1) 水利基本建设竣工项目概况表。反映竣工项目的主要特性、建设过程和建设成果等基本情况。

(2) 水利基本建设项目财务决算表。反映竣工项目的综合财务情况。

(3) 水利基本建设项目投资分析表。以单项工程、单位工程和费用项目的实际支出与相应的概（预）算费用相比较，用来反映竣工项目建设投资状况。

(4) 水利基本建设项目年度财务决算表。反映竣工项目历年投资来源、基建支出、结余资金等情况。

(5) 水利基本建设项目预计未完工程及费用表。反映预计纳入竣工决算的未完工程及竣工验收等费用的明细情况。

(6) 水利基本建设项目成本表。反映竣工项目建设成本结构以及形成过程情况。

(7) 水利基本建设竣工项目交付使用资产表。反映竣工项目向不同资产接收单位交付使用资产情况，资产应包括固定资产（建筑物、房屋、设备及其他）、流动资产、无形资产及递延资产等。

(8) 水利基本建设竣工项目待核销基建支出表。反映竣工项目发生的待核销基建支出明细情况。

(9) 水利基本建设竣工项目转出投资表。反映竣工项目发生的转出投资明细情况。

6.5.3 竣工结算与竣工决算的主要区别

1. 作用不同

竣工结算是施工企业与建设单位办理工程价款最终结算的依据，是施工企业与建设单位签订的建安工程合同终结的凭证，是建设单位编制竣工决算的主要资料。竣工决算是建设单位办理交付、验收、动用新增各类资产的依据，是竣工验收报告的重要组成部分。

2. 编审主体不同

单位工程竣工结算由承包人编制，发包人审查；实行总承包的工程，由具体承包人编制，在总包人审查的基础上，发包人审查。单项工程竣工结算或建设项目竣工总结算由总（承）包人编制，发包人可直接进行审查，也可以委托具有相应资质的工程造价咨询机构进行审查。政府投资项目，由同级财政部门审查。单项工程竣工结算或建设项目竣工总结算经发承包人签字盖章后有效。建设工程竣工决算的文件，由建设单位负责组织人员编写，上报主管部门审查，同时抄送有关设计单位。

3. 成本费用不同

竣工结算只是承包合同范围内的预算成本,由直接费、间接费、利润、材料补差和税金组成。主要包括建筑工程费、安装工程费以及合同规定应给施工单位的其他费用。竣工决算是完整的预算成本,包括从筹建到竣工投产全过程的全部实际费用,包括建筑工程费、安装工程费、设备工器具费用及预备费等,还要计入工程建设的其他费用,水库淹没处理、水土保持及环境保护工程费用和建设期还贷利息等工程成本和费用。由此可见,竣工结算是竣工决算的基础,只有先完成竣工结算,才有条件编制竣工决算。

拓 展 思 考 题

一、单项选择题

1. 在项目建设的各个阶段,需分别编制投资估算、设计概算、施工图预算及竣工决算等,这体现了工程造价的(　　)计价特性。

   A. 复杂性　　　　B. 多次性　　　　C. 组合性　　　　D. 多样性

2. 可行性研究投资估算是(　　)的重要依据。

   A. 项目科学决策　B. 列入计划　　　C. 开工审批报告　D. 编制标底

3. (　　)是建设单位向国家或主管部门申请基本建设投资时,为确定建设项目投资总额而编制的技术经济文件。

   A. 投资估算　　　B. 设计概算　　　C. 施工预算　　　D. 竣工结算

4. 水利工程初步设计阶段编制的工程造价文件是(　　)。

   A. 施工图预算　　B. 设计概算　　　C. 投资估算　　　D. 施工预算

5. 下列项目属于竣工验收基本资料的是(　　)。

   A. 项目生产运行技术方案　　　　　B. 工程承包合同
   C. 项目运行评价报告　　　　　　　D. 审计报告

6. 下面(　　)反映了工程从开始到竣工的全部投资额度和投资效果。

   A. 投资估算　　　B. 项目经济评价　C. 施工预算　　　D. 竣工决算

7. 建设项目实际造价是(　　)。

   A. 承包合同价　　B. 竣工决算价　　C. 总承包价　　　D. 竣工结算价

二、判断题

1. 投资估算是项目建议书和可行性研究阶段对建筑工程造价的预测,应充分考虑多种可能的需要、风险、价格上涨等因素,并适当留有余地。(　　)

2. 设计概算是初步设计阶段对建设工程造价的预测,它是在已经批准的可行性研究投资估算总投资的控制下进行编制的。(　　)

3. 投资估算应在初步设计阶段进行。(　　)

4. 初步设计概算仅反映了某一编制年的价格水平,因此,总投资额在建设期间可以突破。(　　)

5. 水利水电工程建成以后,在办理竣工验收之前,必须进行试运行。(　　)

6. 对于大型的水利枢纽工程,因建设时间长或建设过程中逐步投产,应分批组织验

收。（ ）

7. 编制投资估算时基础单价编制与设计概算不同。（ ）

8. 初步设计阶段编制设计概算和施工图设计阶段编制施工图预算均应采用预算定额。（ ）

9. 工程项目竣工决算应包括项目从开工到竣工验收的全部费用。（ ）

10. 竣工决算应由承包施工企业编制。（ ）

11. 竣工决算是反映工程实际造价和投资效果的技术经济报告，是考核投资效果的依据。（ ）

三、简答题

1. 简述投资估算的概念以及投资估算和设计概算的主要区别。
2. 简述施工图预算和施工预算的概念以及施工图预算和施工预算的主要区别。
3. 简述竣工结算和竣工决算的概念以及竣工结算和竣工决算的主要区别。

项目 7

水利工程招标与投标

学习目标：掌握水利工程工程量清单编制和工程量清单计价，了解水利工程招标投标方式、程序及文件的组成，理解招标控制价、标底和投标报价的确定。

任务 7.1　水利工程工程量清单

7.1.1　水利工程工程量清单概述

工程量清单是招标工程的建筑工程项目、安装工程项目、措施项目、其他项目的名称和相应数量的明细清单。工程量清单应作为招标文件的组成部分。工程量清单仅是投标人投标报价的共同基础。除另有约定外，工程量清单中的工程量是根据招标设计图纸按《水利工程工程量清单计价规范》（GB 50501—2007）计算规则计算的用于投标报价的估算工程量，不作为最终结算工程量。最终结算工程量以实际完成为准。工程量清单应由具有编制招标文件能力的招标人，或受其委托具有相应资质的中介机构进行编制。

根据《水利工程工程量清单计价规范》（GB 50501—2007），工程量清单由分类分项工程量清单、措施项目清单、其他项目清单和零星工作项目清单组成。

1. 分类分项工程量清单

分类分项工程量清单应根据《水利工程工程量清单计价规范》（GB 50501—2007）附录 A 和附录 B 规定的项目编码、项目名称、项目主要特征、计量单位、工程量计算规则、主要工作内容和一般适用范围进行编制。

分类分项工程量清单的项目编码采用十二位阿拉伯数字表示（由左至右计位）。一至九位为统一编码，其中，一、二位为水利工程顺序码，三、四位为专业工程顺序码，五、六位为分类工程顺序码，七、八、九位为分项工程顺序码，十至十二位为清单项目名称顺序码。一至九位应按规范附录 A 和附录 B 的规定设置；十至十二位应根据招标工程的工程量清单项目名称由编制人设置，水利建筑工程工程量清单项目自 001 起顺序编码，水利安装工程工程量清单项目自 000 起顺序编码（图 7.1）。

土方开挖工程工程量清单的场地平整项目编码、项目名称、项目主要特征、计量单位、工程量计算规则及主要工作内容，见表 7.1。

```
50    01    01    002    001
 ↑     ↑     ↑     ↑      ↑
 │     │     │     │      └─ 代表清单项目名称顺序码
 │     │     │     └──────── 代表一般土方开挖顺序码
 │     │     └────────────── 代表土方开挖工程顺序码
 │     └──────────────────── 代表水利建筑工程顺序码
 └────────────────────────── 代表水利工程顺序码
```

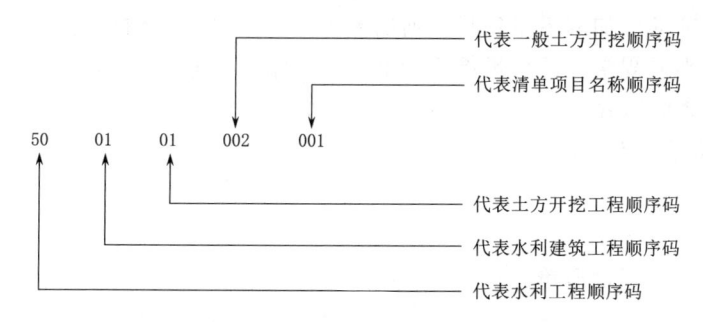

图 7.1　水利建筑工程工程量清单项目编码

表 7.1　　　　　　　　　　土方开挖工程（编码 500101）

项目编码	项目名称	项目主要特征	计量单位	工程量计算规则	主要工作内容	一般适用范围
500101001 ×××	场地平整	1. 土类分级 2. 土量平衡 3. 运距	m²	按招标设计图示场地平整面积计量	1. 测量放线标点 2. 清除植被及废弃物处理 3. 推、挖、填、压、找平 4. 弃土（取土）装、运、卸	挖（填）平均厚度在 0.5m 以内

2. 措施项目清单

措施项目清单，应根据招标工程的具体情况，参照表 7.2 中项目列项，主要包括：环境保护、文明施工、安全防护措施、小型临时工程、施工企业进退场费、大型施工设备安拆费等。

表 7.2　　　　　　　　　　　措施项目一览表

序　号	项 目 名 称	序　号	项 目 名 称
1	环境保护	5	施工企业进退场费
2	文明施工	6	大型施工设备安拆费
3	安全防护措施		……
4	小型临时工程		

3. 其他项目清单

其他项目清单发生于该工程施工过程中招标人要求计列的费用项目，包括暂列金额和暂估价两项。暂列金额是招标人在工程量清单中暂定并包括在合同价款中的一笔款项，用于施工合同签订时尚未确定或者不可预见的所需材料、设备、服务的采购，施工中可能发生的工程变更、合同约定调整因素出现时的工程价款调整以及发生的索赔、现场签证确认等的费用，一般可为分类分项工程项目和措施项目合价的 5%。暂估价指招标人在工程量清单中提供的用于支付必然发生但暂时不能确定价格的材料、工程设备的单价以及专业工程的金额。

4. 零星工作项目清单

零星工作项目清单或称"计日工"，是完成招标人提出的零星工作项目所需的人工、材料、机械单价。零星工作项目清单编制人应根据招标工程具体情况，对工程实施过程中可能发生的变更或新增加的零星项目，列出人工（按工种）、材料（按名称和型号规格）、机械（按名称和型号规格）的计量单位，单价由投标人确定。

7.1.2 工程量清单格式

1. 工程量清单格式内容

（1）封面。

（2）总说明。

（3）分类分项工程量清单。

（4）措施项目清单。

（5）其他项目清单。

（6）零星工作项目清单。

（7）其他辅助表格。

1）招标人供应材料价格表。

2）招标人提供施工设备表。

3）招标人提供施工设施表。

2. 工程量清单格式填写规定

（1）工程量清单应由招标人编制。

（2）工程量清单中的任何内容不得随意删除或涂改。

（3）工程量清单中所有要求盖章、签字的地方，必须由规定的单位和人员盖章、签字（其中法定代表人也可由其授权委托的代理人盖章、签字）。

（4）总说明填写。

1）招标工程概况。

2）工程招标范围。

3）招标人供应的材料、施工设备、施工设施简要说明。

4）其他需要说明的问题。

（5）分类分项工程量清单填写。

1）项目编码，按本规范规定填写，水利建筑工程工程量清单项目中，以×××表示的十至十二位由编制人自001起顺序编码；水利安装工程工程量清单项目中，十至十二位由编制人自000起顺序编码。

2）项目名称，根据招标项目规模和范围、附录A和附录B的项目名称，参照行业有关规定，并结合工程实际情况设置。

3）计量单位的选用和工程量的计算应符合本规范附录A和附录B的规定。

4）主要技术条款编码，按招标文件中相应技术条款的编码填写。

（6）措施项目清单填写。按招标文件确定的措施项目名称填写。凡能列出工程数量的措施项目，均应列入分类分项工程量清单。

（7）其他项目清单填写。按招标文件确定的其他项目名称、金额填写。

（8）零星工作项目清单填写。

1）名称及型号规格，人工按工种，材料按名称和型号规格，机械按名称和型号规格，分别填写。

2）计量单位，人工以工日或工时，材料以吨、立方米等，机械以台时或台班，分别填写。

（9）招标人供应材料价格表填写。按表中材料名称、型号规格、计量单位和供应价填写，并在供应条件和备注栏内说明材料供应的边界条件。

（10）招标人提供施工设备表填写。按表中设备名称、型号规格、设备状况、设备所在地点、计量单位、数量和折旧费填写，并在备注栏内说明对投标人使用施工设备的要求。

（11）招标人提供施工设施表填写。按表中项目名称、计量单位和数量填写，并在备注栏内说明对投标人使用施工设施的要求。

任务 7.2　水利工程工程量清单计价

工程量清单计价法是建设工程招标投标中，按照国家统一的工程量清单计价规范，招标人委托具有资质的中介机构编制反映工程实体消耗和措施消耗的工程量清单，并作为招标文件的一部分提供给投标人，由投标人依据工程量清单，根据各种渠道所获得的工程造价信息和经验数据，结合企业定额自主报价的计价方式。

7.2.1　水利工程工程量清单计价

工程量清单计价应包括按招标文件规定完成工程量清单所列项目的全部费用，包括分类分项工程费、措施项目费和其他项目费。

1. 分类分项工程量清单计价

分类分项工程量清单计价应采用工程单价计价。分类分项工程量清单的工程单价，应根据《水利工程工程量清单计价规范》（GB 50501—2007）规定的工程单价组成内容，按招标设计文件、图纸、附录 A 和附录 B 中的"主要工作内容"确定，除另有规定外，对有效工程量以外的超挖、超填工程量，施工附加量，加工、运输损耗量等，所消耗的人工、材料和机械费用，均应摊入相应有效工程量的工程单价之内。

2. 措施项目清单计价

措施项目清单的金额，应根据招标文件的要求以及工程的施工方案，以每一项措施项目为单位，按项计价。

3. 其他项目清单计价

其他项目清单由招标人按估算金额确定。

4. 零星工作项目清单计价

零星工作项目清单的单价由投标人确定。按照招标文件的规定，根据招标项目涵盖的内容，投标人一般应编制以下基础单价，作为编制分类分项工程单价的依据。

（1）人工费单价。

（2）主要材料预算价格。

（3）电、风、水单价。

（4）砂石料单价。

（5）块石、料石单价。

(6) 混凝土配合比材料费。
(7) 施工机械台时（班）费。

招标工程如设标底，标底应根据招标文件中的工程量清单和有关要求，施工现场情况，合理的施工方案，工程单价组成内容，社会平均生产力水平，按市场价格进行编制。

投标报价应根据招标文件中的工程量清单和有关要求，施工现场情况，以及拟定的施工方案，依据企业定额，按市场价格进行编制。

工程量清单的合同结算工程量，除另有约定外，应按本规范及合同文件约定的有效工程量进行计算。合同履行过程中需要变更工程单价时，按本规范和合同约定的变更处理程序办理。

7.2.2 工程量清单计价格式

1. 工程量清单报价表内容

工程量清单报价表应由下列内容组成：

(1) 封面。
(2) 投标总价。
(3) 工程项目总价表。
(4) 分类分项工程量清单计价表。
(5) 措施项目清单计价表。
(6) 其他项目清单计价表。
(7) 零星工作项目计价表。
(8) 工程单价汇总表。
(9) 工程单价费（税）率汇总表。
(10) 投标人生产电、风、水、砂石料基础单价汇总表。
(11) 投标人生产混凝土配合比材料费表。
(12) 招标人供应材料价格汇总表。
(13) 投标人自行采购主要材料预算价格汇总表。
(14) 招标人提供施工机械台时（班）费汇总表。
(15) 投标人自备施工机械台时（班）费汇总表。
(16) 总价项目分类分项工程分解表（表式同分类分项工程量清单计价表）。
(17) 工程单价计算表。

2. 工程量清单报价表的填写规定

工程量清单报价表的填写应符合下列规定：

(1) 工程量清单报价表的内容应由投标人填写。
(2) 投标人不得随意增加、删除或涂改招标人提供的工程量清单中的任何内容。
(3) 工程量清单报价表中所有要求盖章、签字的地方，必须由规定的单位和人员盖章、签字（其中法定代表人也可由其授权委托的代理人盖章、签字）。
(4) 投标金额（价格）均应以＿＿＿＿币表示。
(5) 投标总价应按工程项目总价表合计金额填写。
(6) 工程项目总价表填写。表中一、二级项目名称按招标人提供的招标项目工程量清单中的相应名称填写,并按分类分项工程量清单计价表中相应项目合计金额填写。

(7) 分类分项工程量清单计价表填写。

1) 表中的序号、项目编码、项目名称、计量单位、工程数量、主要技术条款编码,按招标人提供的分类分项工程量清单中的相应内容填写。

2) 表中列明的所有需要填写的单价和合价,投标人均应填写;未填写的单价和合价,视为此项费用已包含在工程量清单的其他单价和合价中。

(8) 措施项目清单计价表填写。表中的序号、项目名称,按招标人提供的措施项目清单中的相应内容填写,并填写相应措施项目的金额和合计金额。

(9) 其他项目清单计价表填写。表中的序号、项目名称、金额,按招标人提供的其他项目清单中的相应内容填写。

(10) 零星工作项目计价表填写。表中的序号、人工、材料、机械的名称、型号规格以及计量单位,按招标人提供的零星工作项目清单中的相应内容填写,并填写相应项目单价。

(11) 辅助表格填写。

1) 工程单价汇总表,按工程单价计算表中的相应内容、价格(费率)填写。

2) 工程单价费(税)率汇总表,按工程单价计算表中的相应费(税)率填写。

3) 投标人生产电、风、水、砂石料基础单价汇总表,按基础单价分析计算成果的相应内容、价格填写,并附相应基础单价的分析计算书。

4) 投标人生产混凝土配合比材料费表,按表中工程部位、混凝土和水泥强度等级、级配、水灰比、坍落度、相应材料用量和单价填写,填写的单价必须与工程单价计算表中采用的相应混凝土材料单价一致。

5) 招标人供应材料价格汇总表,按招标人供应的材料名称、型号规格、计量单位和供应价填写,并填写经分析计算后的相应材料预算价格,填写的预算价格必须与工程单价计算表中采用的相应材料预算价格一致。

6) 投标人自行采购主要材料预算价格汇总表,按表中的序号、材料名称、型号规格、计量单位和预算价填写,填写的预算价必须与工程单价计算表中采用的相应材料预算价格一致。

7) 招标人提供施工机械台时(班)费汇总表,按招标人提供的机械名称、型号规格和招标人收取的台时(班)折旧费填写;投标人填写的台时(班)费用合计金额必须与工程单价计算表中相应的施工机械台时(班)费单价一致。

8) 投标人自备施工机械台时(班)费汇总表,按表中的序号、机械名称、型号规格、一类费用和二类费用填写,填写的台时(班)费合计金额必须与工程单价计算表中相应的施工机械台时(班)费单价一致。

9) 工程单价计算表,按表中的施工方法、序号、名称、型号规格、计量单位、数量、单价、合价填写,填写的人工、材料和机械等基础价格,必须与基础材料单价汇总表、主要材料预算价格汇总表及施工机械台时(班)费汇总表中的单价相一致,填写的施工管理费、企业利润和税金等费(税)率必须与工程单价费(税)率汇总表中的费(税)率相一致。凡投标金额小于投标总报价万分之五及以下的工程项目,投标人可不编报工程单价计算表。

总价项目一般不再分设分类分项工程项目，若招标人要求投标人填写总价项目分类分项工程分解表，其表式同分类分项工程量清单计价表。工程量清单计价表格式应随招标文件发至投标人。

任务7.3 水利工程招标

按照国家有关规定需要履行项目审批、核准手续的依法必须进行招标的项目，其招标范围、招标方式和招标组织形式应当报项目审批、核准部门审批、核准。项目审批、核准部门应当及时将审批、核准确定的招标范围、招标方式和招标组织形式通报有关行政监督部门。

7.3.1 招标范围与规模

符合下列具体范围并达到规模标准之一的水利工程建设项目必须进行招标。

1. 具体范围

（1）关系社会公共利益、公共安全的防洪、排涝、灌溉、水力发电、引（供）水、滩涂治理、水土保持、水资源保护等水利工程建设项目。

（2）使用国有资金投资或者国家融资的水利工程建设项目。

（3）使用国际组织或者外国政府贷款、援助资金的水利工程建设项目。

2. 规模标准

（1）施工单项合同估算价在200万元人民币以上的。

（2）重要设备、材料等货物的采购，单项合同估算价在100万元人民币以上的。

（3）勘察设计、监理等服务的采购，单项合同估算价在50万元人民币以上的。

（4）项目总投资额在3000万元人民币以上，但分标单项合同估算价低于本项第（1）、（2）、（3）规定的标准的项目原则上都必须招标。

7.3.2 招标方式

1. 公开招标

有下列情形之一的必须公开招标。

（1）国家重点水利项目。

（2）地方重点水利项目。

（3）全部使用国有资金投资的水利项目。

（4）国有资金投资占控股或者主导地位的水利项目。

2. 邀请招标

有下列情形之一的，可以邀请招标：

（1）技术复杂、有特殊要求或者受自然环境限制，只有少量潜在投标人可供选择。

（2）采用公开招标方式的费用占项目合同金额的比例过大。

邀请招标由招标人申请有关行政监督部门作出认定。

3. 不招标

下列项目可不进行招标，但须经行政监督部门批准：

（1）需要采用不可替代的专利或者专有技术。
（2）采购人依法能够自行建设、生产或者提供。
（3）已通过招标方式选定的特许经营项目投资人依法能够自行建设、生产或者提供。
（4）需要向原中标人采购工程、货物或者服务，否则将影响施工或者功能配套要求。
（5）涉及国家安全、国家秘密、抢险救灾或者属于扶贫资金实行以工代赈、需要使用农民工的。
（6）国家规定的其他特殊情形。

招标人为适用前款规定弄虚作假的，属于规避招标。

7.3.3 施工招标程序

水利工程施工招标程序一般包括招标报告备案、编制招标文件、发布招标公告、出售招标文件、组织踏勘现场和投标预备会（若组织）、招标文件修改和澄清（若有）、组织开标、评标、确定中标人、提交招标投标情况的书面总结报告、发中标通知书、订立书面合同等。

1. 编制招标文件

招标文件应依据《水利水电工程标准施工招标文件》(2009年版)编制。招标文件一般包括招标公告、投标人须知、评标办法、合同条款及格式、工程量清单、招标图纸、合同技术条款和投标文件格式等内容。其中，投标人须知、评标办法和通用合同条款应全文引用《水利水电工程标准施工招标文件》。招标人设有最高投标限价的，应当在招标文件中明确最高投标限价或者最高投标限价的计算方法。招标人可以自行决定是否编制标底。标底必须保密。招标项目设有标底的，招标人应当在开标时公布。

2. 发布招标公告

依法必须招标项目的招标公告和公示信息应当在"中国招标投标公共服务平台"或者项目所在地省级电子招标投标公共服务平台发布。招标文件的发售期不得少于5日。

采用邀请招标方式的，招标人应当向3个以上有投标资格的法人或其他组织发出投标邀请书。投标人少于3个的，招标人应当重新招标。

3. 组织踏勘现场和投标预备会

根据招标项目的具体情况，招标人可以组织投标人踏勘项目现场，向其介绍工程场地和相关环境的有关情况（可以组织也可以不组织）。

投标人可自主参加踏勘现场和投标预备会。依据招标人介绍情况作出的判断和决策，由投标人自行负责。招标人不得单独或者分别组织部分投标人进行现场踏勘。

对于投标人在阅读招标文件和踏勘现场中提出的疑问，招标人可以书面形式或召开投标预备会的方式解答，但需同时将解答以书面方式通知所有购买招标文件的投标人。该解答属于澄清和修改招标文件的范畴，其内容为招标文件的组成部分。

4. 澄清和修改招标文件

（1）招标人被动澄清。投标人应仔细阅读和检查招标文件（即标书）的全部内容。投标人如发现缺页或附件不全，应及时向招标人提出，以便补齐。投标人如有疑问，应在投标截止时间17天前以书面形式（包括信函、电报、传真等可以有形地表现所载内容的形式，下同），要求招标人对招标文件予以澄清。

(2) 招标人主动澄清。招标人也可主动对招标文件（即标书）进行澄清和修改。招标文件的澄清和修改通知将在投标截止时间15天前以书面形式发给所有购买招标文件的投标人，但不指明澄清问题的来源。如果澄清和修改通知发出的时间距投标截止时间不足15天，且影响投标文件编制的，相应延长投标截止时间。投标人在收到澄清后，应在收到澄清和修改通知后1天内以书面形式通知招标人，确认已收到该通知。

(3) 电子标的澄清和修改。采取电子招标方式的，招标文件的澄清和修改一般载于相应公告栏里，并不另以书面形式发送，投标人须密切注意相关公告栏。如有疑问，应在投标截止时间17天前以书面形式（包括信函、电报、传真等，下同），要求招标人对招标文件予以澄清。

招标文件的澄清和修改通知将在投标截止时间15天前以书面形式发给所有购买招标文件的投标人，但不指明澄清问题的来源。如果不足15天，相应延长投标截止时间。

5. 处理招标文件异议

潜在投标人或者其他利害关系人对招标文件有异议的，应当在投标截止时间10日前提出。招标人应当自收到异议之日起3日内作出答复；作出答复前，应当暂停招标投标活动。

6. 开标

自招标文件开始发出之日起至投标人提交投标文件截止，最短不得少于20日。投标截止时间与开标时间应当为同一时间。招标人应当按照招标文件的要求在规定时间、地点组织开标会，投标人的法定代表人或委托代理人应持本人身份证件及法定代表人或委托代理人证明文件参加。投标人少于3个的，不得开标。开标应当有开标记录，开标记录应当提交评标委员会。

发生下述情形之一的，招标人不得接收投标文件：

(1) 未通过资格预审的申请人递交的投标文件。

(2) 逾期送达的投标文件。

(3) 未按招标文件要求密封的投标文件。

除此之外，招标人不得以未提交投标保证金（或提交的投标保证金不合格）、未备案（或注册）、原件不合格、投标文件修改函不合格、投标文件数量不合格、投标人的法定代表人或委托代理人身份不合格等作为不接收投标文件的理由。发生前述相关问题应当形成开标记录，交由评标委员会处理。

电子开标应当按照招标文件确定的时间，在电子招标投标交易平台上公开进行，所有投标人均应当准时在线参加开标。开标时，电子招标投标交易平台自动提取所有投标文件，提示招标人和投标人按招标文件规定方式按时在线解密。解密全部完成后，应当向所有投标人公布投标人名称、投标价格和招标文件规定的其他内容。

7. 评标

评标工作由评标委员会负责。评标委员会由招标人的代表和有关技术、经济、合同管理等方面的专家组成，成员人数为7人以上单数，其中专家（不含招标人代表）人数不得少于成员总数的2/3。水利工程施工招标评标办法包括经评审的最低投标价法和综合评估法，一般采取综合评估法。综合评估法是评标委员会对满足招标文件实质性要求的投标文件，按照招标文件规定的评分标准进行打分，并按得分由高到低顺序推荐中标候选人，但投标报价低于其成本的除外。综合评分相等时，以投标报价低的优先；投标报价也相等的，由招标人自行确定。

8. 评标结果公示

招标人应当自收到评标报告之日起 3 日内公示中标候选人，公示期不得少于 3 日。

依法必须招标项目的中标候选人公示应当载明以下内容：

（1）中标候选人排序、名称、投标报价、质量、工期（交货期），以及评标情况。

（2）中标候选人按照招标文件要求承诺的项目负责人姓名及其相关证书名称和编号。

（3）中标候选人响应招标文件要求的资格能力条件。

（4）提出异议的渠道和方式。

（5）招标文件规定公示的其他内容。

依法必须招标项目的中标结果公示应当载明中标人名称。

9. 确定中标人

招标人可授权评标委员会直接确定中标人，也可根据评标委员会提出的书面评标报告和推荐的中标候选人顺序确定中标人。评标委员会推荐的中标候选人应当限定在 1~3 人，并标明排列顺序。

国有资金占控股或者主导地位的依法必须进行招标的项目，确定中标人应遵守下述规定：

（1）招标人应当确定排名第一的中标候选人为中标人。

（2）排名第一的中标候选人放弃中标、因不可抗力不能履行合同、不按照招标文件要求提交履约保证金，或者被查实存在影响中标结果的违法行为等情形，不符合中标条件的，招标人可以按照评标委员会提出的中标候选人名单排序依次确定其他中标候选人为中标人，也可以重新招标。

（3）当招标人确定的中标人与评标委员会推荐的中标候选人顺序不一致时，应当有充足的理由，并按项目管理权限报水行政主管部门备案。

（4）在确定中标人之前，招标人不得与投标人就投标价格、投标方案等实质性内容进行谈判。

定标应当在投标有效期结束日 30 个工作日前完成。不能在投标有效期结束日 30 个工作日前完成评标和定标的，招标人应当通知所有投标人延长投标有效期。

10. 签订合同

招标人和中标人应当依照招标文件的规定签订书面合同，合同的标的、价款、质量、履行期限等主要条款应当与招标文件和中标人的投标文件的内容一致。招标人和中标人不得再订立背离合同实质性内容的其他协议。

7.3.4 招标文件的组成

招标文件由以下内容组成：

（1）招标公告（或投标邀请书）。

（2）投标人须知。

（3）评标办法。

(4) 合同条款及格式。

(5) 工程量清单。

(6) 图纸。

(7) 技术标准和要求。

(8) 投标文件格式。

(9) 投标人须知前附表规定的其他材料。

7.3.5 招标控制价

招标人设有最高投标限价的，应当在招标文件中明确最高投标限价或者最高投标限价的计算方法。招标人不得规定最低投标限价。招标控制价应由具有编制能力的招标人编制，当招标人不具有编制招标控制价的能力时，可委托具有相应资质的工程造价咨询人编制。工程造价咨询人不得同时接受招标人和投标人对同一工程的招标控制价和投标报价的编制。

招标控制价指招标人对于合同项目预期价格的上限，一般参考国家或省级水利行政主管部门颁发的定额、费用标准，依据招标项目所在地同时期水利工程建设市场价格水平，以及拟定的招标文件和招标工程量清单，结合工程具体情况编制，又称作招标工程的最高投标限价。招标控制价应由具有编制能力的招标人，或受其委托的本项目设计人，具有相应资质的工程造价咨询人、招标代理人编制。招标人应在招标文件中明确招标控制价。招标控制价的主要组成内容有分部分项工程费、一般项目费和其他项目费。

7.3.5.1 招标控制价编制规定及依据

1. 编制招标控制价的一般规定

(1) 国有资金投资的水利工程招标，招标人必须编制招标控制价，规定最高投标限价。

(2) 招标控制价应不低于标底。招标控制价可由标底上浮估算。

(3) 受招标人委托编制招标控制价的编制人，不得再就同一项目接受投标人委托编制投标报价或投标咨询。

(4) 招标控制价原则上应不超过批准的设计概算。当招标控制价超过批准的设计概算时，招标人应将调整后的设计概算报原概算审批部门审核。

(5) 招标人应在招标文件中明确招标控制价。招标控制价及有关资料应及时报送工程所在地或有该工程管辖权的水利管理部门备查。

(6) 招标控制价的编制应采用《水利工程工程量清单计价规范》(GB 50501—2007) 格式。

2. 编制招标控制价的依据

(1) 招标人对招标项目价格的预期。

(2) 拟定的招标文件、招标工程量清单及其补充通知、答疑纪要。

(3) 施工现场情况、工程特点。

(4) 工程设计文件（含设计施工方案）及相关资料。

(5) 与招标项目相关的标准、规范、技术资料。

(6)《水利工程工程量清单计价规范》(GB 50501—2007)。

(7) 国家或省级、行业建设主管部门颁发的定额和相关规定。

(8) 招标项目所在地同时期水利工程或类似建筑工程施工平均先进效率水平。

(9) 市场价格信息或工程造价管理机构发布的工程造价信息。

(10) 其他相关资料。

7.3.5.2 招标控制价编制的内容

1. 分类分项工程量清单计价的编制

分类分项工程费应根据招标文件中的分类分项工程项目清单及有关要求,按《水利工程工程量清单计价规范》(GB 50501—2007) 有关规定确定单价计价。

(1) 分类分项工程量清单计价方式。分类分项工程量清单计价采用工程单价计价。工程单价是指完成工程量清单中一个质量合格的规定计量单位项目所需的直接费(包括人工费、材料费、机械使用费和季节、夜间、高原、风沙等原因增加的直接费)、施工管理费、企业利润和税金,并考虑风险因素。

一般情况下应按照招标文件的规定,根据招标项目涵盖的内容,编制人工费单价,主要材料预算价格,电、水、风单价,砂石料单价,块石、料石单价,混凝土配合比材料费,施工机械台时(班)费等基础单价,作为编制分类分项工程单价的依据。

(2) 分类分项工程量清单的工程单价。分类分项工程量清单的工程单价,应根据规范规定的工程单价组成内容,按招标设计文件、图纸、附录 A 和附录 B 中的"主要工作内容"确定,除另有规定外,对有效工程量以外的超挖、超填工程量,施工附加量,加工、运输损耗量等,所消耗的人工、材料和机械费用,均应摊入相应有效工程量的工程单价之内。

以该规范附录 A 和附录 B 中规定的工程量计算规则和相关条款说明计算的有效工程量作为工程量清单计价的依据。对于分类分项工程量清单的工程单价,应根据该规范规定的工程单价组成内容,按招标设计文件、图纸、附录 A 和附录 B 中的"主要工作内容"确定。除另有规定外,对有效工程量以外的超挖、超填工程量,施工附加量,加工、运输损耗量等,所消耗的人工、材料和机械费用,均应摊入相应有效工程量的工程单价之内。分类分项工程量清单项目的工程单价是有效工程量的单价,计算工程单价时,要将完成该工程量清单项目的有效工程量所需的全部费用,包括超挖、超填,施工附加量,操作损耗等所发生的费用,都摊入到有效工程量的工程单价中。

分类分项工程量清单项目的工程单价计算,可用下式表达:

$$工程单价 = \frac{\sum(组价项目工程量 \times 组价项目单位工程量直接费)}{清单项目工程量}$$
$$\times (1+施工管理费率) \times (1+利润率) \times (1+税率) \quad (7.1)$$

式中的所谓组价项目,是指完成清单项目过程中消耗资源的工作分项。

招标控制价编制时采用水利工程预算定额来计价,一个清单项目可能包括几个定额项目的工作内容,其中每一个定额项目就是一个组价项目。

如果采用实物量法计价,清单项目的组价项目可能是几组要消耗的实际资源。如某山坡土方开挖清单项目,根据施工场地条件、工期要求和施工组织设计,需要 4 组资源:2

台挖掘机、20台自卸汽车、1台推土机、3个现场施工人员。这4组资源就是这个清单项目的4个组价项目。根据经验计算需要各种机械的台时数量和人工工时数量，就是各组价项目的工程量，各种机械的台时费和人工工时费就是各组价项目的单位工程量直接费。将这些机械台时费、人工工时费、机械台时数、人工工时数以及管理费率、利润率和税率代入上式，计算式中分子所表示的清单项目的总费用，然后摊销到清单项目的工程量，得到清单项目的工程单价。

2. 措施项目费的编制

措施项目清单中所列的措施项目均以每一项为单位，以"项"列示，投标报价时，应根据招标文件的要求详细分析各措施项目所包含的工程内容和施工难度，编制合理的施工方案，据以确定其价格。

3. 其他项目费的编制

其他项目清单是指为保证工程项目施工，在该工程施工过程中难以量化，又可能发生的工程和费用，招标控制价编制时可按招标人要求的计算方法或估算金额计列的费用项目。

（1）暂列金额。暂列金额由招标人根据工程特点，按有关计价规定进行估算确定。为保证工程施工建设的顺利实施，在编制招标控制价时应对施工过程中可能出现的各种不确定因素对工程造价的影响进行估算，列出一笔暂列金额。暂列金额可根据工程的复杂程度、设计深度、工程环境条件（包括地质、水文、气候条件等）进行估算，一般可按分部分项工程费的10%～15%作为参考。

（2）暂估价。暂估价包括材料暂估价和专业工程暂估价。暂估价中的材料暂估价应按照工程造价管理机构发布的工程造价信息或参考市场价格确定；暂估价中的专业工程暂估价应分不同专业，按有关计价规定估算。

（3）计日工。计日工包括计日工人工、材料和施工机械。在编制招标控制价时，对计日工中的人工单价和施工机械台班单价应按省级、行业建设主管部门或其授权的工程造价管理机构公布的单价计算；材料应按工程造价管理机构发布的工程造价信息中的材料单价计算，工程造价信息未发布材料单价的材料，其价格应按市场调查确定的单价计算。

（4）总承包服务费。招标人应根据招标文件中列出的内容和向总承包人提出的要求，参照下列标准计算：

1）招标人仅要求对分包的专业工程进行总承包管理和协调时，按分包的专业工程估算造价的1.5%计算。

2）招标人要求对分包的专业工程进行总承包管理和协调，并同时要求提供配合服务时，根据招标文件中列出的配合服务内容和提出的要求，按分包的专业工程估算造价的3%～5%计算。

3）招标人自行供应材料的，按招标人供应材料价值的1%计算。

4. 零星工作项目报价

零星工作项目清单中的人工、材料、机械台时单价由招标控制价编制人根据招标文件要求分析确定。其单价的内涵不仅包含基础单价，还有辅助性消耗的费用，如工人所用的工器具使用费、工人需进行的辅助性工作、相应要消耗的零星材料、相配合要消耗的辅助机械等。另外，对零星工作按预计准备的用量可能与将来实际发生的有较大的差异，有引起成本增加的风险。所以，相同工种的人工、相同规格的材料和机械，零星工作项目的单价应高于基础单价，但不应违背工作实际和有意过分放大风险程度。

7.3.5.3 招标控制价编制的注意事项

（1）招标控制价的作用决定了招标控制价不同于标底，无须保密。为体现招标的公平、公正，防止招标人有意抬高或压低工程造价，招标人应在招标文件中如实公布招标控制价，不得对所编制的招标控制价进行上浮或下调。招标人在招标文件中公布招标控制价时，应公布招标控制价各组成部分的详细内容，不得只公布招标控制价总价。同时，招标人应将招标控制价报工程所在地的工程造价管理机构备查。

（2）投标人经复核认为招标人公布的招标控制价未按照《建设工程工程量清单计价规范》（GB 50500—2013）的规定进行编制的，应在开标前5天向招投标监督机构或（和）工程造价管理机构投诉。招投标监督机构应会同工程造价管理机构对投诉进行处理，发现确有错误的，应责成招标人修改。

（3）采用的材料价格应是工程造价管理机构通过工程造价信息发布的材料价格，工程造价信息未发布材料单价的材料，其材料价格应通过市场调查确定。另外，未采用工程造价管理机构发布的工程造价信息时，需在招标文件或答疑补充文件中对招标控制价采用的与造价信息不一致的市场价格予以说明，采用的市场价格则应通过调查、分析确定，有可靠的信息来源。

（4）施工机械设备的选型直接关系到综合单价水平，应根据工程项目特点和施工条件，本着经济实用、先进高效的原则确定。

（5）应该正确使用水利工程预算定额与相关文件。

（6）不可竞争的措施项目和规费、税金等费用的计算均属于强制性的条款，编制招标控制价时应按国家有关规定计算。

7.3.6 标底

标底是招标人对招标工程的预测价格。标底由招标人自行编制或委托经有关部门批准的具有编制标底资格和能力的中介机构代理编制。一个招标项目只能有一个标底，标底必须保密。招标项目设有标底的，招标人应当在开标时公布。标底只能作为评标的参考，不得以投标报价是否接近标底作为中标条件，也不得以投标报价超过标底上下浮动范围作为否决投标的条件。

7.3.6.1 标底的编制依据

（1）招标人提供的招标文件，包括商务条款、技术条款、图纸以及招标人对已发出的招标文件进行澄清、修改或补充的书面资料等。

（2）现场勘察资料。

（3）批准的初步设计概算或修正概算。

（4）国家及地区颁发的现行工程定额及取费标准（规定）。

（5）设备及材料市场价格。

（6）施工组织设计或施工规划。

7.3.6.2 标底的编制程序

1. 准备阶段

(1) 项目初步研究。为了编制出准确、真实、合理的标底，必须认真阅读招标文件和图纸，尤其是招标文件商务条款中的投标人须知、专用合同条款、工程量清单及说明，技术条款中的施工技术要求、计量与支付及施工材料要求，招标人对已发出的招标文件进行澄清、修改或补充的书面资料等，这些内容都与标底的编制有关，必须认真分析研究。

工程量清单说明及专用合同条款，规定了该招标项目编制标底的基础价格、工程单价和标底总价时必须遵照的条件。

(2) 现场勘察。通过现场勘察，了解工程布置、地形条件、施工条件、料场开采条件、场内外交通运输条件等。

(3) 编写标底编制工作大纲。

1) 标底编制原则和依据。

2) 计算基础价格的基本条件和参数。

3) 计算标底工程单价所采用的定额、标准和有关取费数据。

4) 编制、校审人员安排及计划工作量。

5) 标底编制进度及最终标底的提交时间。

(4) 调查、搜集基础资料。搜集工程所在地的劳资、材料、税务、交通等方面资料，向有关厂家搜集设备价格资料；搜集工程中所应用的新技术、新工艺、新材料的有关价格计算方面的资料。

2. 编制阶段

(1) 计算基础单价。基础单价包括人工预算单价、材料预算价格、施工用电风水单价、砂石料预算价格、施工机械台时费以及设备预算价格等。

(2) 分析取费费率、确定相关参数。

(3) 计算标底工程单价。根据施工组织设计确定的施工方法，计算标底工程单价。工程单价的取费，通常包括其他直接费、现场经费、间接费、利润及税金等，应参照现行水利工程建设项目设计概（估）算的编制规定，结合招标项目的工程特点，合理选定费率。税金应按现行规定计取。

(4) 计算标底的建安工程费及设备费。要注意临时工程费用的计算与分摊。临时工程费用在概算中主要由三部分组成：①单独列项部分，如导流、道路、房屋等；②含在其他临时工程中的部分，如附属企业、供水、通信等；③含在现场经费中的临时设施费。在标底编制时应根据工程量清单及说明要求，除单独列项的临时工程外，其余均应包括在工程单价中。

3. 汇总阶段

(1) 汇总标底。按工程量清单格式逐项填入工程单价和合价，汇总分组工程标底合价和标底总价。

(2) 分析标底的合理性。明确招标范围，分析本次招标的工程项目和主要工程量，并与初步设计的工程项目和工程量进行比较，再将标底与审批的初步设计概算作比较分析，分析标底的合理性，调整不合理的单价和费用。

广义的标底应包括标底总价和标底的工程单价。标底总价和标底的工程单价所包括的内容、计算依据和表现形式，应严格按招标文件的规定和要求编制。

通常标底工程单价将其他临时工程的费用摊入工程单价中，这与初设概算单价组成内容是不同的；标底总价包括的工程项目和费用也与概算不同。在进行标底与概算的比较分析时应充分考虑这些不同之处。

7.3.6.3 标底文件组成

标底文件一般由标底编制说明和标底编制表格组成。

1. 标底编制说明

（1）工程概况。

（2）主要工程项目及标底总价。

（3）编制原则、依据及编制方法。

（4）基础单价。

（5）主要设备价格。

（6）标底取费标准及税、费率。

（7）需要说明的其他问题。

2. 标底编制表格

（1）表1　工程施工招标分组标底汇总表。

（2）表2　分组工程标底计算表。

（3）附表1　工程单价分析表。

（4）附表2　总价承包项目分解表。

（5）附表3　人工预算单价计算表。

（6）附表4　主要材料（设备）预算价格汇总表。

（7）附表5　施工机械台时费汇总表。

（8）附表6　混凝土、砂浆材料单价计算表。

（9）附表7　施工用水、电价格计算表。

（10）附表8　应摊销临时设施费计算表。

（11）附表9　主要材料用量汇总表。

（12）其他表格。

考虑招标人的特殊要求，根据具体情况确定需增加的表格。根据需要可增列概算与标底工程量对比表、工程单价对比表等。

任务7.4　水利工程投标

7.4.1　投标程序

1. 编制投标文件

投标文件应按招标文件要求编制，未响应招标文件实质性要求的作无效标处理。

投标文件格式要求如下：

（1）投标文件签字盖章要求：投标文件正本除封面、封底、目录、分隔页外的其他每一页必须加盖投标人单位章并由投标人的法定代表人或其委托代理人签字。

（2）投标文件份数要求正本1份，副本4份。

（3）投标文件用A4纸（图表页除外）装订成册，编制目录和页码，并不得采用活页夹装订。

（4）投标人应按招标文件"工程量清单"的要求填写相应表格。

投标人在投标截止时间前修改投标函中的投标总报价，应同时修改"工程量清单"中的相应报价，并附修改后的单价分析表（含修改后的基础单价计算表）或措施项目表（临时工程费用表）。

2. 递交投标保证金

投标人在递交投标文件的同时，应按招标文件规定的金额、形式和"投标文件格式"规定的投标保证金格式递交投标保证金，并作为其投标文件的组成部分。

投标保证金一般不超过合同估算价的2%，但最高不得超过80万元。

投标保证金提交的具体要求如下：

（1）以现金或者支票形式提交的投标保证金应当从其基本账户转出。

（2）联合体投标的，其投标保证金由牵头人递交，并应符合招标文件的规定。

（3）投标人不按要求提交投标保证金的，其投标文件作无效标处理。

（4）招标人与中标人签订合同后5个工作日内，向未中标的投标人和中标人退还投标保证金及相应利息。

（5）投标保证金与投标有效期一致。投标人在规定的投标有效期内撤销或修改其投标文件，或中标人在收到中标通知书后，无正当理由拒签合同协议书或未按招标文件规定提交履约担保的，投标保证金将不予退还。

3. 递交投标文件

投标人应在投标截止时间前，将密封好的投标文件向招标人递交。投标文件密封不符合招标文件要求的或逾期送达的，将不被接受。

投标人应当向招标人索要投标文件接受凭据，凭据的内容包括递（接）受人、接受时间、接受地点、投标文件密封标识情况、投标文件密封包数量。

4. 投标文件的撤回和撤销

（1）撤回。投标截止时间前，投标人可以撤回已经提交的投标文件。投标人撤回已提交的投标文件，应当在投标截止时间前书面通知招标人。招标人已收取投标保证金的，应当自收到投标人书面撤回通知之日起5日内退还。

（2）撤销。投标截止时间后，投标人不得撤销投标文件。投标截止时间后投标人撤销投标文件的，招标人可以不退还投标保证金。

5. 按评标委员会要求澄清和补正投标文件

评标过程中，评标委员会可以书面形式要求投标人对所提交的投标文件进行书面澄清或说明，或者对细微偏差进行补正。

投标人澄清和补正投标文件应遵守下述规定：

（1）投标人不得主动提出澄清、说明或补正。

（2）澄清、说明和补正不得改变投标文件的实质性内容（算术性错误修正的除外）。

（3）投标人的书面澄清、说明和补正属于投标文件的组成部分。

（4）评委员会对投标人提交的澄清、说明或补正仍有疑问时，可要求投标人进一步澄清、说明或补正的，投标人应予配合。

（5）投标人拒不按照评标委员会的要求进行书面澄清或说明的，其投标文件按无效标处理。

6. 遵守投标有效期约束

水利工程施工招标投标有效期一般为 56 天。在招标文件规定的投标有效期内，投标人不得要求撤销或修改其投标文件。定标应当在投标有效期内完成，如果不能在投标有效期内完成的，招标人应当通知所有投标人延长投标有效期。拒绝延长投标有效期的投标人有权收回投标保证金。同意延长投标有效期的投标人应当相应延长其投标担保的有效期，但不得修改投标文件的实质性内容。因延长投标有效期造成投标人损失的，招标人应当给予补偿，但因不可抗力需延长投标有效期的除外。

7.4.2 投标文件的组成

投标文件应包括下列内容：

（1）投标函及投标函附录。

（2）法定代表人身份证明或附有法定代表人身份证明的授权委托书。

（3）联合体协议书。

（4）投标保证金。

（5）已标价工程量清单。

（6）施工组织设计。

（7）项目管理机构。

（8）拟分包项目情况表。

（9）资格审查资料。

（10）投标人须知前附表规定的其他材料。

7.4.3 投标报价的编制

7.4.3.1 投标报价的编制依据

（1）招标文件、招标工程量清单及其补充通知、答疑纪要。

（2）投标人对招标项目价格的预期。

（3）施工现场情况、工程特点及投标时拟定的施工组织设计或施工方案。

（4）市场价格信息或工程造价管理机构发布的工程造价信息。

（5）《水利工程工程量清单计价规范》（GB 50501—2007）。

（6）企业定额、企业管理水平，或参考国家或省级、行业建设主管部门颁发的定额和相关规定。

（7）与建设项目相关的标准、规范、技术资料。

（8）其他相关资料。

7.4.3.2 投标报价编制基本流程

报价编制流程为投标程序的一部分，具体流程如下。

1. 勘察现场、参加标前会了解当地材料价格信息

材料价格的来源有两种主要方式：一是从当地造价部门购买造价信息；二是直接询价。建议先购买造价信息，可以获得常规材料的价格，然后对一些随市场波动较大的材料再单独询价，如柴油、钢筋、水泥等。

2. 阅读、理解招标文件

在报价编制之前，首先要认真阅读、理解招标文件，包括商务条款、技术条款、图纸及补遗文件，并对招标文件中有疑问的地方以书面形式向招标单位去函要求澄清。

3. 确定报价编制原则

首先要确定该工程项目的报价编制原则，即选用何种定额及取费费率等问题。如招标文件对定额及取费费率有要求，就按招标文件要求进行编制；一般情况下对定额的选取及取费费率不作明确要求，可根据企业经验及习惯来确定定额及取费费率的选取。有企业定额的投标人可以依据企业定额进行报价，以便增加报价竞争优势。

4. 询价和基础价格的确定

（1）询价。询价是投标报价的一个非常重要的环节。在报价前必须通过各种渠道，采用各种方式对所需人工、材料、施工机具等要素进行系统的调查，掌握各要素的价格、质量、供应时间、供应数量等数据，这个过程称为询价。例如，材料询价的内容包括调查对比来源地、材料价格、供应数量、运输方式、保险和有效期、不同买卖条件下的支付方式等。询价除需要了解生产要素价格外，还应了解影响价格的各种因素，这样才能够为报价提供可靠的依据。

（2）基础价格的确定。在确定了报价的编制原则后，需要确定报价的基础价格。基础价格包括人工预算单价和风、水、电及材料预算单价。人工预算单价可由编制原则的具体规定及计算方法来确定，风、水、电预算单价也可由编制原则规定的计算方法结合施工方案来计算而得。材料预算单价则需根据材料的来源确定原价（如果为业主供应材料，业主供应价作为原价），并计入运杂费、采购及保管费等费用。

5. 复核工程量

工程量清单作为招标文件的组成部分，是由招标人提供的。工程量的大小是投标报价最直接的依据。复核工程量的准确程度，将影响投标人将来中标后的经营行为：一是根据复核后的工程量与招标文件提供的工程量之间的差距，从而考虑相应的投标策略，决定报价尺度；二是根据工程量的大小采取合适的施工方案，选择适用、经济的施工机械设备、投入使用相应的劳动力数量等。

6. 制定施工方案

（1）施工方案是编制报价的基础。投标报价中主体工程的单价、各临时工程的总价、各项独立费用的选取，都离不开选择的施工方案。主体工程因其工程量大，其施工单价与施工总组织、施工机构配置、施工工艺流程密切相关，更应高度重视。

（2）施工方案要体现施工特性的要求。在研究招标文件时，应了解工程特性与相关的施工特性。制订施工方案时，要体现两者的紧密关联性。对于投标人源于现有机械装备状况并具备优势的"习惯性"施工方法，只要满足招标文件的质量、工期的要求，也可以选用。

(3) 施工方案应采用成熟技术和落实的机械配置。制订施工方案要确保中标后能顺利组织实施，相应的报价是可行的。采用成熟的技术与落实的机械配置是为了减少施工风险与报价风险。编制投标文件时不可能对诸多施工方案进行优化比选；也不可能对施工总组织的相关内容全部涉及。在内容上应着重对主体工程进行叙述，附属设施仅提出规模、生产能力指标及总体布置、工艺流程即可。

7. 报价的编制及调整

在上述工作全部完成之后，下一步就可对具体的单价进行编制，由于一般编标时间较短，加上单价的计算工作比较繁复，为提高效率及计算的准确度，现一般采用计算机程序进行报价的编制。只需将基础价格及材料价输入程序，选取相应的费率后，直接从程序中调用定额并自动计算，还可根据需要对报价进行调整。

8. 标书报价的形成

上述计算工作全部完成后，可对报价进行汇总，并完成招标文件要求的所有报价附录及表格，经检验校对无误后即可形成标书报价。

9. 投标前修改报价的编制

在递交标书的截止时间前，如投标单位认为有必要对投标报价进行调整，可以通过修改报价书、降价函、调价函等方式来对总价进行调整，招标文件中明确注明不允许调价的除外。一般要求随调价函附上调价后的工程量清单（含单价分析表）。

7.4.3.3 投标报价的编制方法

投标报价按招标文件给定的计价方法和计价格式进行报价编制和计算。水利工程在招投标阶段按《水利工程工程量清单计价规范》（GB 50501—2007）的规定要求投标人按工程量清单计价方法进行报价。各项目清单的报价方法如下：

1. 分类分项工程报价

(1) 分类分项工程量清单计价方式。分类分项工程量清单计价采用工程单价计价。一般情况下投标人应按照招标文件的规定，根据招标项目涵盖的内容和自身的经营环境，采用自己的企业定额编制人工费单价，主要材料预算价格，电、水、风单价，砂石料单价，块石、料石单价，混凝土配合比材料费，施工机械台时（班）费等基础单价，作为编制分类分项工程单价的依据。

(2) 分类分项工程量清单的工程单价计算。分类分项工程量清单的工程单价，应根据招标文件给定的"主要工作内容"和"主要技术条款"确定工程单价组成内容，按企业定额或水利工程预算定额，并将有效工程量以外的超挖、超填工程量，施工附加量，加工、运输损耗量等，所消耗的人工、材料和机械费用，均摊入相应有效工程量的工程单价之内。

分类分项工程量清单项目的工程单价是有效工程量的单价，具体计算方法与招标控制价相同，计算公式见式（7.1）。

2. 措施项目报价

措施项目报价的方法同招标控制价。投标人在报价时不得增删招标人提出的措施项目清单，投标人若有疑问，必须在招标文件规定的时间内向招标人进行书面澄清。

3. 其他项目报价

其他项目报价按招标人要求的计算方法或估算金额计列的费用项目。

4. 零星工作项目报价

零星工作项目报价方法同招标控制价的方法。

7.4.3.4 投标报价的策略

报价技巧是指在投标报价中采用一定的手法或技巧使招标人可以接受，而中标后又能获得更多的利润。常用的投标报价技巧主要有：

1. 投标报价高报

下列情形可以将投标报价高报：

(1) 施工条件差的工程。

(2) 专业要求高且公司有专长的技术密集型工程。

(3) 合同估算价低，自己不愿做、又不方便不投标的工程。

(4) 风险较大的特殊的工程。

(5) 工期要求急的工程。

(6) 投标竞争对手少的工程。

(7) 支付条件不理想的工程。

2. 投标报价低报

下列情形可以将投标报价低报：

(1) 施工条件好、工作简单、工程量大的工程。

(2) 有策略开拓某一地区市场。

(3) 在某地区面临工程结束，机械设备等无工地转移时。

(4) 本公司在待发包工程附近有项目，而本项目又可利用该工程的设备、劳务，或有条件短期内突击完成的。

(5) 投标竞争对手多的工程。

(6) 工期宽松的工程。

(7) 支付条件好的工程。

3. 不平衡报价

一个工程项目总报价基本确定后，可以调整内部各个项目的报价，以期既不提高总报价、不影响中标，又能在结算时得到更理想的经济效益。一般可以考虑在以下几方面采用不平衡报价：

(1) 能够早日结账收款的项目（如临时工程费、基础工程、土方开挖等）可适当提高。

(2) 预计今后工程量会增加的项目，单价适当提高。

(3) 招标图纸不明确，估计修改后工程量要增加的，可以提高单价；而工程内容解说不清楚的，则可适当降低一些单价，待澄清后可再要求提价。

采用不平衡报价一定要建立在对工程量表中工程量仔细核对分析的基础上，特别是对报低单价的项目，如工程量执行时增多将造成承包商的重大损失；不平衡报价过多和过于明显，可能会导致报价不合理等后果。

拓 展 思 考 题

一、单项选择题

1. 招标文件的发售期，最短不得少于（　　）。
   A. 5 日　　　　　B. 5 个工作日　　　C. 7 日　　　　　D. 7 个工作日

2. 根据《水利工程建设项目招标投标管理规定》（水利部令第 14 号），评标委员会中专家（不含招标人代表）人数不得少于成员总数的（　　）。
   A. 3/4　　　　　B. 5/6　　　　　　C. 7/8　　　　　D. 2/3

3. 投标人在递交投标文件的同时，应当递交投标保证金。招标人与中标人签订合同后至多（　　）个工作日内，应向中标人和未中标人退还投标保证金及相应利息。
   A. 5　　　　　　B. 7　　　　　　　C. 10　　　　　　D. 14

4. 水利工程建设项目招标分为（　　）。
   A. 公开招标、邀请招标和议标　　　B. 公开招标和议标
   C. 邀请招标和议标　　　　　　　　D. 公开招标和邀请招标

5. 工程量清单应由（　　）提供。
   A. 政府部门　　　B. 监理单位　　　C. 招标人　　　　D. 投标人

6. 甲、乙、丙三个单位拟组成联合体参加某泵站土建标投标，并授权甲单位作为牵头人代表所有联合体成员负责投标和合同实施阶段的工作，那么该联合体向招标人提交的授权书应由（　　）的法定代表人签署。
   A. 甲　　　　　　B. 甲、乙　　　　C. 乙、丙　　　　D. 甲、乙、丙

7. 根据《水利工程建设项目招标投标管理规定》（水利部令第 14 号），招标人对已发出的招标文件进行必要澄清或者修改的，应当在招标文件要求提交投标文件截止日期至少（　　）日前，以书面形式通知所有投标人。
   A. 7　　　　　　B. 10　　　　　　C. 15　　　　　　D. 14

8. 根据《水利工程建设项目招标投标管理规定》（水利部令第 14 号），依法必须进行招标的项目，自招标文件发售之日起至投标人提交投标文件截止之日止，最短不应少于（　　）。
   A. 15 日　　　　B. 20 日　　　　　C. 25 日　　　　　D. 30 日

9. 根据《水利工程建设项目招标投标管理规定》（水利部令第 14 号），自中标通知书发出之日起（　　）内，招标人和中标人应当按照招标文件和中标人的投标文件订立书面合同，中标人提交履约保函。
   A. 15 日　　　　B. 20 日　　　　　C. 25 日　　　　　D. 30 日

二、多项选择题

1. 某水闸加固改造工程土建标共有甲、乙、丙、丁（其中丁为戊单位与戌单位组成的联合体）四家潜在投标人购买了资格预审文件，经审查乙、丙、丁三个投标人通过了资格预审，那么可以参加该土建标投标的单位包括（　　）等。
   A. 甲　　　B. 乙　　　C. 丁　　　D. 戊　　　E. 戌

2. 依法必须招标的项目中，下列情形中必须公开招标的有（　　）。

A. 国家重点水利项目

B. 地方重点水利项目

C. 全部使用国有资金投资的水利项目

D. 国有资金投资占控股或者主导地位的水利项目

E. 受自然环境限制，只有少量潜在投标人可供选择

3. 根据《工程建设项目施工招标投标办法》（国家八部委局第 30 号令），应当公开招标的工程施工，经批准可以进行邀请招标的情形包括（　　）等。

A. 项目技术复杂或有特殊要求，只有少量几家潜在投标人可供选择的

B. 受自然地域环境限制的

C. 涉及国家安全、国家秘密等，适宜招标但不宜公开招标的

D. 拟公开招标的费用与项目的价值相比，是不值得的

E. 招标人认为进行邀请招标更为合适的

4. 根据《必须招标的工程项目规定》，勘察、设计、施工、监理以及与工程建设有关的重要设备、材料等的采购达到（　　）标准的，必须招标。

A. 施工单项合同估算价在 400 万元人民币以上

B. 重要设备、材料等货物的采购，单项合同估算价在 200 万元人民币以上

C. 勘察、设计、监理等服务的采购，单项合同估算价在 100 万元人民币以上

D. 施工单项合同估算价在 200 万元人民币以上

E. 勘察、设计、监理等服务的采购，单项合同估算价在 50 万元人民币以上

5. 符合下列情况的水利工程项目，（　　）必须招标。

A. 关系社会公共利益的滩涂治理、水土保持、水资源保护等水利工程建设项目

B. 关系社会公共安全的防洪、排涝、灌溉、水力发电、引水供水等水利工程建设项目

C. 使用国有资金投资的水利工程建设项目

D. 使用国家融资的水利工程建设项目

E. 使用外国政府贷款、援助资金的水利工程建设项目

6. 根据《工程建设项目施工招标投标办法》（国家八部委局第 30 号令），依法必须进行公开招标的项目，有下列（　　）情形之一的，可以不进行施工招标。

A. 项目技术复杂或有特殊要求，或者受自然地域环境限制，只有少量潜在投标人可供选择

B. 施工主要技术采用不可替代的专利或者专有技术

C. 采用公开招标方式的费用占项目合同金额的比例过大

D. 已通过招标方式选定的特许经营项目投资人依法能够自行建设

E. 采购人依法能够自行建设

三、判断题

1. 依法必须进行招标的项目，其招标投标活动不受地区或者部门的限制。（　　）

2. 招标项目按照国家有关规定需要履行项目审批手续的，应当先履行审批手续，取

得批准。（　　）

3. 招标分为公开招标、邀请招标和询价。（　　）

4. 依法必须进行招标的项目，招标人自行办理招标事宜的，应当向有关行政监督部门备案。（　　）

5. 招标人采用公开招标方式的，应当发布招标公告。依法必须进行招标的项目的招标公告，应当通过相关报刊、信息网络或者其他媒介发布。（　　）

6. 招标人采用邀请招标方式的，可以向三个以上具备承担招标项目的能力、资信良好的特定的法人或者其他组织发出投标邀请书。（　　）

7. 招标人不得以不合理的条件限制或者排斥潜在投标人，不得对潜在投标人实行歧视待遇。（　　）

8. 投标人应当按照招标文件的要求编制投标文件。投标文件应当对招标文件提出的实质性要求和条件作出响应。（　　）

9. 投标人应当在招标文件要求提交投标文件的截止时间前，将投标文件送达投标地点。招标人收到投标文件后，应当签收保存并开启。（　　）

10. 在确定中标人前，招标人不得与投标人就投标价格、投标方案等实质性内容进行谈判。（　　）

四、简答题

1. 简述水利工程工程量清单的组成、分类分项工程量清单的项目编码组成。
2. 简述工程量清单计价的组成、工程量清单计价格式。
3. 简述水利工程招标的范围、规模、方式和程序。
4. 简述水利工程招标文件的组成、招标控制价和标底的确定。
5. 简述水利工程投标程序、投标文件的组成、投标报价的编制。

项目 8

水利工程计价软件应用

学习目标：掌握水利工程计价软件的功能和操作，能够看懂和编制简单的概预算文件。

任务 8.1　水利计价软件概述

8.1.1　水利计价软件的编制原理

"青山.NET 水利计价软件"是以《水利建筑工程概算定额》《水利建筑工程预算定额》《水利水电设备安装工程预算定额》《水利水电设备安装概算定额》《水利工程施工机械台时费定额》和 2002 年颁布的《水利工程设计概（估）算编制规定》为依据来配套开发的，软件采用"工程量清单"的计价方式，计算步骤如图 8.1 所示。

8.1.2　软件安装和运行

1. 系统安装

确定的硬件配置已就位，便可以开始安装软件了。在安装之前要确定硬盘上有足够的自由空间，《青山.NET 水利计价软件》及相关文件将占用 100M 左右的硬盘空间。在安装之前，最好先关闭所有的应用程序。

安装步骤如下：

（1）将本软件的安装盘放入驱动器中，找到安装文件 Setup.exe。

（2）执行该安装程序，出现如图所示界面，点击"下一步"，直到完成。

点"下一步"，出现图 8.2、图 8.3 所示的界面，选择您要安装的位置。

点"下一步"，出现图 8.4 所示界面，选择青山计价软件出现在"开始"-"程序"中的名称。

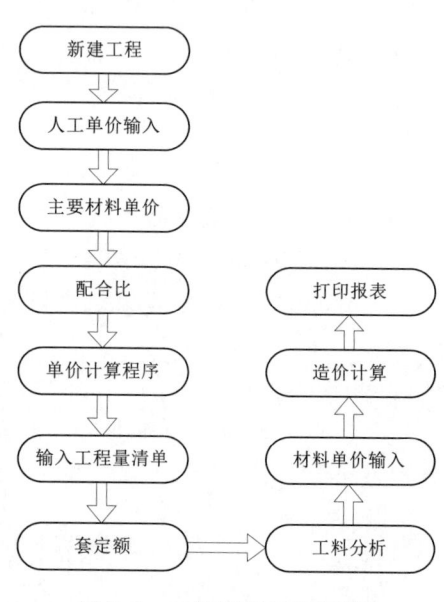

图 8.1　工程预算流程示意图

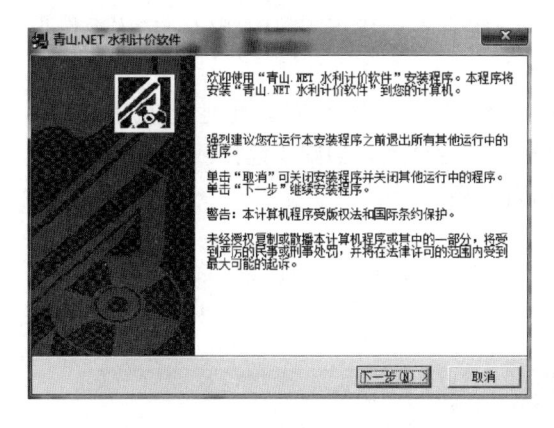

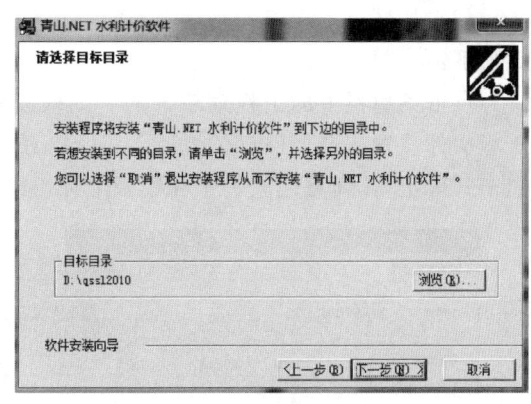

图 8.2　软件安装

图 8.3　选择安装目录

点"下一步",出现图 8.5 所示界面,开始进行程序安装:

图 8.4　软件名称输入

图 8.5　安装进程

点击最后的完成按钮,系统安装完成。

2. 运行系统

正确地安装本系统后,便可以按以下步骤启动系统:

(1) 如果有锁,确保已将该加密锁正确地插在计算机的 USB 端口上。

(2) 打开计算机,进入 Windows 操作系统。

(3) 双击桌面上的"青山.NET 水利计价软件"图标,即可成功启动"青山.NET 水利计价软件"。

8.1.3　功能菜单

"青山.NET 水利计价软件"作为青山系列软件中的新产品,以其方便的操作和专业的功能为使用者带来水利工程造价计算的全新体验。

1. 工程菜单

(1) 新建工程。点击工程菜单下的"新建"或"新建工程"图标,即可弹出新建工程窗口(图 8.6),点"浏览"选择工程保存路径、输入工程名称,选择工程类型,点"确定"。

(2) 从模板中新建。新建工程时，还可以从已经存在的模板工程中新建，具体操作步骤如下：

点击菜单栏上的工程菜单下的"工程模板选择"窗口（图 8.7），此时会让用户选择工程文件位置，选择保存位置后，将会打开选择模板对话框，如图，选择一个模板工程后点击"确定"，即可建立一个和模板工程一样的新工程。

图 8.6　新建工程

图 8.7　从模板中新建

(3) 打开工程。选择电脑上已有的"工程"文件，点击"工程"菜单下面的"打开"子菜单（图 8.8）。

(4) 最近打开的工程。点击菜单上的"工程"，将鼠标放在"最近打开的工程"，系统将自动列出最近打开过的工程文件，点击所需要打开的工程，即可将该工程载入软件。

图 8.8　打开功能

(5) 关闭工程。关闭用户当前正在编辑的工程：点击"工程"下的"关闭"按钮，即可关闭当前正在编辑的工程（图 8.9）。

全部关闭：关闭当前软件所有打开的工程，点击菜单栏上的"全部关闭"。

(6) 工程合并。可多人协作完成同一工程。如工程太大，清单项目太多，可多人分开做同一个，最后合并为一个完整工程（图 8.10）。

(7) 保存。保存用户当前所使用的工程：点击"工程"菜单下的"保存"功能，即可实现将当前工程文件保存到文件夹内。

保存当前软件所打开的所有工程：点击"工程"菜单栏下的"全部保存"按钮，即可将当前软件所打开的所有工程进行保存。

(8) 保存为模板。将当前所编辑的工程保存为模板：点击"工程"菜单栏下的"保存为模板"按钮，将弹出如下对话框，输入工程模板的名字后点击"确定"，即可将当前工程保存为模板，如需下

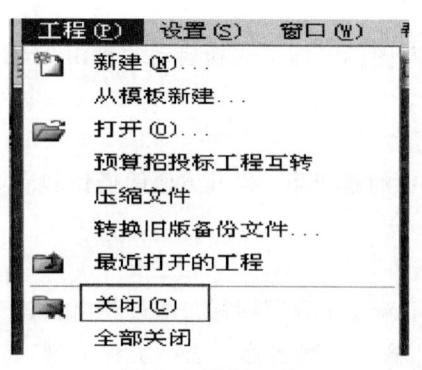

图 8.9　关闭工程

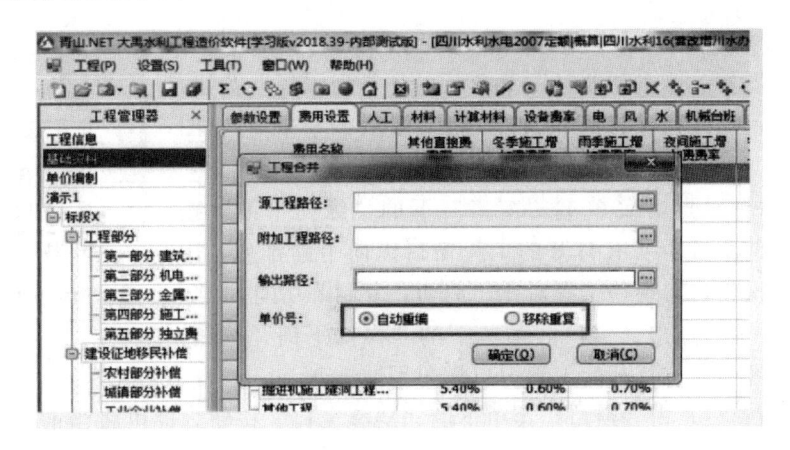

图 8.10　工程合并

次建立相同的工程，即可从模板中建立（图 8.11）。

(9) 另存为。将工程存到其他指定的位置，作为工程副本：

点击"工程"菜单栏下的"另存为"，系统会让用户选择另存为的工程文件位置，用户选择后点击"保存"，则该工程的文件就会保存到用户选择的位置。

图 8.11　保存为模板

(10) 备份为。将当前工程备份：点击"工程"菜单下的"备份为"，系统会让用户选择工程备份文件的保存位置，用户选择后，即可完成工程的备份。

注：建议用户做好工程的备份工作，以免发生意外情况（如电脑故障等）造成不必要的损失，也可以通过备份将需要修改的工程保存多个副本，修改时可以选择不同阶段的工程使用。

(11) 退出。点击菜单上"工程"下的"退出"按钮，即可退出软件。

2. 设置菜单

(1) 自动保存。点击"自动保存"按钮可以对软件自动保存的时间间隔进行设置（图 8.12）。

(2) 显示字体。点击"显示字体"可以对软件界面中的默认字体进行设置（图 8.13）。

图 8.12　自动保存　　　　图 8.13　显示字体

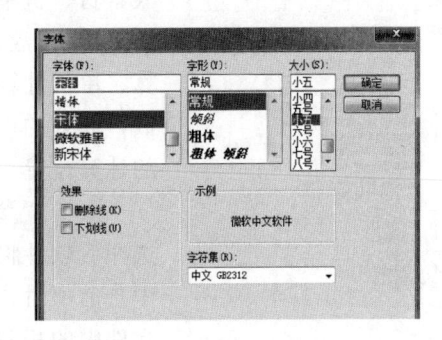

3. 窗口菜单

（1）排列图标。点击"窗口"菜单下的"排列图标"按钮，即可将当前系统中所有打开的工程窗口按照图标排列（图 8.14）。

1）纵向平铺。点击菜单上"窗口"下的"纵向平铺"按钮，即可将当前系统中所有打开的工程窗口纵向平铺排列，用于多工程对照操作，实现跨工程对比、剪切、复制等功能。

2）横向平铺。点击"窗口"菜单下的"横向平铺"按钮，即可将当前系统中所有打开的工程窗口横向平铺排列。

图 8.14　排列图标

3）层叠窗口。点击"窗口"菜单下的"层叠窗口"按钮，即可将当前系统中所有打开的工程窗口重叠排列。

（2）快速切换。点击"窗口"菜单下面"快速切换"命令，在软件功能菜单条下方会新增加一条工具条，如图 8.15 所示，此项功能有助于用户在同一个软件界面里面快速切换多个不同工程。

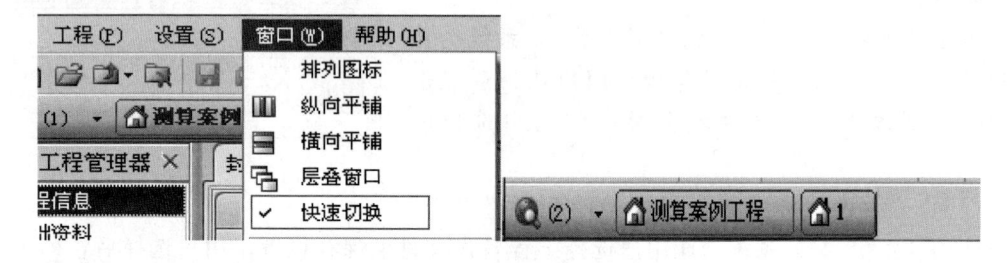

图 8.15　快速切换

8.1.4　工程操作界面

工程管理器界面如图 8.16 所示。

（1）工程信息。分为工程基本信息、编制说明、填表须知几项，只需要按实际情况填写相关内容即可，编制说明和填表须知，可以从 Office 文档进行复制粘贴，也可以保存和调用模板。

图 8.16　工程管理器

（2）基础资料。进行当前工程的参数设置，费用设置，人、材、机单价的输入及计算。

1）参数设置。参数设置中的内容，涉及人工单价计算、单价计算程序、独立费用等各种费用计算时的公共参数，此处的设置项会自动将设置的参数值分别传递到对应的计算位置。

点击"参数设置"，按工程实际情况选择相应的内容，选择后软件将以此选项作为计算基础，参数设置中鼠标点中当前项时，下方的参数说明中会显示该项内容在编规及文件中的相关依据，供用户查阅。

2）费用设置。点击"费用设置"，按照参数设置中的选择项,列出了与参数相对应的各项默认值(图 8.17)。

图 8.17 费用设置

如参数设置中"冬季气温区"选择的"不取",在费用设置中,冬季施工增加费便无数据。费用设置中的各项费率值,用户可手动修改,单个修改直接点中就可修改,批量修改时,请使用块操作,然后选择设置费率(图 8.18)。

图 8.18 参数设置

3) 人工费设置。人工费根据基础资料里的工程类别和艰苦地区类别选择来设置或者直接输入(图 8.19)。

图 8.19 人工费设置

4) 材料。材料设置窗口增加过滤功能(图 8.20),在过滤栏对应列位置输入需要查找的材料名称(或者拼音开头字母)即可,此功能同 Excel 中的过滤功能操作。

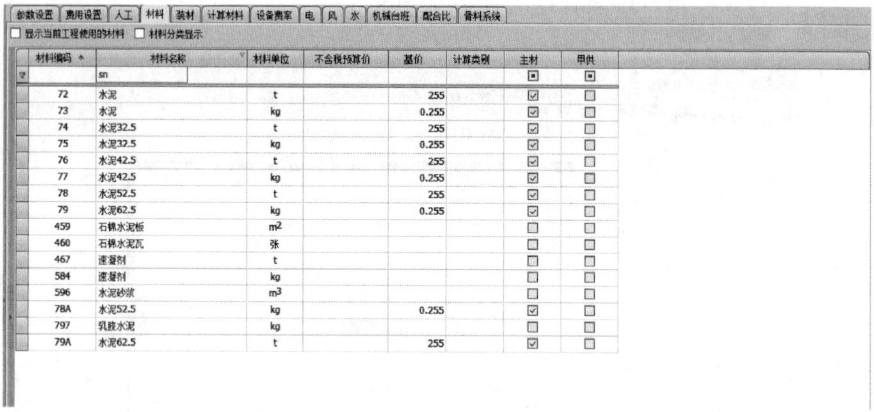

参数设置 | 费用设置 | 人工 | 材料 | 装材 | 计算材料 | 设备费率 | 电 | 风 | 水 | 机械台班 | 配合比 | 骨料系统

☐ 显示当前工程使用的材料 ☐ 材料分类显示

材料编码	材料名称	材料单位	不含税预算价	基价	计算类别	主材	甲供
	sn						
72	水泥	t		255		☑	☐
73	水泥	kg		0.255		☑	☐
74	水泥32.5	t		255		☑	☐
75	水泥32.5	kg		0.255		☑	☐
76	水泥42.5	t		255		☑	☐
77	水泥42.5	kg		0.255		☑	☐
78	水泥52.5	t		255		☑	☐
79	水泥62.5	kg		0.255		☑	☐
459	石棉水泥板	m^2				☐	☐
460	石棉水泥瓦	张				☐	☐
467	速凝剂	t				☐	☐
584	速凝剂	kg				☐	☐
596	水泥砂浆	m^3				☐	☐
78A	水泥52.5	kg		0.255		☑	☐
797	乳胶水泥	kg				☐	☐
79A	水泥62.5	t		255		☑	☐

图 8.20 材料费设置

材料单价如果是建立营改增的版本可以直接输入（不含税的预算价），也可以进行计算得出材料价格，注意有限价的材料，限价不要修改。

对材料来源的选择以及只显示当前工程用到的材料（图 8.21）。

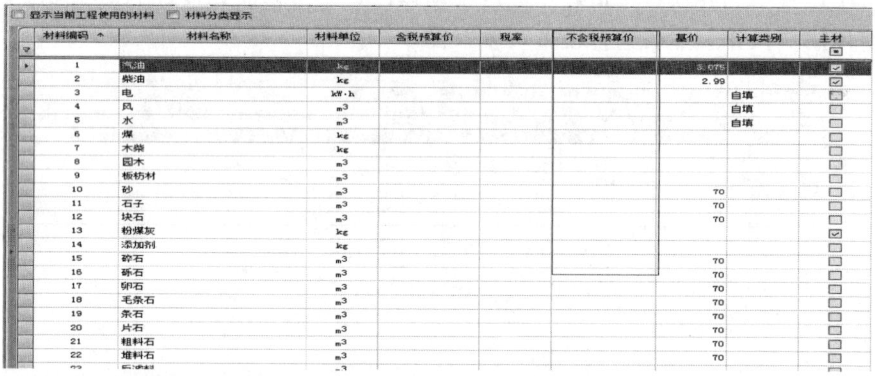

☐ 显示当前工程使用的材料 ☐ 材料分类显示

材料编码	材料名称	材料单位	含税预算价	税率	不含税预算价	基价	计算类别	主材
1	汽油	kg				3.075		☑
2	柴油	kg				2.99		☑
3	电	kW·h					自填	☐
4	风	m^3					自填	☐
5	水	m^3					自填	☐
6	煤	kg						☐
7	木柴	kg						☐
8	园木	m^3						☐
9	板枋材	m^3						☐
10	砂	m^3				70		☐
11	石子	m^3				70		☐
12	块石	m^3				70		☐
13	粉煤灰	kg						☑
14	添加剂	kg						☐
15	碎石	m^3				70		☐
16	砾石	m^3				70		☐
17	卵石	m^3				70		☐
18	毛条石	m^3				70		☐
19	条石	m^3				70		☐
20	片石	m^3				70		☐
21	粗料石	m^3				70		☐
22	堆料石	m^3				70		☐

图 8.21 当前工程材料

材料单价计算方式：

材料原价＋吨/公里运输计算方式，在“材料预算价格计算表”中，输入材料原价、单位毛重、采购及保管费率、运输保险费率等基本数据，点击“运杂费计算表”，选择运输方式，输入吨/公里运输参数即可（图 8.22）。

5）电、风、水计算。电单价计算分两种方式：一种是直接输入（软件默认）（图 8.23），只需要在预算价位置或材料界面的预算价位置直接输入即可。

另一种是使用机械台班计算单价（图 8.24），将直接输入后面的勾选项去掉，即会出现供电点，可以点击右边功能菜单中的“添加供电点”“删除供电点”增加和减少供电点，分别定义各供电点的供电比例。点中“供电点”，下面会出现该供电点的计算窗口，包括定额组成、属性设置、计算公式等。

在“定额组成”窗口中套用柴油或汽油发电机的定额，输入台班或台时数量、额定量等信息。

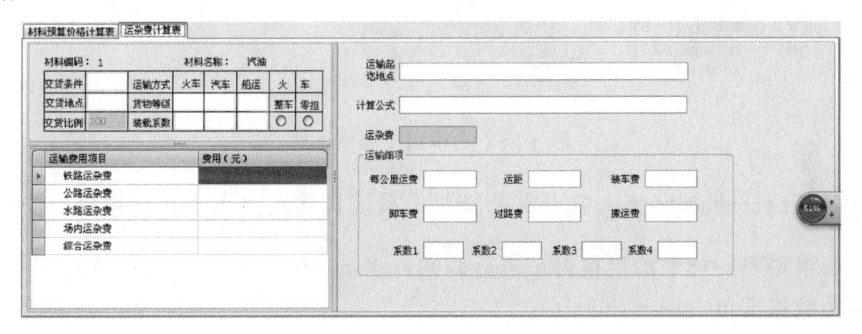

图 8.22 计算材料单价

图 8.23 电费设置

图 8.24 套定额

在“属性设置”页面（图 8.25），输入柴油发电机的发电比例，以及电网供电的单价。风和水的单价计算与电的计算方式类似。

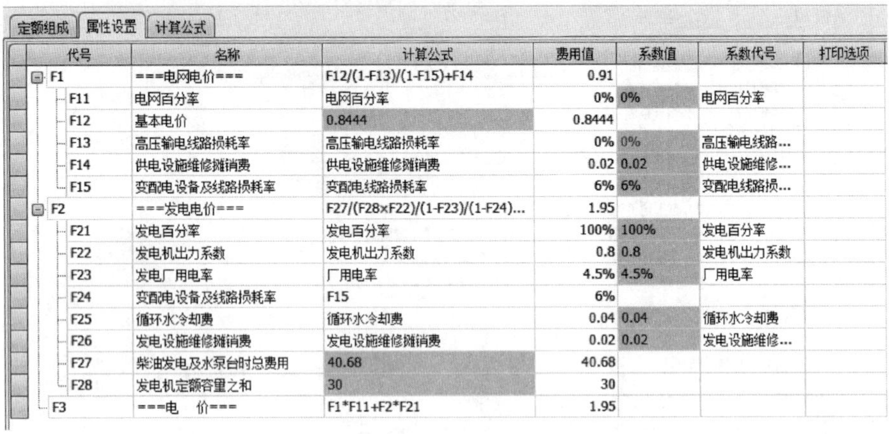

代号	名称	计算公式	费用值	系数值	系数代号	打印选项
F1	===电网电价===	F12/(1-F13)/(1-F15)+F14	0.91			
F11	电网百分率	电网百分率	0%	0%	电网百分率	
F12	基本电价	0.8444	0.8444			
F13	高压输电线路损耗率	高压输电线路损耗率	0%	0%	高压输电线路...	
F14	供电设施维修摊销费	供电设施维修摊销费	0.02	0.02	供电设施维修...	
F15	变配电设备及线路损耗率	变配电线路损耗率	6%	6%	变配电线路损...	
F2	===发电电价===	F27/(F28×F22)/(1-F23)/(1-F24)...	1.95			
F21	发电百分率	发电百分率	100%	100%	发电百分率	
F22	发电机出力系数	发电机出力系数	0.8	0.8	发电机出力系数	
F23	发电厂用电率	厂用电率	4.5%	4.5%	厂用电率	
F24	变配电设备及线路损耗率	F15	6%			
F25	循环水冷却费	循环水冷却费	0.04	0.04	循环水冷却费	
F26	发电设施维修摊销费	发电设施维修摊销费	0.02	0.02	发电设施维修...	
F27	柴油发电及水泵台时总费用	40.68	40.68			
F28	发电机定额容量之和	30	30			
F3	===电　价===	F1*F11+F2*F21	1.95			

图 8.25　电价组成属性设置

6）机械台班。机械台班一般不需要修改，系统自动按照人工和材料单价中的价格进行计算，如果需要对标准的机械台班进行调整，点击 插入机械台班 ，插入标准机械台班，修改相应的数据即可（图 8.26）。

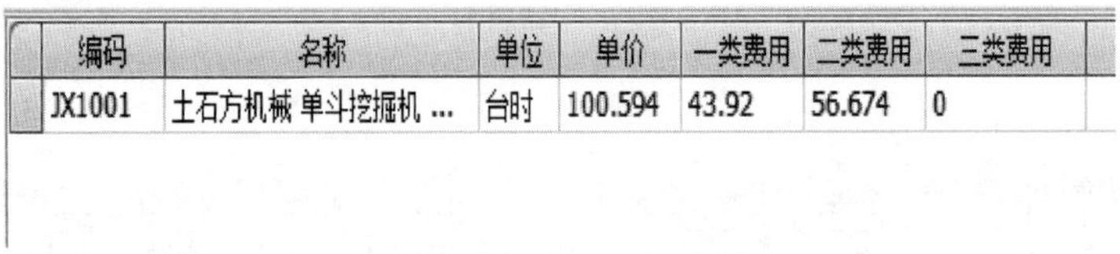

编码	名称	单位	单价	一类费用	二类费用	三类费用
JX1001	土石方机械 单斗挖掘机 ...	台时	100.594	43.92	56.674	0

图 8.26　机械台班设置

修改的机械台班自动保存在用户库中，如图 8.27 所示。在套用定额使用相应的机械台班时，选择用户库中的机械台班就使用的修改调整过的，选择定额库中的 ⊙定额库　○用户定义　○当前工程　☑显示子材料 即是标准的。

如果在基础资料里面调用标准的机械台班，进行了修改调整，可以使用右边功能菜单，同步到当前工程，更新工程中已经使用的机械台班。

7）配合比。配合比一般不需要修改，系统自动按照人工和材料单价中的价格进行计算，如果需要对标准的配合比进行调整，点击 插入配合比 ，插入标准配合比，修改相应的数据（图 8.28）。

在实际使用的配合比中，若使用的是卵石或中砂、细砂、特细砂等情况，可以同时勾选卵石换碎石，粗砂换中砂、细砂、特细砂，使用该混凝土时，不用再进行选择。

在埋块石率处输入埋块石率，软件将按照埋块石率的计算自动添加块石，同时在使用埋块石混凝土的定额时，软件自动计算增加的人工费。

图 8.27 机械台班数据调整

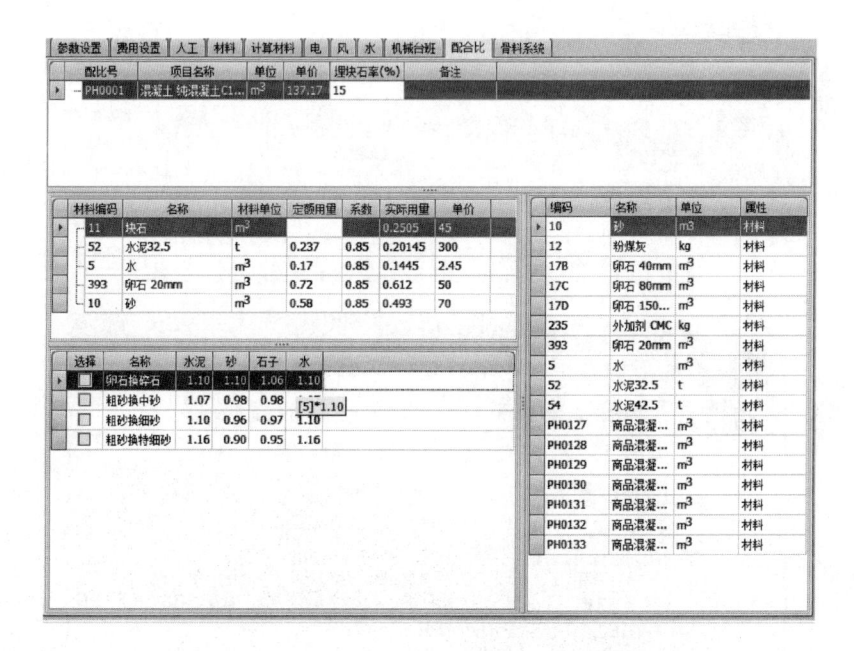

图 8.28 配合比设置

修改的配合比自动保存在用户库中，在套用定额使用相应的配合比时，选择用户库中的配合比就使用的修改了的，选择定额库中的即是标准的。

如果在基础资料里面调用标准的配合比材料，进行了修改调整，可以使用右边功能菜单，同步到当前工程，更新工程中已经使用的配合比材料。

8.1.5 工程总投资

1. 概算总投资

此处的费用条目按编规上规定设置，费用自动生成，可进行费用条目的插入、删除等操作，注意修改该项费用参与计算项目对应的计算公式。若要对费用条目计算的费用进行修改,请修改计算公式中内容,不能直接修改费用值(图 8.29)。

自编代号	代号	名称	计算公式	费用值	打印公式
	Z1	(1)工程部分投资	工程部分投资		=工程部分投资
	Z2	(2)移民部分投资	移民部分投资		=移民部分投资
	Z3	(3)水土保持部分投资	水土保持部分投资		=水土保持部分投资
	Z4	(4)环境保护部分投资	环境保护部分投资		=环境保护部分投资
	ZZ	总投资	Z1 + Z2 + Z3 + Z4		=Z1+Z2+Z3+Z4

图 8.29 工程总投资

2. 招投标总价调整

根据给定条件对单价总价进行批量随机调整,在招投标版本中,点击标段,选择右下角的"总价调整",弹出对话框(图 8.30)。

图 8.30 调整

8.1.6 标段

若同一项目有多个标段时,可在标段处点右键,进行新建标段、复制标段、删除标段及标段重命名工作(图 8.31)。

新建标段:按基础资料数据,建立空标段。

复制标段:以已经做好的标段为基础,复制为一个与当前标段内容完全一致的新标段。

标段工料机是对标段人、材、机的汇总及材料所在清单定额的反查(图 8.32)。

图 8.31 标段调整

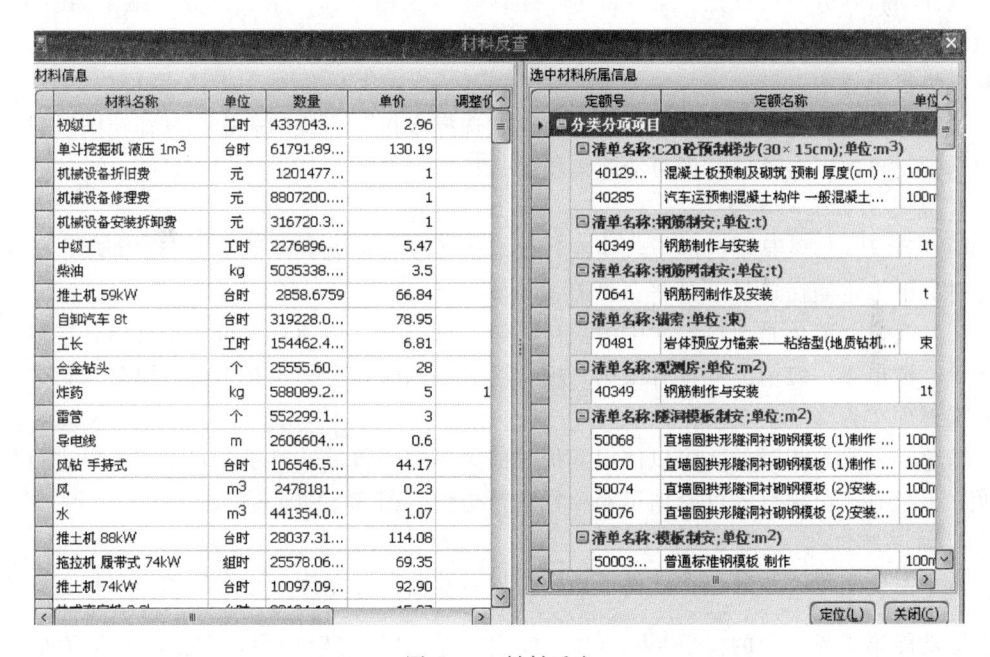

图 8.32 材料反查

任务 8.2 工 程 部 分

1. 清单项目录入

双击工程项目工作区空白区域或点常用功能菜单中的"项目划分",弹出项目划分选择界面(图 8.33),鼠标左键点击即可。

图 8.33 项目划分

选择项目划分时可以把"第一部分　主体建筑工程"和"第二部分　施工临时工程"的项目一起选择，再点"确定"。"自动选择上级层次"功能是指在选择清单项目时，自动将其上级目录选中。

还可以借用其他模板中的项目划分，在"选择模板"下拉列表中，选择相同项目点击一次选中，再次点击该项，即可清除该项的选择。

2. 清单和目录的区分

（1）目录。目录是项目的上级层次，仅对清单项目汇总，不能直接套定额项，点中目录行时，下方定额窗口显示是空白界面：

（2）清单。清单是项目层次中的最后一级，可以套定额项目组价，也可以直接输入综合单价，清单级一般情况下没有编码，输入项目编码时，会提示是否将清单转为目录，请点击选择项"否"。

清单和目录是相对的，可以使用其他功能菜单中的清单转目录和目录转清单进行相互转换，但只有清单项目才可套用定额项目进行组价（图 8.34）。

3. 清单组价

选中需要组价的清单，在软件下面组价窗口双击鼠标左键（也可以单击鼠标右键或点击右边功能菜单界面中的 定额 ），选择需要的定额项目，双击或点下面的"插入"即可（图 8.35）。

若需要借用其他体系的定额，请在查询窗口中选择需要借用的定额体系，像选择当前定额体系一样（图 8.36）。

4. 基于×××输入

基于×××是一个比值系数，是保持该清单项目的综合单价在计算过程中计算精确度的一个放大系数，此比值系数的单位取的是清单项目单位，数值取的是该项套用的第一个定额的单位数值（该单位比值，可以在基于×××输入位置双击鼠标左键，在弹出的窗口

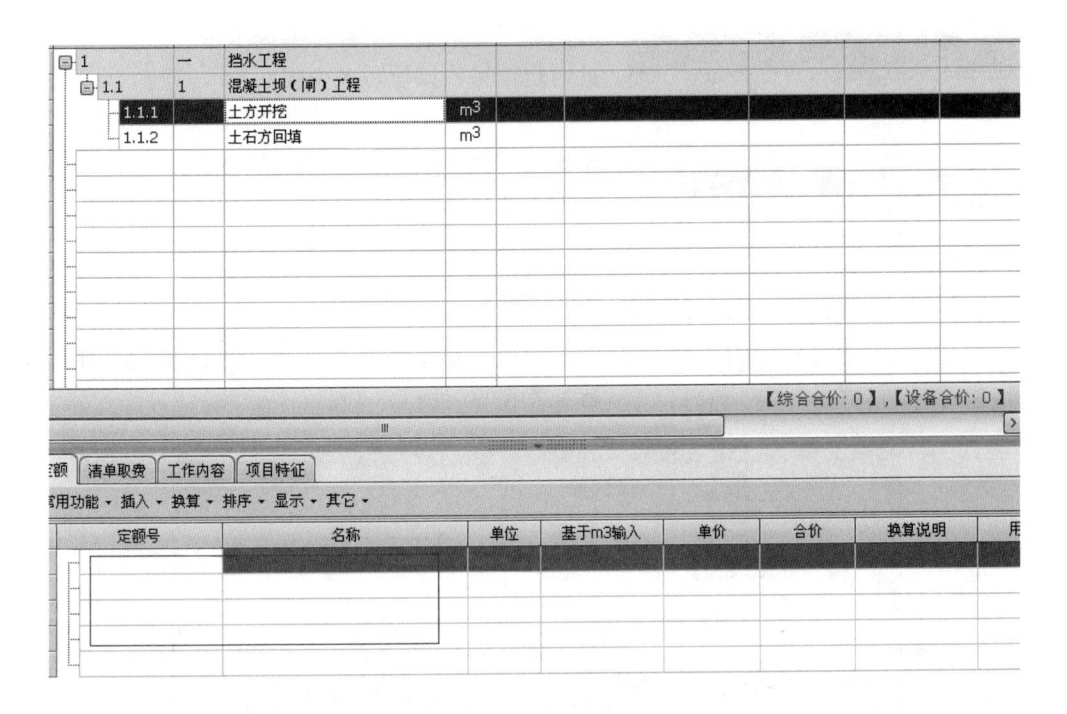

图 8.34　清单界面

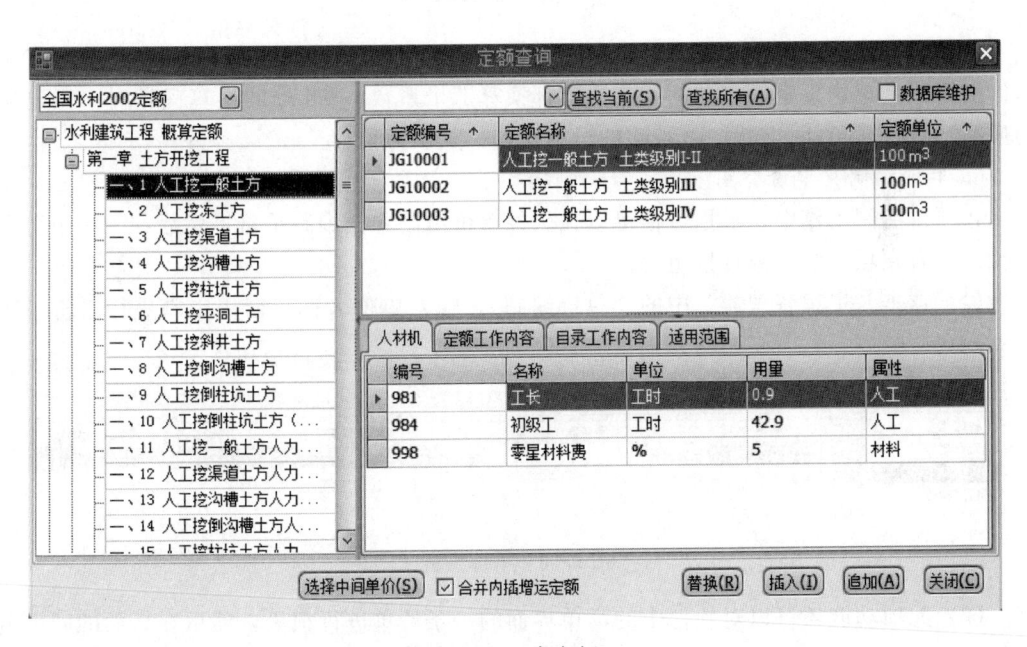

图 8.35　套定额

中修改)。

如果单位一致时,软件默认定额工程量为 1;如果单位不一致,对单位进行比值换算后手动输入。

如:水泥混凝土路面,混凝土厚度 20cm,定额单位是 1000m^2,清单的单位是 m^3,

套定额时要求输入定额系数提示是：基于 $1000m^3$。此时定额系数该填写多少呢？

答：$1000m^2$ 20cm 厚的混凝土是 $200m^3$，要求基于 $1000m^3$ 填写，则需要 $200×5=1000$，所以这里的系数应该是填写：5。

5．定额换算

点中所需要换算的定额，选择右键（或右边功能菜单）菜单换算中的 [定额换算]，弹出定额换算窗口（图 8.37）。

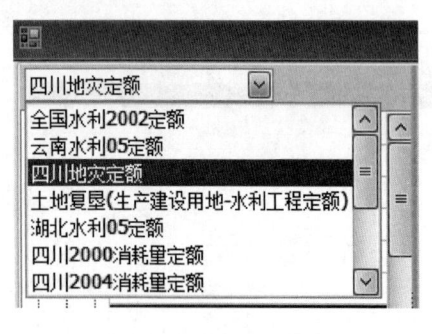

图 8.36　定额体系选择

图 8.37　定额换算

定额换算可以对人、材、机、设备进行单独换算，也可以对定额基价进行换算，定额基价换算就是把这条定额里面的所有内容都换算那个系数，（此处的换算只针对一条定额的换算），软件换算时支持加减乘除的运算操作，默认为乘。

6．单价编制及单价套用

在项目编制工作中，根据习惯可以在软件单价编制界面编制单价，然后在工程中套用单价，或者在项目清单中直接组价。

（1）点击"工程管理器"中的"单价编制"，输入单价名称，套用定额进行组价（图 8.38）。

图 8.38　单价编制

（2）此项功能还可以对软件中的清单界面的一条清单进行组价，然后在后面的同类型清单中进行共享或者套用，在这个界面中只会出现清单单价，而没有清单的工程量和综合合价（图 8.39）。

选中需要保存的单价项，点击工具栏或右键选择"单价编制""保存单价"即可（图 8.40）。此时，即可在"工程管理器""单价编制"或者在套用单价的对话框里看到刚刚保存的单价项目。

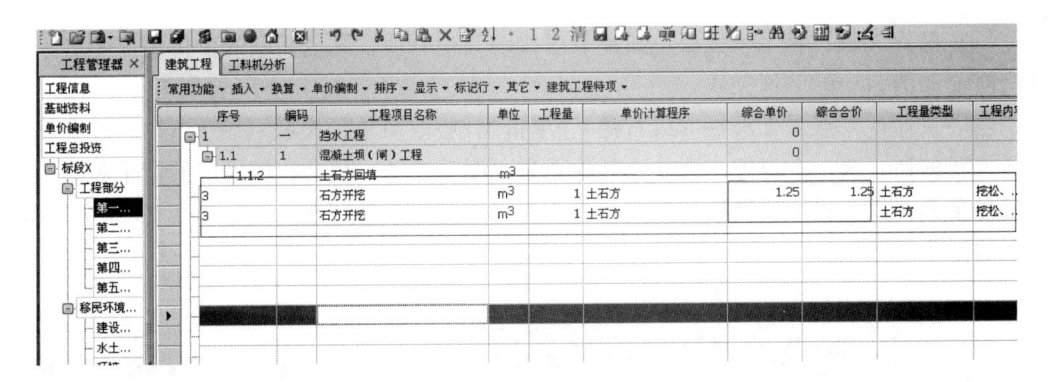

图 8.39 清单界面

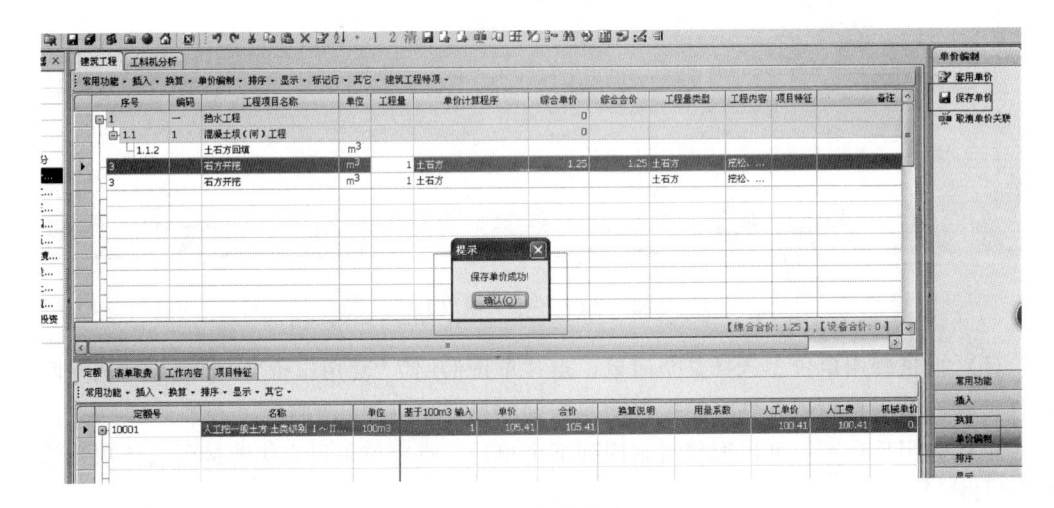

图 8.40 保存单价

（3）套用单价。鼠标点中需要套用单价的清单，然后选择右边的功能菜单-单价编制-套用单价（图 8.41）。

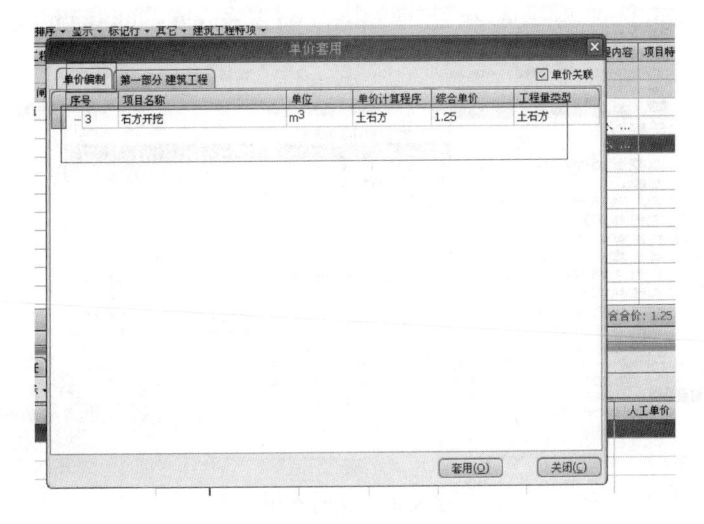

图 8.41 套用单价

(4)单价关联。套用单价后,如果只想改动其中一项,其他共享的单价组成不变,此时只需要取消该项的单价关联。

选中目标行,点击工具栏(或右键)-单价编制-取消单价关联(图8.42)。没有取消单价关联的话,改一个地方,会导致其他地方也跟着变动,且会在所借用的清单名称后增加序号名称,以此提示所借用的位置,打印时可通过报表参数选择确定是否在名称中打印共享的单价序号。

图 8.42　单价关联取消

(5)批量套用单价。选择某个清单,点"单价借用""套用单价",批量套用选择匹配条件,软件会根据设置条件将单价自动匹配到项目清单(图8.43)。

单价借用反查可以列出哪些清单用到某个单价,点定位可以直接连接到具体项目清单(图8.44)。

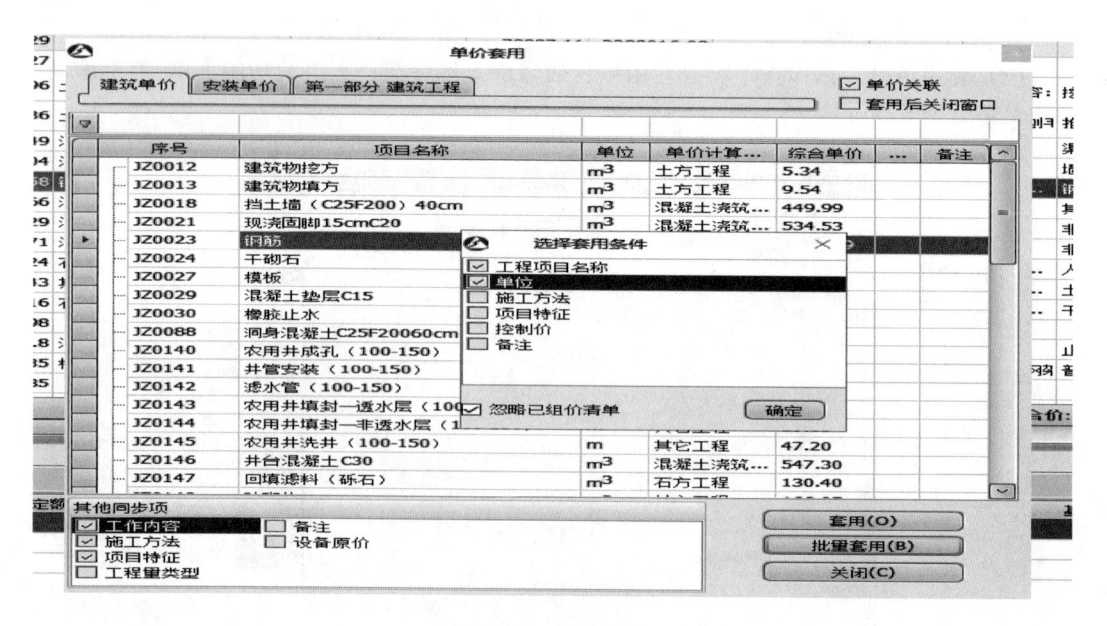

图 8.43　批量套用

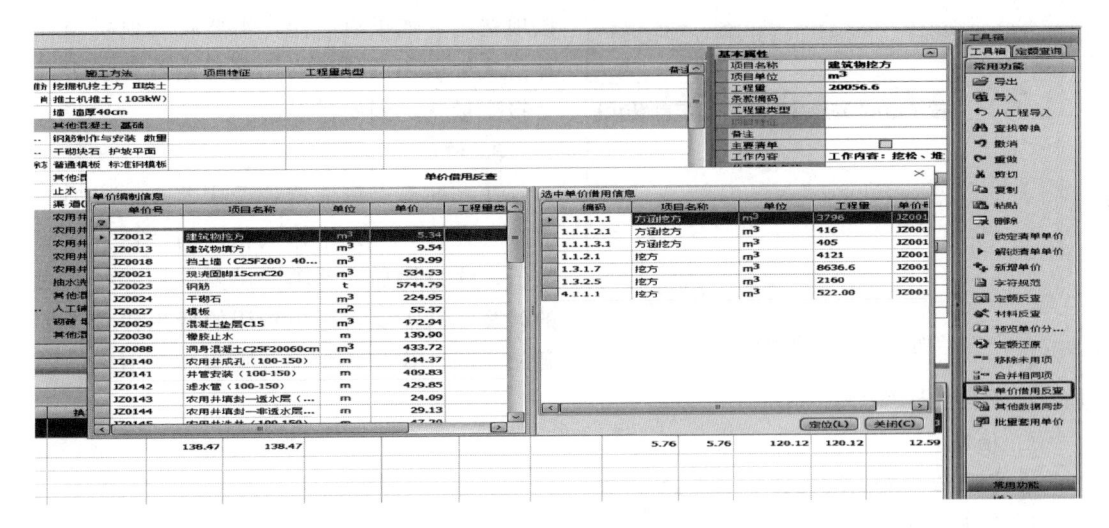

图 8.44 单价反查

任务 8.3 独立费部分

软件默认按编规及勘察设计、监理等标准，定义了独立费的标准项目及相关费率，使用时，只需要按工程实际情况修改相应的费率即可（图 8.45）。

图 8.45 独立费设置

1. 重调
若使用过程中自己修改了相关的内容，需要还原为系统默认时，使用重调功能。
2. 删除
删除当前节点及其子节点，删除某项费用时，注意其他费用的计算公式中是否引用了该项费用，如果有引用，需要将其他费用计算公式中引用的该项费用变量删除掉，否则会报变量找不到的错误提示。

3. 增加

在当前节点后面增加费用节点，增加的节点，在计算公式中输入相应的计算公式或数值，注意增加的这项费用要参加哪些费用的计算，就需要将这项费用的费用代号添加到相应的计算公式中，否则该项费用无法参加其他项目的计算。

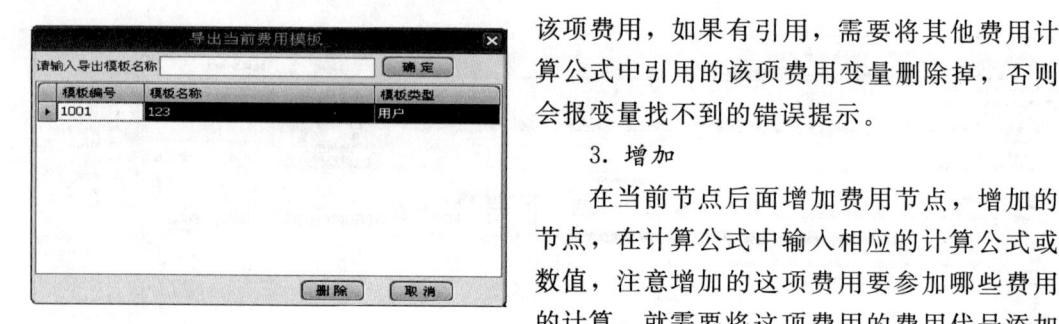

图 8.46 导出为模板

4. 插入

在当前节点前面增加费用节点。

5. 增加子节点

为当前节点的下一级增加费用节点。

6. 重调系数

重新调用系统默认系数。

7. 导出为模板

将当前费用项目整体保存为模板（图 8.46）。

8. 从模板导入

从模板导入到当前费用表（图 8.47）。

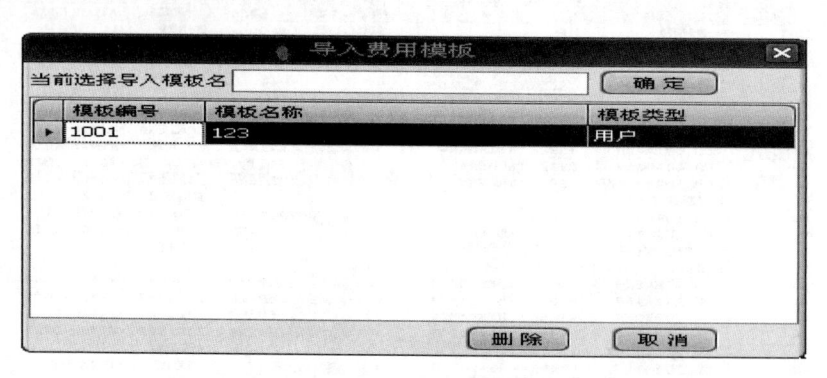

图 8.47 从模板导入

9. 小数位数设置

（1）设置费用值的小数位数（图 8.48）。

（2）小数位数设置细化。可对所有数据小数位数进行设置（人、材、机等），点击"设置"菜单栏，选择"计算表小数位数设置"，弹出对话框，此时可以对人、材、机或者计算表的小数位数进行设置（图 8.49）。

图 8.48 小数位数设置

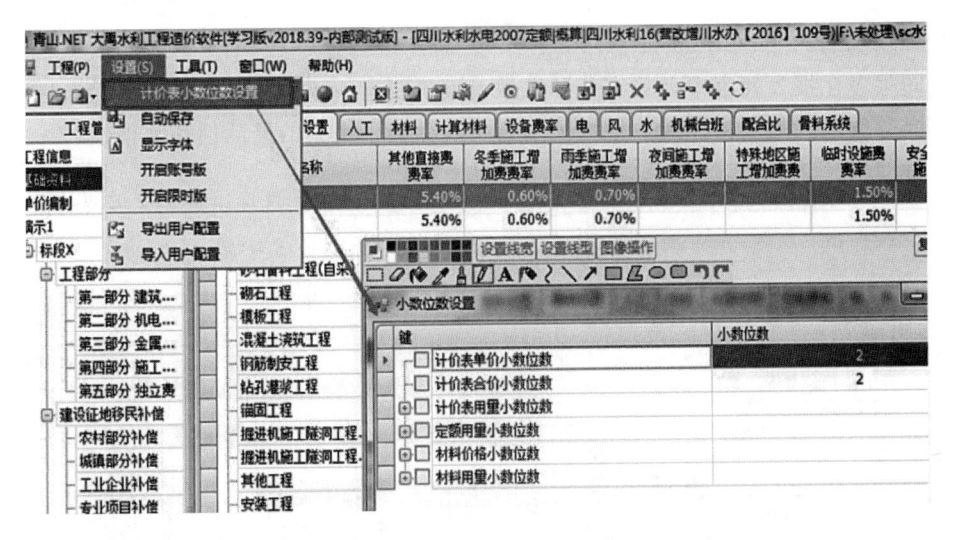

图 8.49　小数位数设置细化

任务 8.4　报　表　输　出

点击 报表 ，选择需要的报表，点击"打印"或者"发送"即可。

1. 报表调整功能

选择报表，点击 调整 按钮，报表整体属性是设置报表的大小、字体、行距、表格线粗细、边界等。

表格列属性可以修改报表格式，表格线边框、列名称、列是否打印等选择项。如点中"序号"列，勾选"固定不打印"选项，则在此张报表中不出现序号列，其他列宽自动调整，保持整页充满（图 8.50）。

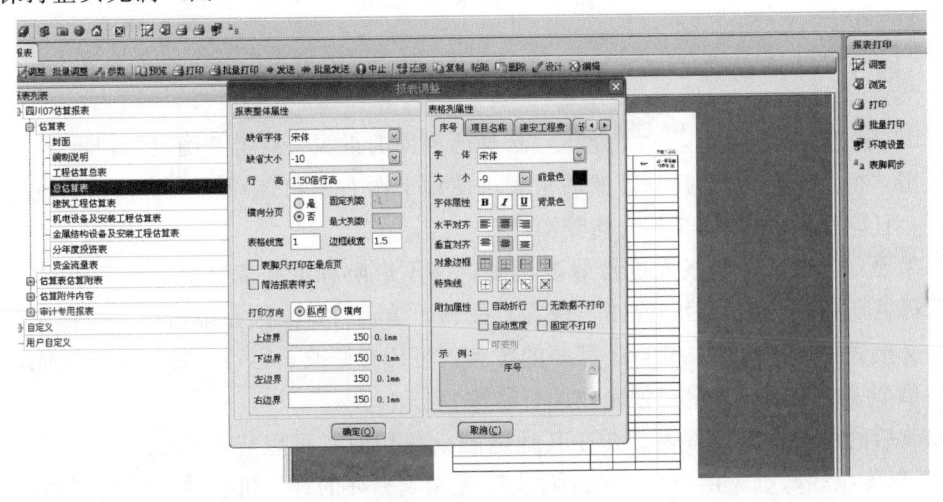

图 8.50　表格调整

2. 参数选择

不同报表在报表列表中，只有一种默认与编规要求一致的样式，通过参数选择，可以生成不同数据格式的表格样式，根据需求选择，保持了报表的灵活性和方便性。

选择需要的报表，点击 参数 ，通过对参数设置中的各类选项，来定义需要的报表格式（图 8.51）。

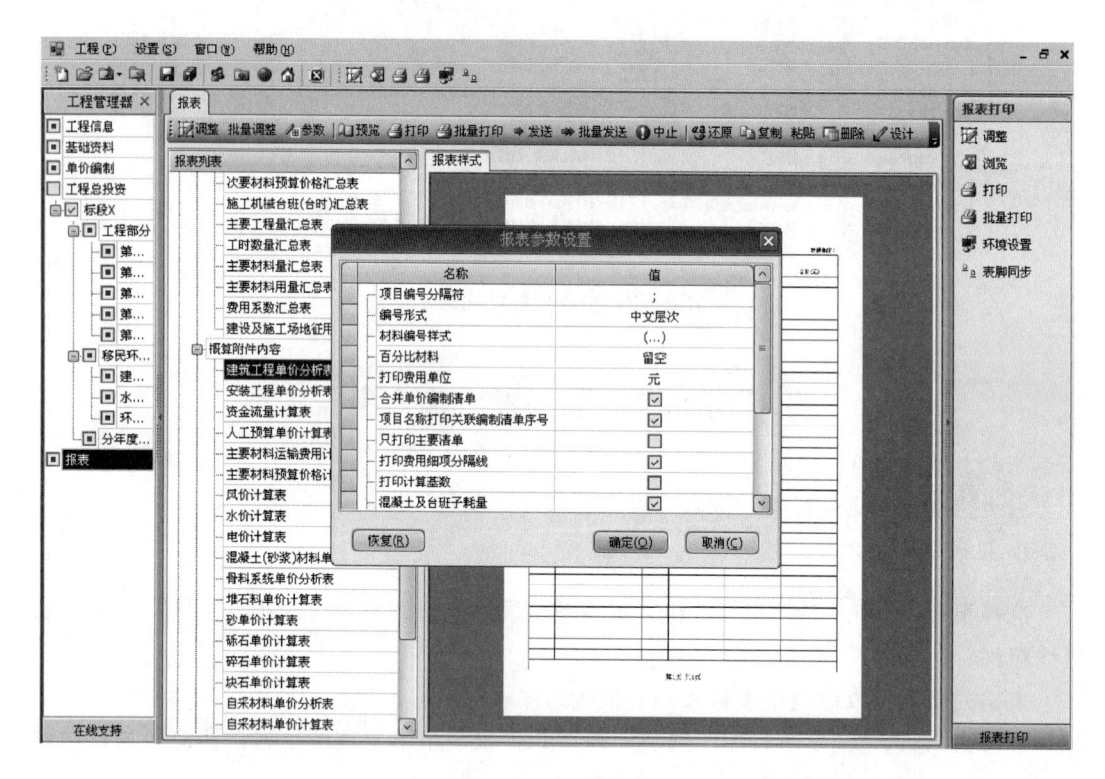

图 8.51 报表参数设置

3. 批量打印和批量发送

点击 批量打印 或者 批量发送 ，选择所需要的报表，点击"确定"即可。

使用"批量发送"，选择好需要的报表，使用下图右下角选择项，还可以实现报表整体编页、打印目录、生成 PDF 文档等操作。

如果要自己定义一套报表进行修改调整，又不影响标准报表格式，可以在"批量发送"选择好所需要的报表后，点击"保存"按钮，输入自定义报表组名称，保存后，在用户自定义报表中即可生成一套自己需要的报表，可任意修改，也可以使用复制功能，复制选中的单个表格到用户自定义报表中进行修改。

修改后的用户自定义报表，要在其他电脑上使用时，可以将本机软件程序目录下的"用户数据\报表数据\用户自定义文件夹"复制到另外的计算机软件程序相同的目录下，在另外的电脑上就可以直接使用修改过的用户自定义表格了（图 8.52）。

图 8.52 批量打印和批量发送

4. 设计

若通过调整和参数设置，还不能满足所需要的报表要求，点击 设计 可以在软件中直接对报表格式进行修改。

报表中的文字均可以双击直接修改，表格边框线、对齐方式等可以像 Word 或 Excel 文档一样进行修改设置，注意 [ ] 以内的内容属于变量名称，不要随意修改，若需要改变宏变量的内容，可以点击快捷按钮中的变量列表，双击需要的宏变量进行更换，如"第××页 共×××页"要修改为"-××-"只需要把"第[pageno]页 共[pagecount]页"改为"-[pageno]-"就可以了。

若某行的数据在当前表格中不打印，不需要删除该行，把后面行显隐的勾去掉，打印时就会自动隐藏该行，需要打印时再勾选上即可。

图 8.53 报表设计

表脚同步，可以将当前表格修改的表格，同步到所选择的所有报表的页脚，不需要每张报表都修改（图 8.53）。

5. 还原

修改了标准的报表，如果修改有错误，可点击 还原 按钮，将已经修改的报表还原到软件默认的格式。

参 考 文 献

[1] 中华人民共和国水利部. 水利工程设计概（估）算编制规定［M］. 北京：中国水利水电出版社，2015.
[2] 中华人民共和国水利部. 水利建筑工程概算定额［M］. 郑州：黄河水利出版社，2002.
[3] 中华人民共和国水利部. 水利建筑工程预算定额［M］. 郑州：黄河水利出版社，2002.
[4] 中华人民共和国水利部. 水利水电设备安装工程概算定额［M］. 郑州：黄河水利出版社，2002.
[5] 中华人民共和国水利部. 水利水电设备安装工程预算定额［M］. 郑州：黄河水利出版社，2002.
[6] 中华人民共和国水利部. 水利工程施工机械台时费定额［M］. 郑州：黄河水利出版社，2002.
[7] 中国水利工程协会，北京海策工程咨询有限公司. 水利工程计价［M］. 北京：中国水利水电出版社，2019.
[8] 尹贻林. 工程造价计价与控制［M］. 北京：中国计划出版社，2008.
[9] 中国建设监理协会. 建设工程监理概论［M］. 北京：中国建筑工业出版社，2022.
[10] 徐凤永. 水利工程造价［M］. 北京：中国水利水电出版社，2017.
[11] 何俊，宋春发，黄亚梅，等. 水利工程造价［M］. 2版. 郑州：黄河水利出版社，2020.
[12] 中华人民共和国水利部. 水利水电工程设计工程量计算规定：SL 328—2005［M］. 北京：中国水利水电出版社，2006.
[13] 赵旭升. 水利水电工程造价与招投标［M］. 郑州：黄河水利出版社，2018.
[14] 张梦宇，曾伟敏，吕桂军. 水利工程造价与招投标［M］. 北京：中国水利水电出版社，2017.
[15] 梁建林，薛桦，侯林峰. 水利水电工程造价与招投标［M］. 3版. 郑州：黄河水利出版社，2015.
[16] 潘永胆，侯林峰，白金霞. 水利工程招投标与合同管理［M］. 北京：中国水利水电出版社，2016.
[17] 江岩涛. 最新水利水电工程造价、计价与工程量清单编制及投标报价实用手册（全三卷）［M］. 合肥：安徽文化音像出版社，2004.

扫码获取本书附录